동력수상
레저기구
조종면허
1·2급
필기+실기

함도웅 저

KB210877

다락원

'판타스틱' 해양레저 세계로의 초대

최근 대한민국 국민의 여가 활동 중 낚시가 등산을 제치고 1위를 차지하고 있습니다. 지구 표면의 70% 이상이 물이며 대한민국 국토 면적의 4.5배가 수역입니다. 선진국 사례에서 보듯이 많은 사람들이 삶의 터전을 바닷가 또는 호숫가 주변으로 집중하고 있으며 이에 대한 관련 산업도 성장세를 보이고 있습니다. 정부의 해양수산발전계획에 따른 마리나항만의 개발, 수상레저사업, 마리나 선박 대여업 등 수상에서 동력수상레저기구를 활용하는 수요가 증가 추세에 있으며 은퇴 후 귀어를 희망하는 인구도 급증하고 있습니다.

하지만 수상레저활동은 육상과 달리 기후 여건에 따라 자연의 변화가 심할 뿐만 아니라 방심하면 2차 사고로 이어질 수 있습니다. 수상에 대한 기초상식은 물론 항해술 및 출발 전 점검사항 등을 무시 하면 돌이킬 수 없는 사고로 이어지기도 합니다. 해상에서의 가장 많은 사고는 기초적인 상식을 무시할 때 발생합니다. 단지 면허증만을 쉽게 취득하고자 한다면 정답 외우기와 실기시험 요령만을 학습하면 됩니다. 하지만 진정 안전하고 즐거운 해양레저를 즐기고자 도전하신다면 당신과 당신을 믿고 함께 탑승한 귀중한 가족과 친구들의 안전을 보장하기 위하여 해양환경을 정확히 이해하고 항해술과 기구에 대한 기초정비 능력을 갖춘 후 해양을 즐기시기를 바랍니다.

〈원큐패스 동력수상레저기구 조종면허 1·2급 필기+실기〉는 최근 개편된 해양경찰청에서 공개하는 700문제를 분석하여 그에 따른 해설을 곁들여 집필하였습니다. Part 1. 키워드로 정리한 기초지식 부분을 가볍게 학습한 후 Part 2. 공개문제 700제 문제풀이를 하면서 해설 부분을 참고한다면 흥미로운 도전이 될 것입니다. Part 3. 조종면허 실기시험 부분에서는 시험관의 지시명령어와 응대요령, 채점 기준과 감점항목을 알기 쉽게 기술하였습니다.

끝으로 〈원큐패스 동력수상레저기구 조종면허 1·2급 필기+실기〉로 공부하신 모든 분들이 한번에 합격하시어 해양에서 새로운 인생의 즐거움을 찾으시기를 바랍니다.

본서는 교육부 주관의 K-MOOC(교과목: 동력수상레저) 영상 강의 교재로 활용됩니다.

함 도 웅

시험안내

조종면허란? 동력수상레저기구 중 최대출력 5마력 이상(3.75 키로와트 이상)의 수상레저기구를 조종하는 자는 해양경찰청장이 발행하는 조종면허를 취득하여야 한다.

- 동력수상레저기구란, 추진기관이 부착되어 있거나 부착분리가 수시로 가능한 수상레저기구를 말한다(모터보트, 세일링요트, 수상오토바이, 고무보트, 스쿠터, 호버크라프트 등과 같은 비슷한 구조·형태 및 운전방식을 가진 것을 포함한다).

면허 취득 방식 동력수상레저조종면허 취득 방법으로 ① 시험방식(필기시험+실기시험+안전교육)과 ② 시험면제 교육을 이수하는 방식(일반조종면허 2급 36시간 이수, 요트조종면허 40시간 이수)이 있다.

면허종별		면허기준	합격기준			면제교육 취득	취득
			필기 시험	실기 시험	안전 교육		
일반 조종면허	제1급	수상레저사업장 종사자 시험대행기관의 시험관 동승 시 무면허 조종	70점 이상	80점 이상	3시간 이수	해당 없음	면허 발급
	제2급	요트를 제외한 동력수상레저기구 조종	60점 이상	60점 이상	3시간 이수	36시간 교육이수	
요트조종면허		돛과 추진기관이 부착된 요트 조종	70점 이상	60점 이상	3시간 이수	40시간 교육이수	

면허 취득 유의사항
- 실기시험은 시험일 2일 전까지 접수를 하여야 합니다.
- 실기시험 시작 30분 전까지 신분증 지참 입실하여 실기시험 사전 교육 및 채점표 작성 등을 하여야 합니다.
- 실기시험을 마치면 즉시 합격여부를 발표합니다.
- 합격 및 불합격 여부와 관계없이 수상안전교육을 이수할 수 있습니다. (수상안전교육은 면허발급을 위한 필수 항목입니다.)

응시자격	응시대상	• 14세 이상인 자(일반조종면허 1급면허 18세 이상)
	결격대상	• 14세 미만인 자(다만, 제7조제1항제1호에 해당하는 자[국민체육진흥법] 제2조제 10호의 규정에 따른 경기단체에 동력수상레저기구의 선수로 등록된 자)는 그러하 지 아니한다. • 정신질환자·정신미약자 또는 알콜중독자 • 마약, 대마 또는 향정신성의약품 중독자 • 조종면허가 취소된 날부터 1년이 경과되지 아니한 자 • 조종면허를 받지 아니하고 동력수상레저기구를 조종한 자로서 그 위반한 날부터 1 년(사람을 사상한 후 구호조치 등 필요한 조치를 하지 아니하고 도주한 자는 그 위 반한 날부터 4년)이 경과되지 아니한 자 • 조종면허시험 중 부정행위로 적발된 경우 2년간 응시불가

응시원서접수

- 응시일정 : 해양경찰청 조종면허시험 시행계획에 의거 매년 **2월 해양경찰청 수상레저종합정보(https://boat.kcg.go.kr) 공고**
- 전국의 해양경찰서, 면허시험장에 방문 또는 인터넷 접수가 가능하며, 응시일정 중 희망일자 및 장소를 선택할 수 있으나 선착순으로 접수되며 공고된 시험일 기준 2개월 전부터 2일 전까지 가능합니다.

구 분	내 용
구비서류	• 응시원서(해양경찰청 소정양식) 1통 • 응시원서 접수 시 신청일로부터 6개월 내 촬영된 3.5cm X 4.5cm 규격의 상반신 컬러사진 1매 • 시험면제사유에 해당하는 사람은 해당 증빙서류(해경서 방문접수만 가능) • 주민등록증 또는 국가발행 신분증(여권, 자동차 운전면허증 등) – 사진 첨부된 것(미발급자 학생증)
수수료	• 4,800원
대리접수	• 응시자 신분증, 대리인 신분증 지참 접수가능
기타	• 필기시험 응시원서 접수, 일시변경 및 취소는 필기시험일 1일 전까지 가능합니다. • 실기시험 응시원서, 일시변경 및 취소는 실기시험일 2일 전까지 가능합니다. • 최초 응시일로부터 1년 이내 필기시험에 합격하여야 하며, 1년 이내 필기시험에 합격하지 못할 경우 신규접수를 해야 합니다. • 원서접수 시 핸드폰 번호 및 이메일 주소를 기입하시면, 면허발급현황을 문자메시지 및 이메일을 통해 받으실 수 있습니다.

필기시험

- 필기시험 신규접수 또는 재접수 하는 경우
- 접수한 날로부터 1년간 재접수 가능
- 해양경찰서 PC시험장에 직접 방문하여 접수 및 필기시험이 가능합니다. 자세한 정보는 아래 사이트에 접속하세요.
  [수상레저종합정보 https://boat.kcg.go.kr]

[시험과목 및 배점]

과목명	세부과목	배점/문항수
수상레저안전	1. 수상환경(조석, 해류) 2. 기상학기초(일기도, 각종 주의보 · 경보) 3. 구급법(생존술, 응급처치, 심폐소생술) 4. 각종 사고시 대처방법 5. 안전장비 및 인명구조	20% (10문항)
운항 및 운용	1. 운항계기 2. 수상레저기구 조종술 3. 신호	20% (10문항)
기관	1. 내연기관 및 추진장치 2. 일상정비 3. 연료유 · 윤활유	10% (5문항)
법규	1. 수상레저안전법 2. 수상레저기구의 등록법 3. 선박의 입출항법 4. 해사안전기본법 5. 해상교통안전법 6. 해양환경관리법 7. 전파법	50% (25문항)

[특별시험(종이시험)]

구 분	내 용
시험방법	• 4지선다형으로 50문제 출제(50분)
시험내용	• 일반조종면허 : 수상레저안전, 운항 및 운용, 기관, 법규 • 요트조종면허 : 요트활동의 개요, 요트(크루즈급), 항해 및 범주, 법규
준비물	• 응시표, 주민등록증 또는 국가발행 신분증(여권, 자동차 운전면허증 등) – 사진 첨부 된 것(미 발급자 학생증) • 컴퓨터용 수성사인펜
문제지 추첨	• 응시생 중 2명이 2개 유형 문제지 추첨
주의사항	• 응시표에 기재된 시간 30분 전 입실완료 • 신분증 소지, 지정좌석 착석, 대리시험 여부 등 확인 • 시험 종료 후 문제지는 시험관에게 제출하고 답안지는 답안지함에 투입하고 퇴실 • 컴퓨터 채점기에 의해 채점 후 결과를 게시판 게시
필기시험 결과발표	• 응시표에 합격 또는 불합격날인 후 본인에게 재교부 • 응시자는 본인 응시표 및 합격, 불합격 날인여부 확인
기타	• 필기시험 합격일로부터 1년 이내에 실기시험에 합격하여야 하며, 1년 이내 불합격시 신규접수 해야 합니다.

[PC시험]

• 시험기간 중 평일 방문 접수
• 09:00~17:00(12:00~13:00 점심시간 응시 불가)
• 준비물 : 증명사진 1매, 신분증, 응시료
• 당일(현장)접수 및 응시, 1일 1회 응시 가능
  (필기시험 불합격자는 다음 날 재응시 가능)

실기시험

- 필기시험에 합격한 자 또는 필기시험을 면제 받은 자가 실기시험에 응시하거나, 실기시험에 불합격하여 실기시험에 재 응시하기 위해 접수하는 경우입니다.
- 필기시험에 합격한 날로부터 1년간 재접수가 가능합니다.
- 필기시험 합격 후 시험장에서 바로 접수할 수 있으며, 그렇지 않은 경우에는 인터넷 또는 우편으로 접수가 가능하며, 응시일정 중 희망일자 및 장소를 선택할 수 있으나 선착순으로 접수됩니다.
- 실기시험 접수 시 지정된 응시일자 및 장소에서 실기시험을 실시합니다.

[실기시험 접수]

구 분	내 용	비 고
구비서류	• 응시표 • 시험면제사유에 해당하는 자는 해당 증빙서류 • 주민등록증 또는 국가발행 신분증(여권, 자동차 운전면허증 등) – 사진 첨부된 것 　(미 발급자 학생증)	수수료는 시험일 기준 1일 전까지만 반환됨
수수료	• 64,800원	
대리접수	• 응시표, 응시자 신분증 • 대리인 신분증지참 접수 가능	

[실기시험 방법]
Part 3 실기시험안내 참고(본문 303p)

- 수상안전교육의 대상은 시험방식으로 조종면허를 받고자 하는 자 또는 면허갱신(면허발급일로부터 기산하여 7년이 되는 날부터 6개월 이내)을 하고자 하는 자에게 해당됩니다.
- 신규로 조종면허를 받고자하는 경우 수상안전교육을 받는 시기는 응시원서를 접수한 이후부터 전국의 수상안전교육기관에서 교육신청이 가능하며, 인터넷 접수 또는 당일 현장에서 접수가 가능합니다.

구 분	내 용
수상안전 교육대상	1. 조종면허를 받고자 하는 자 2. 조종면허를 갱신하고자 하는 자
접수시 구비서류	1. 수상안전교육 신청서 2. 응시표(신규 취득자) 또는 조종면허증(면허갱신자) 3. 주민등록증 또는 국가발행 신분증(여권, 자동차 운전면허증 등) – 사진 첨부된 것(미 발급자 학생증) 4. 수수료 14,400원
내용·방법 및 시간	1. 교육내용 • 수상레저안전 관계법령 • 수상레저기구의 사용·관리 • 수상상식 • 수상구조 2. 교육방법 및 시간 : 영상교육을 포함하여 3시간으로 하되 50분 교육 후 10분간 휴식을 취하는 방법으로 실시
수상안전교육 면제	1. 수상레저안전법 제8조에 따라 면허시험 응시원서를 접수한 날 또는 법 제12조제1항 각 호에 따른 면허증 갱신 기간의 시작일부터 소급하여 6개월 이내에 다음 각 목의 어느 하나에 해당하는 교육을 받은 사람 • 법 제13조제1항에 따른 수상안전교육 • 「선원법 시행령」 제43조제1항에 따른 기초안전교육 또는 상급안전교육 2. 법 제9조제1항제5호에 해당하여 제2급 조종면허 또는 요트조종면허시험 과목의 전부를 면제받은 사람 3. 법 제12조제1항 각 호에 따른 면허증 갱신 기간의 마지막 날부터 소급하여 6개월 이내에 법 제19조에 따른 종사자 교육을 받은 사람

구 분	내 용
온라인 갱신 수상안전교육	
온라인 수상 안전교육 신청	'수상레저종합정보 홈페이지 방문(https://boat.kcg.go.kr)' → 본인인증 → '면허 갱신을 위한 수상안전교육' 신청 → 사진 등록(3.5x4.5cm) (6개월 이내) → 개인 정보입력(주소, 연락처 등) → 수상안전교육 접수 및 수수료 결제(14,400원)
온라인 수상 안전교육 수강	'수상레저종합정보 홈페이지 방문(https://boat.kcg.go.kr)' → 본인인증 → '면허 갱신자 수상안전교육 영상 온라인 수강(2시간)

※ 교육기관 및 일정은 수상레저종합정보(https://boat.kcg.go.kr)에서 확인 가능합니다.
※ 교육수강 기간 : 수상안전교육 시작일 기준 14일 이내

면허교부 신청 접수

- 조종면허시험에 합격한 후 수상안전교육을 받은 사람은 조종면허증 교부 신청서, 응시표, 수상안전교육 수료증, 사진 1매(3.5cm x 4.5cm) 제출
- 조종면허 갱신자는 수상안전교육을 받은 후 조종면허증 갱신교부신청서, 수상안전교육 수료증, 사진 1매(3.5cm x 4.5cm) 제출
- 재교부 신청자는 조종면허증 재교부신청서, 사진 1매(3.5cm x 4.5cm)를 제출

면허증 교부

- 조종면허시험 합격자는 동력수상레저기구조종면허증을 14일 이내에 교부
- 갱신 신청자 또는 재교부 신청자는 갱신교부신청서 또는 재교부신청서 작성 후 7일 이내 교부하고 있으나 민원인 편의를 위해 당일에서 2일 이내 발급, 문자 메시지로 발급내역을 통보하고 있으며, 해양경찰서 방문수령 및 우편수령(본인이 반송우편 제출한 경우)도 가능합니다.

[면허발급 시 구비서류]
- 사진 1매(3.5cm × 4.5cm) 및 교부신청
- 수수료 5,000원, 갱신 수수료 4,000원(현금 및 신용카드)
- 구. 조종면허증은 해양경찰서에 반납

> ※ 주의사항
> - 필기시험 수수료 현금 및 신용카드, 계좌이체 납부(수입인지 불가)
> - 시험장별 매회 응시인원이 제한되어 있어 희망일시에 접수가 불가능할 수 있습니다.

이 책의 구성

필기시험 기초 지식

● 문제은행 700제에 대한 핵심포인트를 간략하게 정리했습니다.

● 문제를 풀기 전, 핵심포인트 1회 정독하기를 추천합니다.

필기시험 700제

● 시험에 실제 출제되는 문제와 그에 따른 정답과 해설을 수록했습니다.

● 해양경찰청 공개문제에 대한 핵심해설을 수록하여 학습률을 높였습니다.

● 실기시험을 대비하여 조종 실기 학습내용을 수록했습니다.
● 이해하기 쉽도록 정리했으니, 순서대로 학습하면 한 번에 합격할 수 있습니다.

저자에게 물어보세요!

저자가 직접 답하는 Q&A 게시판을 활용하여 학습 중 궁금한 점이나 시험에 대한 문의사항을 해결할 수 있습니다.

※ 다락원 원큐패스카페
http://cafe.naver.com/1qpass

이 책의 구성 13

실기시험

● 실기시험을 대비하여 조종 실기 학습내용을 수록했습니다.
● 이해하기 쉽도록 정리했으니, 순서대로 학습하면 한 번에 합격할 수 있습니다.

저자에게 물어보세요!

저자가 직접 답하는 Q&A 게시판을 활용하여 학습 중 궁금한 점이나 시험에 대한 문의사항을 해결할 수 있습니다.

※ 다락원 원큐패스카페
http://cafe.naver.com/1qpass

이 책의 구성 13

실기시험

● 실기시험을 대비하여 조종 실기 학습내용을 수록했습니다.
● 이해하기 쉽도록 정리했으니, 순서대로 학습하면 한 번에 합격할 수 있습니다.

저자에게 물어보세요!

저자가 직접 답하는 Q&A 게시판을 활용하여 학습 중 궁금한 점이나 시험에 대한 문의사항을 해결할 수 있습니다.

※ 다락원 원큐패스카페
http://cafe.naver.com/1qpass

차례

Part
1

동력수상레저기구
조종면허

키워드로 정리한
기초 지식

수상환경

조석과 조류

조석 : 태양과 달이 지구에 미치는 기조력에 의해 지구의 해수면이 주기적으로 오르내리는 현상이다. 평균적으로 12시간 25분마다 만조와 간조가 반복되며, 지역에 따라 보통 하루에 1~2회 정도 조석이 생긴다.

만조(고조) : 조석으로 인하여 해면이 가장 높아진 상태이다.

간조(저조) : 조석으로 인하여 해면이 가장 낮아진 상태이다.

창조(밀물) : 저조(간조)에서 고조(만조)로 수위가 상승하는 동안을 말한다.

낙조(썰물) : 고조(만조)에서 저조(간조)로 수위가 하강하는 동안을 말한다.

정조(Stand of tide) : 해면의 상승과 하강에 따른 조류의 멈춘 상태 즉, 수직 운동이 정지된 상태를 의미한다.

조차 : 연이어 일어나는 고조와 저조 때의 해면 높이의 차를 말한다.

사리(대조) : 한 달의 보름과 그믐에 달과 태양의 인력이 중첩되어 조석 간의 차가 최대가 되는 시기이며 조류의 힘과 유속이 가장 강하고 빠른 시기이다.

조금(소조) : 태양과 달이 지구에 대하여 직각으로 놓이는 시기로서 상현과 하현 직후, 조차가 가장 작은 시기이며 수위가 낮다. 우리나라에서 조차가 가장 큰 곳은 인천과 서해안으로 만조와 간조가 하루에 2회씩 반복되며 선박 운항에 큰 영향을 미친다.

백중사리 : 사리 중에도 조차가 가장 큰 시기로서 음력 7월 15일을 백중이라 하고 이 시기를 백중사리라 한다. 간조(저조) 시 해수면이 가장 낮아져 육지와 도서가 연결되기도 하며, 만조(고조) 시 해수면이 상대적으로 높아 제방 등의 피해가 있을 수 있다.

조류 : 달과 태양의 기조력에 의한 해수의 주기적인 수평운동을 말한다.

해류 : 바다에서 대체로 일정한 방향으로 흘러가는 해수의 흐름을 말한다.

와류(Eddy Current) : 조류가 빠른 협수로를 지날 때 생기는 물이 빙빙 도는 소용돌이의 형태를 와류라고 한다.

급조 : 조류가 암초나 반대 방향의 수류에 부딪혀 생기는 파도를 급조라 한다.

이안류 : 폭이 좁고 매우 빨라 바다로 쉽게 헤엄쳐 나갈 수 있지만, 바다에서 해안으로 들어오기는 어려울 때가 많다. 수영 미숙자는 흐름을 벗어나 옆으로 탈출한다. 수영 숙련자는 육지를 향해 45도로 탈출한다.

일조부등 : 같은 날의 조석이 그 높이와 간격이 같지 않은 상태를 말한다.

조석표 : 조석표에서 월령의 의미는 달의 위상을 뜻한다. 조석표에서 사용시각은 KST 한국표준시 24시간 방식이며, 조위의 단위는 표준항은 cm, 그 외 2곳은 m이다. 달의 위상 표기 방식은 ◐ 상현, ○ 망, ◑ 하현, ● 삭 등이다. 조고의 기준면은 "약최저저조면", 좌표방식은

WGS-84, 도-분-초로 기재된다.

해안선의 경계 : 약최고고조면(Approximate Highest High Water)은 조석으로 인해 가장 높아진 해수면 높이를 말하며, 이 높이를 해안선의 경계로 한다.

해리(N/M = Nautical Mile) : 바다에서 사용하는 거리의 단위이며, 1해리(마일)는 1.852km 이다.

파도와 바람

파랑 : 파랑은 바람에 의해 생기는 파도로서 풍랑을 의미한다.

풍랑 : 바람이 해면이나 수면 위에서 불 때 생기는 파도가 풍랑이다.

너울 : 풍랑이 전파되어 나타나는 파도로, 바람의 직접적인 영향이 없더라도 너울은 발생한다.

바람 : 대기의 온도와 기압 차에 의해 공기가 이동하는 기상 현상으로 두 지역의 온도가 다를 때 온도가 낮은 곳에서 높은 곳으로 공기가 움직이는 현상을 말한다.

풍향 : 보통 북에서 시작하여 시계방향으로 16방위로 나타내며, 해상에서는 32방위로 나타낼 때도 있다. 풍향은 바람이 불어오는 방향으로 표기한다. 즉, 북서풍이란 북서쪽에서 남동쪽으로 바람이 부는 것을 뜻한다.

풍향 반전·풍향 순전 : 풍향이 반시계방향으로 변하는 것을 풍향 반전이라 하고, 시계방향으로 변하는 것을 풍향 순전이라고 한다.

시풍 : 풍속은 정시 관측 시간 전 10분간의 풍속을 평균하여 구한다. 항해 중 선상에서 관측하는 바람은 실제 바람과 배의 운동에 의해 생긴 바람이 합성된 것으로 시풍이라고 한다.

해륙풍

- 해륙풍의 원인은 맑은 날 일사가 강하여 해면보다 육지 쪽이 고온이 되기 때문이며, 낮과 밤의 지표면의 기온 차에 의하여 풍향이 바뀌며 발생하는 국지 순환에 의한 바람을 말한다. 해풍은 일반적으로 육풍보다 강한 편이다.

- 해륙풍은 바다와 육지의 비열 차이로 부는 바람이다. 낮에는 바다 쪽이 고기압, 육지 쪽이 저기압으로 바다에서 육지로 부는 해풍, 밤에는 육지 쪽이 고기압이며 바다 쪽이 저기압으로 육지에서 바다로 부는 육풍이 분다.

> 맑은 날 일출 후 1~2시간은 거의 무풍상태였다가 태양고도가 높아짐에 따라 ① 해상 쪽에서 바람이 불기 시작, 오후 1~3시에 가장 강한 ② 해풍이 불며 일몰 후 일시적으로 무풍상태가 되었다가 육상에서 해상으로 ③ 육풍이 분다.

태풍 주로 따뜻한 해수면에서 발생하며, 고온 다습한 공기가 상승하면서 수증기가 응결되어 열에너지를 방출한다. 이 과정은 태풍의 강력한 상승 기류를 유도하고, 코리올리 힘에 의해 회전운동을 하면서 태풍이 형성된다.

※ 고온 다습한 공기와 차가운 공기의 만남은 태풍 발생의 주된 원인이 아니며 전선이나 기압 차에 의해 다른 기상 현상이 발생할 수 있다.

- 태풍의 이동축선에서 좌측반원이 가항반원이고 우측반원이 위험반원이다.
- 좌측(가항)반원은 우측에 비해 상대적으로 약한 편인데, 우측(위험)반원은 좌측에 비해 기

압경도가 커서 바람이 강하여 풍파가 심하며 폭풍우의 지속시간도 길다.
- 우측(위험)반원 중에서도 전반부에 최강풍대가 있고 선박이 바람에 압류되어 태풍 중심의 진로상으로 휩쓸려 들어갈 가능성이 커서 가장 위험한 반원에 해당한다.
- 태풍 중심에서 50km 이내에는 삼각파가 심하며 특히 우측(위험)반원의 후반부에 삼각파의 범위가 넓고 대파가 있다.

도서와 암초

도서 : 사면이 물로 둘러싸인 작은 육지 또는 바위로 국제수로기구(IHO)에서는 표면적이 $10km^2$ 이상이면 도서(Island), $10{\sim}1km^2$이면 소도(Islet), $1km^2$ 미만이면 암도(Rock)로 분류한다.

암초 : 수면 위에 노출되는 바위(암), 수면 아래에 존재하는 바위 또는 산호초로서 항해에 장애가 되는 것을 말한다.

암암 : 저조 시가 되어도 수면 위에 잘 나타나지 않는 바위로 항해에 위험을 준다.

세암 : 저조일 때 수면과 거의 같아서 해수에 봉우리가 씻기는 바위를 말한다.

간출암 : 조석의 간만에 따라 저조 시에 수면 위에 나타났다가 수중에 잠겼다 하는 바위로 간조 시 선박의 좌초사고가 빈번하다.

노출암 : 항상 해수면에 노출되는 바위를 말한다.

기상학 기초

기상요소 기온, 습도, 기압, 바람, 강우, 시정

기온기준 : 대기의 온도를 기온이라 하며 일반적으로 지상에서 1.5m 높이의 온도이다.

섭씨온도(℃) : 물이 끓는점과 어는점을 온도의 표준으로 정하여 그 사이를 100등분한 온도를 말한다.

수온 : 동해의 평균 수온이 가장 낮고, 수온 변화는 서해가 가장 크며, 남해는 쿠로시오 난류 영향으로 계절에 따른 수온 변화가 심하지 않다.

화씨온도(℉) : 1기압 하에서 물이 어는점을 32도, 끓는점을 212도로 정하여 두 점 사이를 180 등분한 온도를 말한다.

저기압 : 대기 중의 압력이 주변보다 낮은 상태로, 공기가 상승하며 구름과 비를 유발할 수 있다.

고기압 : 대기 중의 압력이 주변보다 높은 상태로 공기가 하강하는 경향이 있다. 일반적으로 날씨가 맑고 건조한 날씨가 지속된다.

이동성고기압 : 편서풍대 내에서 서쪽에서 동쪽으로 이동하는 고기압을 이동성 고기압이라 하고, 이동성 고기압의 동쪽 부분에는 날씨가 비교적 맑고, 서쪽에는 날씨가 비교적 흐린 것이 보통이다.

온난전선

- 따뜻한 기단이 찬 기단의 경계면을 따라 따뜻한 공기가 상승하며, 찬 기단이 있는 쪽으로 이동한다.
- 전선면을 따라 따뜻한 공기가 상승하므로 구름과 비가 발생한다.
- 온난전선이 통과하게 되면 습도와 기온이 상승한다.
- 온난전선에서 발생하는 구름대는 권운, 권층운, 고층운, 난층운으로 이루어진다.

계절풍

- 계절풍을 의미하는 몬순은 아랍어로 계절을 의미한다.
- 반년 주기로 바람의 방향이 바뀐다.
- 겨울에는 해양에 저기압이 생성되어 대륙으로부터 해양 쪽으로 바람이 불게 된다.
- 겨울 계절풍이 여름 계절풍보다 강하다.
- 계절풍은 대륙과 해양의 온도차에 의해 발생된다.
- 겨울에는 육지에서 대양으로 흐르는 한랭한 기류인 북서풍이 분다.
- 여름에는 바다는 큰 고기압이 발생하고 육지는 높은 온도로 저압부가 되어 남동풍이 불게 된다.
- 겨울에는 육지에서 대양으로 흐르는 한랭기류인 북서풍이 분다.
- 이동성고기압 : 편서풍대 내에서 서쪽에서 동쪽으로 이동하는 고기압을 이동성고기압이라 하고, 이동성고기압의 동쪽 부분에는 날씨가 비교적 맑고, 서쪽에는 날씨가 비교적 흐린 것이 보통이다.

기상특보   우리나라 기상특보에는 풍랑, 폭풍해일, 지진해일, 태풍(주의보·경보)이 있다.

종류	주의보	경보
풍랑	해상 풍속 14m/s 이상이 3시간 이상 지속 또는 유의파고 3m 이상 예상될 때	해상 풍속 21m/s 이상이 3시간 이상 지속 또는 유의파고 5m 이상 예상될 때
폭풍해일	지진 이외의 천문조, 태풍, 폭풍, 저기압 등의 현상으로 해안 해일파고가 지역별 기준값인 평균 만조 해면으로부터 3m 이상	지진 이외의 천문조, 태풍, 폭풍, 저기압 등의 현상으로 해안 해일파고가 지역별 기준값인 평균 만조 해면으로부터 5m 이상
지진해일	지진으로 해안에서 규모 7.0 이상에서 해일파고 0.5m 이상일 때	지진으로 해안에서 규모 7.5 이상에서 1m 이상 내습이 예상될 때
태풍	강풍, 풍랑, 호우, 폭풍해일 주의보의 기준이 될 때	강풍경보 또는 풍랑경보 기준이 되거나 총 강수량 200mm 이상이 예상될 때 또는 폭풍해일경보 기준이 될 때

※ 유의파고 : 파랑 관측 시 전체 파고에서 큰 순서부터 1/3개까지만 선택, 파고와 주기를 평균한 것

해양의 기상이 나빠지는 징조 : 기압이 내려가는 경우, 바람 방향이 바뀌는 경우, 소나기가 때때로 닥치는 경우. 뭉게구름(적운)은 날씨가 좋을 때 생기는 구름이다.

안개

이류무(해무) : 해상안개인 해무는 따뜻한 해면의 공기가 찬 해면으로 이동할 때 해면 부근의 공기가 냉각되어 생긴다. 해상안개의 80%를 차지하며 안개의 범위가 넓고, 6시간 정도에서 며칠씩 지속될 때도 있다.

복사안개 : 지면의 열이 빠져나가는 밤에 기온이 낮아지면서 공기 중의 수증기가 응결해 형성되는 안개이다. 낮에는 기온이 높아져 공기 중의 수증기가 증발하거나 공기가 건조해져 복사안개는 발생하지 않는다. 복사안개는 시야를 제한하고 선박의 안전한 운항에 영향을 미칠 수 있다.

전선무 : 전선을 경계로 찬 공기와 따뜻한 공기의 온도차가 클 때 발생하기 쉬우며, 전선을 동반한 따뜻한 비가 한기 속에 떨어지는 동안 수증기 증가 및 포화로 인한 증발로 안개가 발생한다.

활승무 : 산무라고도 하며, 습윤한 공기가 완만한 산의 경사면을 강제 상승되어 단열 팽창으로 기온하강과 함께 수증기 응결로 인해 발생되는 안개이다.

※ 수상레저 활동에 가장 큰 영향을 미치는 기상요소는 "파고와 풍속"이며 수상레저 활동에 직접적인 영향을 미친다.

※ 수온 변화 : 동해의 평균 수온이 가장 낮고, 계절에 따른 수온 변화는 서해가 가장 심한 편이다. 남해는 쿠로시오 난류의 영향으로 계절에 따른 수온 변화가 심하지 않다. 동력수상레저 활동 중에 조난 시 체온 유지를 고려한다면 최소 10℃ 이상이 적합하다.

구급법

응급처치 의식이 없는 환자에게 물 등을 먹이는 것은 기도로 넘어갈 수 있으므로 피한다.

절단 환자 응급처치 : 절단된 부위는 깨끗한 거즈나 천으로 감싸고 비닐주머니에 밀폐하여 얼음이 닿지 않도록 얼음이 채워진 비닐에 보관한다.

복부를 부딪친 경우 : 겉보기에 상처가 없어도 내부 장기의 손상이 있을 수 있으며 다치고 뒤늦게 증상이 발현될 수 있다. 금식이 필요할 수 있으므로 음식물 섭취를 금하는 것이 좋으며 진통제는 환자 진찰에서 혼란을 야기할 수 있으므로 금하는 것이 좋다.

척추를 다친 환자 : 척추환자의 잘못된 응급처치는 사지 마비 등의 심한 후유증을 남길 수 있으므로 조심스럽게 접근해야 한다.

흉부 관통상 : 흉부 관통상 후 이물질이 제거되어 상처로부터 바람 새는 소리가 나거나 거품 섞인 혈액이 관찰되는 경우 폐 손상을 의심할 수 있다. 이런 상황에서 완전 밀봉 드레싱을 하게 되면 긴장성 기흉이 생길 수 있으므로 3면 드레싱을 하여 호흡을 할 수 있도록 도와주어야 한다.

외상환자 응급처치

- 폐쇄성 연부조직 손상 시 상처 부위를 심장보다 높이 올려준다.
- 탄력붕대 적용 시 과하게 압박하지 않도록 한다.

- 복부 장기 노출 시 환자의 노출된 장기는 다시 복강 내로 밀어 넣어서는 안 된다.

개방성 상처 응급처치

- 손상 부위를 과도하게 움직이면 심한 통증과 2차 손상을 유발할 수 있으므로 <u>손상 부위를 부목으로 고정</u>하여 움직임을 최소화한다. 손상 부위를 무리하여 고정하지 않는다.
- 초기에는 출혈 부위를 직접 눌러 압박을 가하고 직접압박으로 어느 정도 출혈이 감소하거나 지혈이 되면 상처 부위에 소독거즈를 덮어 압박하여 오염을 방지한다.
- 상처주위에 관통된 이물질이 보이더라도 현장에서 제거하지 않는다.
- 현장에서 상처 세척 시 <u>생리식염수</u>를 사용한다. 알코올은 세균에 대한 살균력은 좋으나 상처부위 세척에 사용 시 통증, 자극을 유발하여 적합하지 않다.

출혈

냉찜질을 통한 지혈법 : 상처 부위의 혈관을 수축시켜 지혈 효과를 보지만 <u>완전한 지혈이 어려워</u> 효과적이지는 않다.

국소 압박법 : 상처가 작거나 출혈 양상이 빠르지 않을 경우, 출혈 부위를 국소 압박하여 지혈하는 방법이다.

선택적 동맥점 압박법 : 상처의 근위부에 위치한 동맥을 압박하는 방법이다.

지혈대 사용법

- 직접압박, 간접압박, 출혈 부위 거상 등으로도 처치가 불가한 외부 출혈 시 사용하며, <u>팔이나 다리의 관절 부위는 피해서 적용한다.</u>
- 생명을 위협하는 심한 출혈로 지혈이 안 되는 경우, 지혈대 적용 시 적어도 <u>폭이 5cm가량</u>의 천을 사용하여야 한다.
- 지혈대 적용 후 반드시 착용 시간을 기록하고, 신속히 <u>병원으로 이송</u>한다.

경련

- 경련하는 환자 주변에 손상을 줄 수 있는 물건이나 부딪힐 수 있는 물건은 치우며 환자를 강제로 잡거나 입을 벌리지 않는다.
- 경련 후 기면 상태가 되면 환자의 몸을 한쪽 방향으로 <u>기울이거나 기도유지를 위한 관찰</u>이 필요하다.

안구

일반적으로 눈에 손상이 있으면 현장에서 렌즈 제거 시 손상이 악화될 가능성이 높기 때문에 렌즈는 제거하지 말고 병원으로 이송하며 의료진에게 렌즈 착용 사실을 전달한다.

골절

- 손상 부위를 누르면 심한 통증을 호소한다.
- 손상 부위의 움직임이 제한될 수 있다.
- 골절 부위의 골격끼리 마찰되는 느낌이 있을 수 있다.
- 골절이 발생하면 관절이 아닌 부위에서 골격의 움직임이 관찰될 수 있다. 즉, 정상적으로 신전, 회전 등의 운동이 일어나는 관절 이외의 골격 부위에서 이상적인 움직임이 발생할 수 있다.

부목

- 부목 고정의 일반원칙 : 상처는 부목을 적용하기 전에 소독된 거즈로 덮어준다.
- 손상 부위 위치변화를 최소화하고, 고정될 때까지 손상 부위를 양손으로 잘 받친다.
- 골절이 확실하지 않더라도 손상이 의심될 때에는 부목으로 고정한다.
- 부목 고정 시 골절 부위를 포함하여 몸쪽 부분과 먼 쪽 부분의 관절을 모두 고정해야 한다.
- 붕대로 압박 후 상처보다 말단부위의 통증, 창백함 등 순환·감각·운동상태를 확인한다.
- 붕대는 신체의 말단부위에서 중심부위 쪽으로 감아서 심장에 돌아오는 정맥혈의 순환을 돕는다.
- 고관절 탈구 시 현장에서 정복술을 시행하지 않는다.

화상

- 1도 화상은 피부 표피층만 손상된 상태로 동통이 있으며 피부가 붉게 변하나 수포는 생기지 않는다.
- 2도 화상은 뜨거운 물, 증기, 기름, 불 등에 의해서 손상을 받으며, 피부 표피와 진피 일부의 화상으로 수포가 형성되고 통증이 심하며 일반적으로 2주에서 3주 안으로 치유된다.
- 3도 화상은 진피의 전 층이나 진피 아래의 피부밑 지방까지 손상된 화상으로 피부가 마른 가죽처럼 되면서 색깔이 변한다.
- 현장에서 화상으로 인한 수포는 터트리지 않는다.

흡입 화상

- 화염이나 화학물질을 흡입하여 발생하며, 초기에는 호흡곤란 증상이 없었더라도 시간이 진행함에 따라 호흡곤란이 발생할 수 있는 심각한 형태의 화상이다.
- 흡입 화상으로 인두와 후두에 부종이 발생될 수 있으며, 이로 인하여 기도폐쇄가 나타나 짧은 시간 내에 호흡 기능 상실로 진행될 수 있다.

화학 화상

- 화학 화상은 화학반응을 일으키는 물질이 피부와 접촉할 때 발생한다.
- 연무 형태의 강한 화학물질로 인하여 기도, 눈에 화상이 발생하기도 한다.
- 눈에 노출 시 부드러운 물줄기를 이용하여 손상된 눈이 아래쪽을 향하게 하여 세척한다.
- 중화제를 눈에 사용하는 경우 원인물질과 화학반응을 일으킬 수 있으며 이때 발생되는 열로 인하여 조직손상이 더욱 악화될 수 있으므로 중화제는 사용하지 말아야 한다.

전기손상
전기에 신체가 접촉되면 접촉면을 통하여 전기가 체내로 유입되고 다른 신체부위로 전기가 나오게 되는데 일반적으로 들어가는 입구의 상처는 작으나 출구는 상처가 깊고 심하다. 전기화상은 수분이 많은 조직에서 더 심한 손상을 유발한다.

열 손상

- 열경련은 열 손상 중 가장 경미한 유형이다.
- 일사병은 열 손상 중 가장 흔히 발생하며 어지러움, 두통, 경련, 일시적으로 쓰러짐 등의 증상을 나타낸다. 시원한 장소로 옮긴 후 의식이 있으면 이온음료 또는 물을 공급한다.

- 열사병은 가장 중증인 유형으로 피부가 뜨겁고 건조하며 붉은색으로 변한다. 대개 땀을 분비하는 기전이 억제되어 땀을 흘리지 않는다. 열사병은 생명을 위협하는 응급상황으로 신속히 병원으로 이송하여 치료받아야 한다.

동상

- 동상 증상은 손상 부위의 감각 저하이다.
- 현장에서 수포(물집)는 터트리지 않는다.
- 동상 부위를 녹이기 위해 문지르면 얼음 결정이 세포를 파괴할 수 있으며 직접 열을 가하는 것은 추가적인 조직손상을 일으킨다.
- 동상 부위는 건조하고 멸균거즈로 손상 부위를 덮어주고 느슨하게 붕대를 감는다.
- 동상으로 인해 다리가 붓고 물집이 있을 시 가능하면 누워서 이송하도록 한다.

드레싱

- 드레싱의 목적은 상처를 보호하고 치유를 촉진하는 중요한 과정으로 상처 오염을 예방하고, 출혈 방지 및 지혈에 도움이 되며, 체열의 유지 등 상처가 악화되는 것을 방지한다.
- 상처 부위를 고정하기 전 드레싱이 필요하며, 상처 부위를 소독하거나 붕대로 감는 것을 포함한다.
- 현장에서 상처 세척 시 생리식염수를 사용한다. 알코올은 세균에 대한 살균력은 좋으나 상처부위 세척에 사용 시 통증, 자극을 유발하여 적합하지 않다.
- 거즈로 드레싱 후에도 출혈이 계속되면 기존 드레싱한 거즈를 제거하지 않고 그 위에 다시 거즈를 덮어주면서 압박한다.
- 붕대는 신체의 말단부위에서 중심부위 쪽으로 감아서 심장에 돌아오는 정맥혈의 순환을 돕는다.

저체온증

- 사람의 체온이 35℃ 이하로 떨어지고 정상 체온을 유지하지 못하는 상태를 말한다.
- 노약자, 영아에게 저체온증이 발생할 가능성이 높다.
- 체온 보호를 위하여 젖은 옷은 벗기고 마른 담요로 감싸준다.
- 신체를 말단부위부터 가온시키면 오히려 중심체온이 더 저하되는 합병증을 가져올 수 있으므로 복부나 흉부 등의 중심부를 가온하도록 한다.
- 작은 충격에도 심실세동과 같은 부정맥이 쉽게 발생하므로 최소한의 자극으로 환자를 다룬다.

심폐소생술

- 반응확인 → 도움요청 → 호흡확인 → 심폐소생술[현장확인 → 119 신고 및 자동심장충격기 요청 → 의식확인 및 호흡확인 → 심폐소생술 시작(가슴압박 30 : 인공호흡 2) → 자동심장충격기 사용 → 119 도착 시까지 심폐소생술 실시]
- 쓰러진 심정지 환자에게 접근하기 전 현장의 안전을 확인한다.
- 쓰러진 사람에게 반응확인 후 반응이 없으면 즉시 신고 후 얼굴과 가슴을 10초 정도 관찰

하여 호흡이 있는지 확인한다.
- 환자가 반응이 없고, 호흡이 없거나 심정지 호흡처럼 비정상적인 호흡을 보인다면 심정지 상태로 판단하고 심폐소생술을 실시한다.
- 인공호흡을 할 수 있는 구조자는 인공호흡이 포함된 심폐소생술을 시행할 수 있는데 방법은 가슴압박 30회를 한 후 인공호흡 2회를 연속하는 과정이다.
- 가슴압박은 심장과 뇌로 충분한 혈류를 전달하기 위한 필수적 요소이다. 인공호흡 하는 방법을 모르거나 인공호흡을 꺼리는 일반인 구조자는 가슴압박 소생술을 하도록 권장한다.
- 심폐소생술을 실시할 때에는 가슴압박의 중단을 최소화하려고 노력해야 하며 맥박확인, 제세동 등 필수적인 치료를 위하여 가슴압박의 중단이 불가피한 경우에도 10초 이상을 넘지 않도록 해야 한다.
- 불충분한 가슴 이완은 흉강 내부의 압력을 증가시켜 심장 박출량을 감소시킴으로써, 관상동맥과 뇌동맥으로 가는 혈류를 감소시킨다.
- 다른 구조자가 있는 경우 2분마다 교대한다.
- 성인과 소아 가슴압박 위치는 가슴뼈의 아래쪽 1/2, 영아는 젖꼭지 연결선 바로 아래 가슴뼈이다.
- 가슴압박 깊이는 성인 5cm, 소아 4~5cm, 영아 4cm(적어도 가슴 두께의 1/3 깊이) 깊이이다.
- 가슴압박의 속도는 분당 100~120회의 속도로 압박하도록 한다.

심폐소생술에서 나이의 정의
- 신생아 : 출산된 때로부터 4주까지
- 영아 : 만 1세 미만의 아기
- 소아 : 만 1세부터 만 8세 미만까지
- 성인 : 만 8세부터

인공호흡
- 기도를 개방한 상태에서 인공호흡을 실시하며, 가슴 상승이 눈으로 확인될 정도의 평상시 호흡과 같은 양의 호흡으로 1초에 걸쳐서 불어 넣는다.
- 너무 많은 양의 인공호흡은 위팽창과 그 결과로 역류, 흡인같은 합병증을 유발할 수 있어 환자에게 도움이 되지 않는다.

자동심장충격기
- 패드는 심장에 최대한 전류를 전달할 수 있는 위치인 오른쪽 빗장뼈 아래에 부착하고, 다른 패드는 왼쪽 젖꼭지 아래의 중간 겨드랑선에 부착한다.
- 분석 중이라는 음성지시가 나올 때에는 실시 중이던 가슴압박을 멈추고 환자에게서 떨어지도록 한다.
- 익수환자 자동심장충격기 사용 : 전원을 켠다. → 패드 부착 부위에 물기를 제거한 후 패드를 붙인다. → 심전도를 분석한다. → 심실세동이 감지되면 쇼크 스위치를 누른다. → 바로

가슴압박 실시 순으로 한다. 전기충격을 시행한 뒤에는 지체없이 심폐소생술을 다시 시작한다.

- 심장전기충격이 1분 지연될 때마다 심실세동의 치료율이 7~10%씩 감소한다.
- 자동심장충격기를 갖추어야 하는 기관 : 응급의료에 관한 법률 제 47조의2(심폐소생술을 위한 응급장비의 구비 등의 의무) 다음의 어느 하나에 해당하는 시설 등의 소유자·점유자 또는 관리자는 자동심장충격기 등 심폐소생술을 할 수 있는 응급장비를 갖추어야 한다.
  – 공공보건의료에 관한 법률에 따른 공공보건의료기관
  – 선박법에 따른 선박 중 총톤수 10톤 이상 선박 : 철도산업발전 기본법에 따른 철도차량 중 객차, 항공안전법에 따른 항공기 중 항공운송사업에 사용되는 여객 항공기

기도폐쇄

- 기도가 부분적으로 막힌 경우, 성인이 떡을 먹다가 목을 쥐고 기침을 하고 있다면, 등을 두드려 기침을 유도한다. 청색증을 보이며 호전되지 않는다면, 하임리히법으로 복부 밀어내기를 실시한다. 소아의 경우 거꾸로 들고 등을 두드린다.
- 1세 미만의 영아에게 복부 밀어내기 방법은 강한 압박으로 인해 복강 내 장기손상이 우려되기 때문에 복부 압박이 권고되지 않으며, 영아의 머리를 아래로 한 후 가슴 누르기와 등 두드리기를 각 5회씩 반복한다.
- 임신, 비만 등으로 인해 복부를 감싸 안을 수 없는 경우에는 가슴 밀어내기를 사용할 수 있다.
- 기도폐쇄 환자가 의식을 잃으면 구조자는 환자를 바닥에 눕히고 즉시 심폐소생술을 시행한다.

하임리히법

- 환자의 뒤에 서서 환자의 허리를 팔로 감싸고 한쪽 다리를 환자의 다리 사이에 지지한다.
- 주먹 쥔 손의 엄지를 배꼽과 명치 중간에 위치한다.
- 다른 한 손으로 주먹 쥔 손을 감싸고, 빠르게 후상방으로 밀쳐 올린다.
- 이물질이 밖으로 나오거나 환자가 의식을 잃을 때까지 계속한다.
- 환자가 의식을 잃은 경우, 심폐소생술을 실시한다.
- 임산부, 비만 등으로 인해 복부를 감싸 안을 수 없는 경우에는 가슴밀어내기를 사용할 수 있다.

뇌졸중

- 입안 및 인후 근육이 마비될 수 있으므로 구강을 통하여 음식물 섭취에 주의한다.
- 의식을 잃었을 시 혀가 기도를 막을 수 있으므로 기도유지에 주의한다.
- 뇌졸중 대표 조기 증상은 편측마비, 언어장애, 시각장애, 어지럼증, 심한 두통 등이 있다.
- 혈류공급 중단 시간이 점점 길어질수록 환자는 회복이 어려워지고 심한 합병증도 남게 된다.
- 뇌졸중 환자의 혈관 재개통 치료 가능 시간은 환자의 상태에 따라 달라질 수 있지만 대게 3~6시간 이내이다. 가능한 빠른 병원이송이 매우 중요하므로 의심증상이 있을 시 신속히 의료진을 찾고 증상 발현시간을 전달하여야 한다.

생존 수영법

- 온몸에 힘을 뺀 상태에서 몸을 뒤로 젖혀 하늘을 보는 자세를 취한다.
- 구조를 요청할 때는 누워서 고함을 치거나 한 손으로 구조를 요청한다.
- 익수자가 여러 명일 경우 이탈되지 않도록 서로 껴안고 하체를 서로 압박하고 잡아준다.
- 부력을 이용할 장비가 있으면 가슴에 밀착시켜 체온을 유지한다.

해파리 쏘임

- 증상으로는 발진, 통증, 가려움증이 나타나며 심한 경우 혈압저하, 호흡곤란, 의식불명 등이 나타날 수 있다.
- 쏘인 즉시 환자를 물 밖으로 나오게 하고, 남아있는 촉수를 제거해주고 바닷물로 세척 해준다.
- 알코올 종류의 세척제는 독액의 방출을 증가시킬 수 있어서 금하며 작은부레관해파리의 쏘임 시 식초가 독액의 방출을 증가시킬 수 있어서 식초를 이용한 세척을 금한다.
- 쏘인 부위가 넓거나 상태가 좋지 않으면 즉시 구급차와 구조요원을 요청한다.

⚓ 안전장비

구명뗏목

팽창식 구명뗏목 수동진수 순서 : 구명뗏목 수동진수의 경우 연결줄이 선박에 묶여 있는지 확인한 후 투하 위치 주변에 장애물이 있는지 확인하고 안전핀 제거 → 투하용 손잡이 당김 → 연결줄 당김

수압이탈장치(Hydraulic release unit) : 본선 침몰 시에 구명뗏목을 본선으로부터 자동으로 이탈시키는 장치로 수심 2~4m 이내의 수압을 받으면 구명뗏목 지지대(Cradle)에서 컨테이너(Container)가 분리되면서 본선으로부터 자동 이탈되어 수면으로 부상하도록 설계되어 있다.

복정장치(Righting rein) : 구명뗏목 하부에 설치되어 있으며, 구명뗏목이 뒤집혔을 때 구명뗏목을 바로 세우기 위해 설치된 줄이다.

행동지침서 : 구명뗏목에 승선 완료 후 즉시 취할 행동에 관한 지침서이다. 구명뗏목 내에서 생존방법과 만국 공통의 구명신호 송수신 해독 지도서이다.

행동지침서 기재사항

- 다른 조난자가 없는지 확인한다.
- 침몰하는 배에서 신속하게 떨어진다.
- 의장품 경납고를 열고 행동지침서를 확인한다.
- 다른 구명정 및 구명뗏목과 같이 행동한다.

구명신호 설명서 : 조난선박과의 통신에 필요한 신호방법이 설명되어 있다.

해묘(씨앵커, Sea anchor) : 구명뗏목이 바람에 떠내려가지 않도록 바닷속의 저항체 역할과 전복 방지에 유용하다.

보트 훅(Boat hook) : 다른 물체를 잡아당길 때 사용한다.

페인터(Painter) : 구명뗏목의 고박, 예인 등에 사용한다.

구조 고리(Rescue quoit) : 익수자 구조를 위한 줄과 고리이다.

안전변 : 뗏목이 팽창한 경우 적정한 기실 압력을 유지하기 위해 가스를 배출시키는 장치이다.

구명줄 : 외주(수중 표류자)와 내주(뗏목 탑승자) 구명줄로 조난자가 붙잡기 위한 끈이다.

바닥기실 : 주기실의 하부면에 있고 의장품대에 비치된 충기펌프로 팽창시킬 수 있다.

보온구(Thermal protective aids) : 사람의 체온 유지를 위해 열전도율이 낮은 방수 물질로 만들어진 포대기 형태로 된 구명 장치이다.

구명부기 부체 주위에 부착된 줄을 붙잡고 구조될 때까지 기다릴 때 사용되는 장비이다. 연안을 운항하는 여객선이나 낚시어선 등에서 주로 사용한다.

[구명부기]

구명부환 물에 빠진 사람에게 던져서 붙잡게 하여 구조하는 부력 용구로서 일정한 길이의 구명줄과 야간에 빛을 반사할 수 있는 역 반사재가 부착되어 있다.

[구명부환]

사양 : 2.5kg 이상의 무게와 고유의 부양성을 가지며, 14.5kg 이상의 철편을 담수 중에서 24시간 동안 지지할 수 있고, 외경은 800mm 이하이고 내경은 400mm 이상이어야 한다.

구조방법

- 익수자와의 거리를 목측하고 로프의 길이를 여유롭게 조정한다.
- 한손으로 구명환을 쥐고 반대 손으로 로프를 잡으며 발을 어깨 넓이만큼 앞으로 내밀고 로프 끝을 고정한 후 투척한다.
- 구명환을 던질 때는 풍향, 풍속을 고려하여야 하며 일반적으로 바람을 등지고 던지는 것이 용이하다.
- 익수자가 구명환을 손으로 잡고 있을 때 빨리 끌어낼 욕심으로 너무 강하게 잡아당기면 놓칠 수 있으므로 속도를 잘 조절해야 한다.

레스큐튜브 직선 형태의 부력재로 근거리에 빠진 사람을 구조하기 위한 기구로 수영장 및 해수욕장 등에서 주로 구조원의 직접구조 장비로 사용되고 있다.

드로우 백 부력은 적으나 가장 멀리 던질 수 있는 구조 장비로 부피가 작아 휴대하기 편리하며, 로프를 봉지 안에 넣어두기 때문에 줄 꼬임이 없고 구명환보다 멀리 던질 수 있는 구조 장비이다.

신호 홍염 야간용 신호 장비로서 손으로 잡고서 사용하며, 붉은색의 화염을 1분 이상 연속하여 발생한다.

발연부신호 주간용 신호 장비로서 방수 용기로 포장되어 있으며, 발화 동안 손으로 잡아선 안 된다. 화재 위험이 크므로 점화 후 물 위에 투하하면 수면에 떠서 오렌지 색의 연기를 3분 이상 분출한다.

자기점화등 야간에 위치를 알려주는 등으로, 구명부환에 연결하여 수면에 투하되면 자동으로 점등되며 2시간 위치를 알려준다.

자기발연신호 본선과 구명부환에 연결한 뒤 구명부환을 바다에 투하하면 자동적으로 격발이 되어 물위에 부유하면서 오렌지색의 연기를 15분 이상 연속하여 발한다.

로켓 낙하산 화염 신호 공중에 발사되면 낙하산이 펴져 초당 5미터 이하로 떨어지면서 불꽃을 낸다. 구명뗏목에 4개가 비치되어 있으며, 수직으로 쏘아 올릴 때 고도 300미터 이상 올라가고, 40초 이상 점화된 상태에서 3만칸델라 이상의 적색 성화를 발할 수 있다.

구명조끼

> **수동팽창식 구명조끼** : CO_2 팽창기 줄을 손으로 직접 잡아당겨 팽창시키는 방식으로, 활동의 편리함이 있으나 수중에서 장시간 부력 유지를 위해서는 입으로 공기를 불어 넣는 장치를 이용하여 수시로 빠진 공기를 보충시켜 주어야 하는 단점도 있다.

> **자동 겸 수동팽창식 구명조끼** : 물 감지 센서(Bobbin)에 의해 익수 시 10초 이내 자동으로 팽창되며, 자동으로 팽창되지 않을 경우 작동 손잡이를 당겨 수동으로 팽창이 가능하다.

> **구명조끼 착용 방법** : 자기 몸에 맞는 구명조끼를 선택한다. → 가슴 조임줄을 풀어 몸에 걸치고 가슴 단추를 채운다. → 가슴 조임줄을 당겨 몸에 꽉 조이게 착용한다. → 다리 사이로 다리 끈을 채워 고정한다.

닻(Anchor) 선박에 비치해야 하는 닻과 닻줄, 계류색의 굵기 등은 선박 설비 규정에서 정해져 있는 의장수에 따라 결정된다.

로프 안전사용 하중 로프의 시험 하중의 범위 내에서 안전하게 사용할 수 있는 최대의 하중으로, 파단력의 1/6로 본다.

비상탈출용 호흡구(EEBD) 선박화재 시 발생하는 유독가스로 인해 오염된 지역에서 탈출할 때 사용할 수 있는 압축공기 또는 산소를 두건(안면보호 마스크) 내로 산소를 공급하는 장치이다. 눈, 코, 입을 보호하기 위한 안면보호 마스크로서 휴대가 간편한 구조로 되어 있는 장비이다. 약 10분 이상 지속적 사용이 가능하다.

비상집합장소(MUSTER STATION) 선박비상상황 발생 시 탈출을 위해 모이는 장소이다.

운항 계기

선박 치수   선박의 특성을 표시하거나 크기의 비교, 선박의 조종, 선체 정비, 구성 재료의 치수와 배치 등을 결정하는 데 있어서 선박의 길이, 폭, 깊이 등을 사용하는데, 이를 선박의 주요 치수라 하며, 적량의 측정, 선박의 등록, 만재 흘수선의 결정 및 수밀 구획의 결정 등에도 사용된다.

전폭(Extreme breadth) : 선체의 제일 넓은 부분에 있어서 양현 외판의 외면으로부터 외면까지의 수평거리, 선박의 조종이나 입거 시 사용된다.

해리 : 해상에서 거리 단위는 해리이다. 1해리는 1.852km이고, 1노트는 1.852km/h이다.

선박 용적

총톤수 (GT, Gross Tonnage)	선박 기준의 용적 크기를 나타내는 지표로서 추진, 항해, 안전, 위생 공간을 차감한 전체용적을 톤수로 환산(100입방피트=1톤)한 것이다. 관세, 등록세, 도선료, 계선료 등 과세와 수수료의 산출기준이 된다.
순톤수 (NT, Net Tonnage)	순수하게 여객이나 화물의 운송을 위하여 제공되는 실제의 용적톤수이다. 항만 시설 사용료 등의 산정 기준이며, 화물 적재 장소의 용적에 대한 톤수와 여객 정원수에 따른 톤수의 합으로 나타낼 수 있다.
배수톤수 (DT, Displacement Tonnage)	선체가 수면에 잠겨있는 부분의 용적과 같은 물의 중량이다. 즉, 선체가 밀어낸 물의 무게 용적을 말한다.
재화중량톤수 (DWT, Dead Weight Tonnage)	선박이 적재할 수 있는 화물의 최대 중량을 톤수로 나타낸 것으로 만재배수량으로부터 경하중량(공선 시 배수량)을 공제한 톤수이다.

해도

점장도 : 항정선, 자오선, 거등권은 직선으로 표시된다. 침로를 구하기에 편리하며, 먼 거리를 항해할 때 항해 거리를 단축하고 연료를 절약하는 등 경제적인 선박 운항에 유리하다.

- 두 지점 사이의 실제 거리와 해도에서 이에 대응하는 두 지점 사이의 거리 비를 축척이라 한다.
- 해안의 지형, 조류의 성질, 수심 등이 표시되며 풍향은 표시되지 않는다.
- 해도에 표시되는 저질은 펄 M, 자갈 G, 모래 S, 암반 R, 바위 Rk이다.
- 해도에 표기된 조류의 방향 및 속도는 측정치의 평균방향과 평균속도를 나타내고 있을 뿐이므로 실제 항해 당시의 유향, 유속이 해도에 기재된 유향 및 유속과 다를 수 있음을 상시 주의하여야 한다.

등심선 : 해도에서 수심이 같은 장소를 연결한 선을 말하며, 해도에 수심 2m, 5m 기준으로 등심선이 그려져 있으며, 이후 10m, 20m, 30m와 같이 등심선과 선 중간에 숫자가 함께 표기되기도 한다.

중시선 : 선박의 위치 편위를 중시선을 활용하여 손쉽게 알 수 있다. 관측자는 2개의 식별 가능한 물표를 하나의 선으로 볼 수 있다. 통항 계획의 수립 단계에서 찾아낸 자연적이고 명확

하게 식별할 수 있는 물표로도 표시할 수 있다.

항행 통보 : 해도 및 수로서지의 소개정에 관한 내용을 제공하기 위한 것으로, 국립해양조사원에서 주 1회 발행하는 소책자이다. 암초나 침선 등의 위험물의 발견, 수심의 변화, 항로표지의 신설 및 폐지 등에 대한 정보가 수록되어 있다. 해도 및 수로서지를 정정할 목적으로 발행한다.

항로지 : 선박의 항해 및 입출항에 필요한 정보를 수록하고 있다. 기상, 해류, 도선사, 검역, 항로, 연안의 지형, 항만 시설에 대한 정보를 기술하고 있다.

교차방위법
- 두 군데 이상의 물표의 방위를 재어 그 교차점을 현재의 위치로 추정하는 방법이다.
- 먼 목표보다 위치가 정확하고 잘 보이는 가까운 물표를 선정하며, 두 물표 선정 시 교각이 30° 미만인 것을 피한다.
- 항해 중 임의물표의 방위를 측정하여 선박의 위치를 구하고자 할 때, 선위 측정에 필요한 항해 장비이다. 해당 지역의 편차(Variation)는 항해용 해도상의 나침도에서 확인할 수 있다.

해도상의 의미

해도상 대형 흘수선 정박구역 깊은 수심용 정박구역	해도상 일반 정박구역
DW⚓	⚓

자기컴퍼스(Magnetic compass)

자기컴퍼스의 특징 : 자석을 자유로이 회전할 수 있는 회전대 위에 놓아두면 지구 자기장이 방향을 가리키게 된다는 원리를 이용하여 만든 것으로 단독으로 작동이 가능하며, 전원이 필요 없다. 구조가 간단하고 관리가 편리하며, 오차를 지니고 있어 반드시 수정해야 한다.

자차가 생기는 원인 : 선수 방위가 변할 때, 동일한 방향으로 장시간 두었을 때, 선체가 심한 충격을 받았을 때, 지방 자기의 영향을 받을 때 자차가 생긴다.

상대방위 : 선수 방향을 기준으로 한 방위로 선수를 기준으로 하여 시계 방향으로 360도까지 측정하거나 좌현 또는 우현 쪽으로 각각 180도까지 측정한 방위이다.

위성항법장치(GPS)

- GPS는 본선의 위치, 시간, 대지 침로(COG), 대지 속력(SOG), 본선의 항적(GPS Plot 화면에서 가능) 등을 알 수 있다. 상대선과 충돌 위험은 AIS, 레이더에서 확인이 가능하다.
- GPS 다중 경로 오차 : 위성으로부터 송신된 전파 신호가 지표면, 해면 및 각종 구조물 등에 부딪혔다가 수신될 때에 생기는 오차를 다중 경로 오차라고 한다.
- DGPS는 GPS 시스템의 오차를 보정하기 위해 개발된 지상 기반의 위치보정시스템(GBAS)이다. DGPS 수신기에서 다중 경로 오차는 제거할 수 없다.

- 일반적인 GPS 플로터의 내장된 전자해도는 간이전자해도가 많아 항해 <u>보조용으로</u> 사용되어야 한다. 안전한 항해를 위해서는 반드시 국가기관의 승인을 받은 정규해도를 사용해야 한다.

레이더(Radio Detection and Raging)

레이더의 기능

- 전자파를 발사하여 그 반사파를 측정함으로써 물표를 탐지하고, 물표까지의 거리 및 방향을 파악하는 계기이다. (물표탐지, 거리측정, 방위측정)
- 레이더는 자이로컴퍼스, GPS 위성항법장치, 선속계 등의 정보를 받아 화면상에 표시한다. VHF는 통신기기로 레이더와 연결되어 사용되지 않는다.

레이더의 특징

- 날씨에 영향을 받지 않으며, 자선 주의의 지형 및 물표가 영상으로 나타나며, <u>충돌방지에</u> 큰 도움이 된다. 탐지거리에 제한을 받는다.
- 레이더 플로팅을 통해 레이더 화면상에서 수동, 또는 자동으로 포착한 물표 영상을 연속적으로 추적하여 상대 선박의 진침로, 진속력, <u>최근접 거리, 최근접 시간</u> 등의 정보가 표시된다.
- 연안 항해에서 선위를 측정 : 한 목표물의 레이더 방위와 거리에 의한 방법, 레이더 거리와 실측 방위에 의한 방법, 둘 이상 목표물의 레이더 거리에 의한 방법, 둘 이상 목표물의 레이더 방위에 의한 선위 측정방법은 정확도가 떨어진다.
- 레이더 화면의 영상 판독에서 상대선의 침로와 속력 변경으로 인해 상대방위가 변화하고 있다고 하여 <u>충돌의 위험이 없을 것으로 가정해서는 안 된다.</u> 그러므로 컴퍼스 방위와 거리를 서로 관련시켜서 판단해야 한다.

선박 자동식별장치(AIS)

- 선박과 선박, 선박과 육상기지국 간에 선명, 호출부호, 위치, 침로, 속력, 목적지, 적재 화물 등의 선박 정보 및 항해 관련 정보를 송수신할 수 있는 장비이다. <u>선원의 국적 정보는</u> 나타나지 않는다.
- AIS는 VHF 채널 87, 88을 전용 주파수로 사용하며, 조난경보 등의 송수신을 위해 <u>채널 70</u>을 사용한다. ※ 채널 14는 해당 없음
- AIS의 정적정보(국제해사기구 번호, 호출부호와 선명, 선박의 길이와 폭, 선박의 종류, GNSS 안테나 설치 위치)의 갱신주기는 매 <u>6분마다</u> 또는 데이터가 수정되거나 요구가 있을 때 이루어진다.

무선표지설비(EPIRB)

- 비상위치지시용으로 선박이 침몰할 때 떠올라서 위성으로 조난신호를 발신한다. 자동작동 또는 수동작동이 가능하다.
- 선교(Top bridge)에 설치되어 선박이 침몰했을 때 자동으로 부상하여 위성을 통해 조난신호를 전송한다. 조타실 안에 설치하면 안 된다.

전자해도표시장치(ECDIS) 전자해도상에 본선의 위치 및 다른 선박의 정보를 표시해주는 장비이다.

VHF 무선전화

- 선박과 선박, 선박과 육상기지국 간에 교신을 위한 장비, 자동으로 선박 정보를 전송하지 않는다.
- 평수구역을 항해구역으로 하는 총톤수 2톤 이상의 소형선박은 초단파대 무선설비(무선전화 및 디지털선택호출장치)를 반드시 설치해야 한다.
- 무선통신방법 : 송신을 시작하기 전에 그 채널이 사용 중인지 확인해야 하며, 수신국의 특별한 요청이 없는 한 단어나 구문을 반복하지 말아야 한다.
- 채널 16은 조난, 긴급 및 안전에 관하여 교신할 때에만 호출해야 하고, 조난 호출 및 통신을 청수한 때에는 다른 모든 통신을 중단하고 계속 청수해야 한다.

⚓ 각종 사고 시 대처방법 ⚓

무동력보트 구조

- 익수자에게 접근해 노를 건네 구조할 수 있다.
- 익수자를 끌어올릴 때 전복되지 않도록 주의한다.
- 선미가 선수보다 낮으며 스크루가 없어 선미로 유도하여 끌어 올리는 것이 효과적이다.
- 보트 위로 끌어 올리지 못할 경우, 뒷면에 매달리게 한 후 신속히 이동한다.

보트 항해 중 익수자 구조법

- '익수자'라고 크게 외쳐 주변 사람에게 알린다.
- 구명부환 등의 부유물을 던져줌과 동시에 키를 물에 빠진 쪽으로 최대한 전타한다.
- 스크루 프로펠러에 익수자가 빨려들지 않게 조종 후 구조작업에 임해야 한다.
- 수상레저기구를 활용한 인명구조 방법으로 가능한 조난선의 풍하 쪽 선미 또는 선수로 접근한다. 접근할 때에는 충분한 거리를 유지하면서 계선줄을 잡은 다음, 구조선의 풍하 현측으로 이동하여 요구조자를 옮겨 태운다. 대형 구조선은 조난선의 풍상측에 접근하되 바람에 압류되는 것을 주의하여야 한다.
- 타력으로 미속 접근하고 회전하는 스크루에 의한 안전사고 방지를 위해 익수자에게 접근 후에는 전·후진 레버를 중립에 두며, 여분의 노 또는 구명환 등을 이용하여 구조한다.

모터보트 운항 중 우현 쪽 사람이 빠졌을 때 : 우현에 빠진 익수자가 프로펠러에 휘감기지 않도록 우현으로 변침하고, 기관을 즉시 정지시킨다.

동력수상레저기구로 물에 빠진 사람을 구조할 경우 : 선수 방향으로부터 풍파를 받으며 접근하는 이유는 동력수상레저기구의 조종이 쉽기 때문이다.

보트 전복 대처법

- 보트 전복으로 물에 빠졌다면, 구명조끼를 착용하고 주변을 살피고, 전복이 진행 중이라면 보트로부터 떨어져야 한다.

- 가능한 불필요한 행동으로 에너지를 소모하지 않도록 하고, 부유물 등의 위로 올라가 체온 유지를 하면서 구조를 기다린다.

운항 중 보트가 얕은 모래톱에 올라앉은 경우 제일 먼저 취해야 하는 조치는 기관(엔진) 정지이다. 추진기가 모래톱에 묻히면 기관(엔진) 고장의 원인이 된다.

화재 대처

- 모터보트의 연료 계통 화재 발생 시 매우 위험하며 화재가 확산될 수 있다. 엔진을 끄고, 화재의 근본이 되는 연료 밸브를 차단한 후 소화기를 분사하여 진압하는 것이 가장 바람직하다.
- 보트에서 화재 발생 시 화재 발생원이 풍하 측에 있도록 보트를 돌려야만 화재원에서 발생되는 연기를 피할 수 있으며, 화재의 확산도 줄일 수 있다.
- 소화 작업 중 화재가 확산되지 않도록 상대 풍속이 0이 되도록 선박을 조종하는 것이 원칙이다. 즉, 선수 화재 시 선미에서, 선미 화재 시 선수에서, 중앙부 화재 시 정횡에서 바람을 받도록 조종한다.
- 엔진룸 화재와 같은 B급 유류화재에는 CO_2, 포말, 분말 소화기 등 대부분의 소화기 사용이 가능하다.
- B급 유류화재는 재를 남기지 않는 종류의 화재로서 유류 등의 가연성 액체나 기체 등의 화재가 이에 속한다. 담뱃불로 인한 석유난로 유류화재, 기름걸레 등 유류에 오염된 물질은 공기가 잘 통하는 곳에 보관한다.
- C급 전기화재에는 누전 가능성이 있으므로 액체가 없는 분말 또는 이산화탄소(CO_2) 소화기를 사용하여야 한다.
- CO_2 이산화탄소 소화기는 B, C급 초기화재의 진화에 효과적이다. 가스를 직접 화재원에 분사시킬 때의 최대 유효거리는 1.5~2m이다.

전기손상

- 전기에 신체가 접촉되면 접촉면을 통하여 전기가 체내로 유입되고 다른 신체 부위로 전기가 나오게 되는데 일반적으로 들어가는 입구의 상처는 작으나 출구는 상처가 깊고 심하다.
- 높은 전압의 전류는 몸을 통과하면서 심장의 정상전기리듬을 파괴하여 부정맥을 유발함으로써 심정지를 일으킨다.
- 강한 전류는 심한 근육수축을 유발하여 골절을 유발하기도 하며, 수분이 많은 조직에서 더 심한 손상을 유발한다.
- 사고 발생 시 안전을 확인 후 환자에게 접근하여야 한다.

임의좌주(임시좌주, Beaching)

- 임의좌주의 적당한 해안은 경사가 완만하고 육지로 둘러싸인 곳으로 해저가 모래나 자갈로 구성된 곳이 좋으며, 간조·만조 시 급격한 선체 기울임을 피할 수 있다.
- 자력 이초까지 고려한다면 강한 조류가 있거나 갯벌로 된 해안은 적합하지 않다.

좌초사고 시 즉시 조치 즉시 기관을 정지 → 손상부 파악 → 손상부 확대 가능성에 주의하여 후진

기관 사용 여부 판단 → 자력 이초 가능 여부 판단 → 이초 결정 시 이초를 위한 방법을 선택한다.

이초 시 고려사항

좌초·임의좌주 후 이초를 시도하기 전 고려사항

- 손상 부분으로부터 들어오는 침수량과 본선의 배수 능력을 비교하여 물에 뜰 수 있을 것인가를 판단한다.
- 해저의 저질, 수심을 측정하고 끌어낼 수 있는 시각과 기관의 후진 능력을 판단한다.
- 조류, 바람, 파도가 어떤 영향을 줄 것인가를 판단한다.
- 무게를 줄이기 위해 적재된 물품을 어느 정도 해상에 투하하면 물에 뜰 수 있겠는가를 판단한다.
- 갯벌에 얹혀 자력으로 이초 시 선체를 좌우로 흔들면서 기관을 사용하면 효과적이다.

선박 충돌 시 조치사항

조치사항

- 충돌을 피하지 못할 상황이라면 타력을 줄인다.
- 파공이 크고 침수가 심하면 격실 밀폐와 수밀문을 닫아서 충돌 또는 접촉된 구획만 침수되도록 한다.
- 충돌 후 침몰이 예상되는 상황이면 해상으로 탈출을 대비하여야 하며, 수심이 낮은 곳에 임의좌주를 고려한다.
- 대량 유입되는 물을 감당할 수 없을지라도 부력 상실 전까지 시간 확보를 위해 배수를 중단해서는 안 된다.

임의좌초(Beaching) : 선박의 침몰을 막기 위해 수심이 낮은 해변이나 모래톱 등에 이동시켜 얹히게 하여 침몰을 막기 위한 것이다.

충돌 위험 : 상대 선박의 방위가 변하지 않은 상태에서 점점 거리가 가까워질 때 충돌의 위험이 있다.

다른 선박의 현측에 자선의 선수가 충돌했을 경우

- 기관을 후진시키지 말고, 주기관을 정지시킨다.
- 두 선박을 밀착시킨 상태로 밀리도록 한다.
- 만약 선박을 후진시켜 두 선박을 분리시키면, 대량의 침수로 인해 침몰의 위험이 더 커질 수 있다.
- 절박한 위험이 있을 때는 음향신호 등으로 구조를 요청한다.

선박 침수 시 조치사항

침수 발견 시 조치사항

- 그 원인과 침수의 크기, 침수량 등 침수원인을 확인 후 응급조치를 취한다.
- 모든 수단을 이용하여 배수하고, 침수가 한 구획에만 한정되도록 수밀문을 폐쇄한다.
- 선박으로부터 즉각적인 퇴선은 옳지 않다.

선박 기관실 침수 방지대책
- 방수 기자재를 정비한다.
- 해수관 계통 파공 유의한다.
- 해수 윤활식 선미관 누설량에 유의한다.
- 기관실 선저밸브는 평상시 사용됨으로 침수 시에 폐쇄한다.

수상레저기구 조종술

침로 · 변침

- 침로 : 선수미선과 선박을 지나는 자오선이 이루는 각을 말한다. 즉, 대수적으로 선박이 항주해가는 방향(항적) 또는 선박을 진행시키려는 방향을 의미한다.
- 진침로와 자침로 사이에는 편차만큼의 차이가 있고, 자침로와 나침로 사이에는 자차만큼의 차이가 있다.
- 북을 000°로 하여 시계방향으로 360°까지 측정한다.
- 안전한 항해를 하기 위해서는 변침 지점과 물표를 미리 선정해 두어야 한다.
- 변침 물표는 변침 시 자선의 위치를 파악하는 기준이 되며, 물표가 변침 후의 침로 방향에 있고, 그 침로와 평행인 방향에 있으면서 거리가 가까운 것을 선정한다.
- 소형 모터보트의 중, 고속에서의 침로유지를 위한 목표물 설정은 직선 침로를 똑바로 항주하기 위해서 가능한 한 면 쪽에 있는 목표물을 설정하고 그 목표물과 선수가 계속 일직선이 되도록 조종한다.

흘수 선체가 수면 아래에 잠겨 있는 깊이를 나타내는 흘수는 선체의 선수부와 중앙부 및 선미부의 양쪽 현측에 표시되어 있다.
선박의 흘수 : 흘수는 물속에 잠긴 선체의 깊이로서 선박의 항행이 가능한 수심을 알 수 있다.
선수미 등흘수 : 얕은 수로를 항해하기에 가장 적당한 선체 트림 상태이다.

피치(pitch)

- 스크루 프로펠러가 회전하면서 물을 뒤로 차 밀어내면, 그 반작용으로 선체를 앞으로 미는 추진력이 발생하게 된다. 이와 같이 스크루 프로펠러가 360도 회전하면서 선체가 전진하는 거리를 피치라 한다.
- 프로펠러에서의 피치는 다른 의미로 프로펠러가 휜 정도라고도 할 수 있다.

타(舵) 타는 선박에 보침성과 선회성을 제공하는 장치이다.

- 타는 보통 유속이 가장 빠른 프로펠러의 뒤에 설치하는 것이 대부분이지만, 보조로 선수에 설치하는 선수타도 있다.
- 보침성 : 선박이 직진하는 침로를 유지하려는 성질
- 선회성 : 일정타각을 주었을 때 선박이 선회하려는 성질
- 감항성 : 선박이 자체의 안정성을 확보하기 위하여 갖추어야 하는 능력

킥(Kick) 현상

- 전타 선회 시 제일 먼저 생기는 현상으로 원침로에서 횡 방향으로 무게중심이 이동한 거리를 말한다.
- 원침로에서 횡 방향으로 무게중심이 이동한 거리로 선미 킥은 배 길이의 1/4~1/7 정도이며, 장애물을 피할 때나 인명구조 시 유용하게 사용한다.
- 선속이 빠른 선박과 타효가 좋은 선박은 커지며, 전타 초기에 현저하게 나타난다.
- 선회 초기 선체는 원침로보다 바깥으로 밀리면서 선회한다.

복원력

- 선박이 물 위에 떠 있는 상태에서 외부로부터 힘을 받아 경사하려고 할 때의 저항, 또는 경사한 상태에서 그 외력을 제거하였을 때 원래의 상태로 돌아오려고 하는 힘을 말한다. 선박의 안정 상태를 판단하는 기준이 된다.
- 일정한 흘수에서 무게중심의 위치가 낮아질수록 GM은 커진다. 즉, 중량물이 선박의 아래 부분에 적재되거나 이동되었을 때 중심위치가 내려가면서 복원력이 증가한다.
- 복원력이 증가함에 따라 횡요 주기는 짧아진다. 따라서 선내 화물이 이동할 위험이 있으며, 승무원의 작업능률이 저하되고, 선체나 기관 등이 손상될 우려도 있다.

롤링(Rolling) 선체가 파도를 받으면 동요한다. 횡동요 운동은 x축을 기준으로 좌우 교대로 회전하려는 운동이며, 복원력과 밀접한 관계에 있다.

> **횡요주기** : 파랑의 주기와 일치하게 되면 횡요각이 점점 커지게 되며, 보트가 전복될 위험성이 커진다.

> **동조횡동요** : 선체의 횡동요 주기가 파도의 주기와 일치하여 횡동요각이 점점 커지는 현상을 동조횡동요라고 한다.

요잉(Yawing)

- Z축을 기준으로 하여 선수가 좌우 교대로 선회하려는 왕복 운동을 말하며, 선박의 보침성과 깊은 관계가 있다.
- 보침성이 불량한 선박은 협수로 통과나 다른 선박과의 근접 통과 시의 조종 등에 있어서 어려움이 많다.

러칭 선체가 횡동요 중에 옆에서 돌풍을 받거나 파랑 중에서 대각도 조타를 하여 선체가 갑자기 큰 각도로 경사하게 되는 현상을 러칭이라고 한다.

브로칭(Broaching) 선박이 파도를 선미로부터 받으면서 항주할 때에 선체 중앙이 파도의 파정이나 파저에 위치하면 급격한 선수 동요에 의해 선체는 파도와 평행하게 놓이는 수가 있으며, 이런 현상을 브로칭이라 부른다. 브로칭 현상이 발생하면 파도가 갑판을 덮치고 대각도의 선체 횡경사가 유발되어 선박이 전복될 위험이 있다.

라이 투(Lie to) 기관을 정지하고 선체를 풍하로 표류하도록 하는 방법으로 대형선에서만 사용한다.

히브 투(Heave to) 황천으로 항해가 곤란할 때 선수를 풍랑 쪽으로 향하게 선수 좌·우현 25~35도로 받으며 조타가 가능한 최소의 속력으로 전진하는 방법이다. 선체의 동요를 줄이고 파도에 대하여 자세를 취하기 쉽고, 풍하 측으로 표류가 적지만 선수에 파로 인한 충격과 해수가 갑판으로 올라오거나 너무 감속하면 정횡 방향으로 파를 받을 우려가 있다.

스커딩(Scudding) 황천으로 항행이 곤란할 때, 풍랑을 선미 쿼터(quarter), 선미 좌·우현 25~35도에서 받으며, 파에 쫓기는 자세로 항주하는 방법이다. 이 방법은 선체가 받는 충격 작용이 현저히 감소하고, 상당한 속력을 유지할 수 있으나, 보침성이 저하되어 브로칭 현상이 일어날 수도 있다.

슬래밍 거친 파랑 중을 항행하는 선박이 길이 방향으로 크게 동요하게 되어 선저가 수면상으로 올라와서 떨어지면서 수면과의 충돌로 인해 선수 선저의 평평한 부분에 충격 작용하는 현상을 말한다.

레이싱 선박이 파도를 선수나 선미에서 받아서 선미가 공기 중에 노출되면 프로펠러가 수면 위로 노출되는 레이싱(공회전) 현상으로 인하여 기관이 정지되거나 손상을 줄 수 있다.

선체저항

마찰저항 : 선체 표면이 물에 부딪혀 선체 진행을 방해하여 생기는 저항으로써 저속으로 항해할 때 가장 큰 비중을 차지한다.

조파저항 : 선수·미 부근은 수압이 높아져 수면이 높아지고 선체중앙부는 수압이 낮아져서 생기는 저항으로 구형선수로 예방한다.

조와저항 : 선체주위의 물 분자는 부착력으로 인해 속도가 느려지고 선체에서 먼 곳의 물 분자는 속도가 빨라 물 분자의 속도 차에 의해 선미 부근에서 와류가 생겨 선체는 전방으로부터 후방으로 힘을 받게 되는 저항이다. 선체 형상에 따라 크기가 달라진다. 유선형일수록 선미에서 와류현상이 적게 발생하므로 조와저항이 감소한다.

공기저항 : 수면상부의 선체 및 갑판상부의 구조물이 공기의 흐름과 부딪혀 생기는 저항이다.

흡인작용

- 선박이 두 대가 근접하여 나란히 고속으로 운항할 때 선박이 서로를 잡아당기는 흡인작용 현상이 일어난다. 서로 충돌할 위험이 있다.
- 접근 거리가 가까울수록 흡인력이 크며, 추월 시가 마주칠 때보다 크다.
- 수심이 얕은 곳에서 뚜렷이 나타나며, 저속으로 항주 시 흡인력은 약하다.

추적류(반류)

- 선체가 앞으로 나아가면서 물을 배제한 수면의 빈 공간을 주위의 물이 채우려고 유입하는 수류로 인하여, 주로 뒤쪽 선수미 선상의 물이 앞쪽으로 따라 들어오는데 이것을 반류 또는 추적류라고 한다.
- 배출류 : 프로펠러의 뒤쪽으로 흘러나가는 수류
- 흡입류 : 앞쪽에서 프로펠러에 빨려드는 수류

선박의 경사

- 직진 중인 선박이 전타를 행하면, 초기에 수면 상부의 선체는 내방 경사 하며, 선회를 계속하면 선체는 각속도로 정상 선회를 하며 외방 경사 하게 된다.

- 모터보트 선회성능 : 좌우의 선회권은 프로펠러의 회전 방향에 따라 차이가 나타나기 때문에 약간의 차이를 나타낸다. 프로펠러가 1개이며 우회전인 경우, 우현의 선회 반경이 적으며 빠르게 선회한다.

야간 항행

- 야간항해 중 항해등을 빼고 경계에 방해가 되는 선체 내외의 등화는 전부 가려서 보트 밖의 미약한 등화나 부표, 어구 부자 등을 발견하기 쉽도록 해야 한다.
- 해면에 파랑이 있고 만월인 야간항해 시에 달이 후방에 놓이게 되면 광력이 약한 물체는 근거리에서도 확인되지 않는 경우가 많아 주의하여야 한다.
- 야간항해 시에는 다소 멀리 돌아가는 일이 있더라도 안전한 침로를 택하는 것이 좋다.
- 야간에는 등화만으로 다른 선박이나 물표를 확인해야 하고, 시계가 어둡고 졸기 쉬운 상태이므로 특히 주의하여 항해하여야 한다.
- 항법 규칙에 따라 야간 시간 적법한 항해등을 점등하여야 하며, 항행 양 선박이 정면으로 마주치면 서로 오른쪽으로 변침하여 피한다.
- 다른 선박을 피할 때는 대각도로 변침한다.

연료확보

- 레저기구의 안전 운항을 위해서는 필요한 양의 연료를 확보하여야 하며, 자선의 운항 기록을 통하여 축적된 속력에 따른 연료 소모량을 알면 필요한 연료량을 구할 수 있다.
- 예비 연료량은 총 소비량의 25% 정도 추가 확보하는 것이 좋다.
- 1마일당 연료 소모량은 속력의 제곱에 비례하고, 일정한 시간 동안에 소비하는 연료는 속력의 3제곱에 비례한다.

모터보트 시동 준비항목 순서

- 선저, 드라이브 유니트, 스크루 이상 유무를 확인한다.
- 기관실 빌지 배수 및 누수 개소를 확인한다.
- 엔진 장착 상태, 각종 벨트, 엔진오일, 연료 계통 등을 확인한다.
- 선외기(2행정일 경우) 연료는 가솔린과 오일을 일정 비율로 혼합하여 사용한다.
- 연료 계통 밸브를 열고, 기관실 환기 후 기관을 시동한다.

모터보트 시동 전 점검사항

- 배터리 충전상태, 엔진오일, 연료유량 점검, 연료탱크 환기구가 열려있는가를 확인한다.
- 비상정지 스위치가 RUN에 있는지 확인한다.
  ※ 기관의 냉각방식이 해수나 담수를 직접 흡입하여 냉각하는 방식은 시동 후 냉각수 확인이 가능하다.

연료 계통 문제

시동이 되지 않는 경우

- 연료필터(Fuel filter)에 불순물 또는 물이 차 있지 않은지 확인한다.
- 연료 계통 내에 누설되는 곳이 있는지 확인한다.
- 연료탱크의 출구 밸브 및 공기변(air vent)이 닫혀있는지 확인한다.

- 프라이머 밸브(primer valve)는 선외기 시동 전 펌핑하여 연료를 기관으로 채워주는 기능과 연료 계통 수리 시 공기 등의 배출에 사용된다(선외기가 시동되지 않을 때는 프라이머 밸브를 작동시켜 연료를 보충해야 한다).

동력수상레저기구 조종 시 확인할 계기
- 엔진 회전속도(RPM) 게이지
- 온도(TEMP) 게이지
- 압력(PSI) 게이지
  ※ 축(SHAFT) 게이지는 기관 내 부속으로 조종할 때 확인할 계기가 아니다.

기관 시동 후 점검사항
- 기관(엔진)의 상태를 점검하기 위해 모든 계기를 관찰한다.
- 냉각수 상태를 점검한다.
- 연료, 오일 등의 누출 여부를 점검한다.
- 클러치 전·후진 및 스로틀레버 작동상태를 점검한다.
  ※ 기관의 시동모터 점검은 시동 전 점검사항이다.

모터보트 운항 중 선체 떨림 현상 점검사항
- 프로펠러의 축계(shaft) 굴절 여부를 확인한다.
- 프로펠러의 파손상태, 또는 로프 등 부유물이 감겼는지 확인한다.
  ※ 크랭크축 균열상태 확인은 기관을 완전히 분해 시 점검이 가능하다.

과부하 운전
기관(엔진)에 미치는 영향
- 피스톤 및 피스톤링의 마멸이 촉진되고, 흡·배기밸브에 카본이 퇴적되어 소기효율이 떨어지며, 배기가스의 배출량이 많아진다.
- 간헐적인 과부하 운전을 피할 수는 없지만, 과부하 운전이 지속되면 기관(엔진)에는 치명적인 손상 원인으로 작용하므로 가능한 과부하 운전을 피해야 한다.
  ※ 연료분사 압력이 낮아지는 것은 과부하 운전과 관련 없다.

선체 트림
- 선수와 선미가 물에 잠긴 정도가 달라 선체가 앞이나 뒤로 기울어진 상태를 말한다.
- 모터보트로 얕은 수로를 항해하기에 가장 적당한 선체 트림은 선수미 등흘수(Even Keel) 상태이다.
- 선수 트림(Trim by the head)이 클 경우
- 트림(Trim)이 과하면, 선수가 들려 선수부의 항주파가 선미부에서 형성된다.
- 잔잔한 물에서도 선수가 위아래로 흔들리며, 활주 상태에서 갑자기 보트가 좌우로 흔들린다.
- 물을 밀고 나가는 것 같이 보이는 현상은 트림이 작을 때 또는 Negative(-) 트림일 때 나타나는 현상이다.

모터보트 조종
- 자동 정지줄은 항상 몸에 부착하며, 움직일 수 있는 물건은 고정하고, 좌우를 살피며 안전

속력을 유지한다.
- 교통량이 많은 해역을 이탈할 경우, 주위를 세심하게 살피며 안전한 속력을 유지해야 한다.
- 모터보트를 가속하면 속력과 양력이 증가되어 선수 및 선미가 수면과 평행상태가 되어 활주 상태가 된다.
- 계류 중인 동력수상레저기구 인근을 통항하는 선박 또는 동력수상레저기구는 가급적 저속으로 통항하고, 가능한 접안선으로부터 멀리 떨어져서 안전하게 항행한다.
- 계류 중인 레저기구는 펜더 등으로 보강하고, 계선줄 등을 단단히 고정한다.

접안 이안 계류

접안 시 주의사항 : 타선의 닻줄 방향에 유의, 선측 돌출물을 걷어 들인다. 외력의 영향이 작을 때 접안이 쉽다. 선수를 먼저 접안 후 선미를 접안한다.

모터보트를 현측으로의 접안 : 접안하고자 하는 현측과 모터보트의 선수·미 방향의 진입 각도를 약 20~30도 정도로 접안하는 것이 가장 효과적이다.

우회전 프로펠러 선박이 우현 계류보다 좌현 계류가 더 유리한 이유 : 전진 시 횡압력이 작용하고, 후진 시 배출류의 측압작용으로 선미가 좌선회하는 것을 이용한다.

육상에 계선줄을 연결하여 계류할 경우 : 조수간만의 차에 따라 계선줄의 길이를 적절히 하여야 한다.

이안 거리 : 해안으로부터 떨어진 거리(이안 거리)를 결정할 때는 선박의 크기 및 제반 상태, 항로의 교통량 및 항로 길이, 해상, 기상 및 시정의 영향을 고려해야 한다.

모터보트가 속력을 낮추거나 정지해야 할 경우

- 농무에 의한 시정제한
- 좁은 수로에서 침로만을 변경하기 어려운 경우
- 진행 침로방향에 장애물이 있을 때
- 다른 보트가 추월을 시도하는 경우에는 가급적 자신의 침로와 속력은 유지할 필요가 있다.

수로 둑의 영향

- 수로의 중앙을 항행할 때에는 별 영향을 받지 않는다.
- 둑에서 가까운 선수 부분은 둑으로부터 흡인작용을 받지 않으며, 선박이 우현 쪽으로 둑에 접근할 때 선수는 반발한다.
- 수로의 중앙을 항행할 때에는 좌우의 수압 분포가 동일하다.

얕은 수심 항해

- 수심이 얕은 해역을 항해할 때 조종성능이 저하된다.
- 선체 침하 현상(squat)이 발생하고, 선체 진동이 발생한다.
- 공기 저항 증가는 관련 없다.

수중 암초

- 수중 암초는 매우 위험한 장애물로 수중 암초가 있는 지역을 미리 확인하고, 그 지역을 피해서 운항한다.

- 암초가 있을 수 있는 지역에서 빠른 속도로 회전하거나 빠르게 지나가는 것은 매우 위험하다.
- 운항 중 갑자기 물속에서 저항감을 느꼈다면 기구의 손상 여부를 확인하여 사고를 예방해야 한다.
- 운항 전 운항 계획을 세우고 물때와 암초 지역을 확인해야 한다.

바람과 조류의 영향
- 바람은 모터보트를 떠밀리게 하기도 하지만 주로 바람은 모터보트를 편향시켜 회두를 일으키고, 횡방향에서 바람을 맞으면 선체가 선속과 바람의 힘을 합친 방향으로 나아가면서 선미가 풍하 쪽으로 떠밀려 결국 선수는 바람이 불어오는 방향으로 향한다.
  ※ 회두 : 뱃머리를 돌려 진로를 바꿈
- 조류는 조류가 흘러오는 반대 방향으로 모터보트를 밀리게 하여 이동시킨다.
- 조류가 빠른 수역에서 선수 방향의 조류(역조)는 타효가 좋아 조종이 잘 되지만, 속도는 저하된다. 선미 방향의 조류(순조)는 모터보트의 조종성능을 저하된다.

풍압차(Lee way, LW) 항해 중 어느 한쪽 현에서 바람을 받으면 풍하측으로 떠밀려 실제 지나온 항적과 선수미선이 일치하지 않을 때 그 각을 풍압차라 한다. 일반적으로 선박에서는 풍압차와 유압차(Tide way, Current way; 해류나 조류에 떠밀리는 경우 항적과 선수미선 사이에 생기는 교각)를 구별하지 않고 이들을 합쳐서 풍압차라고 하는 경우가 많다.

기상특보 발효 시 운항
- 모터보트 운항 중 기상특보가 발효되었다면 파도의 크기에 따라 항로를 조정하고 속도를 낮춘다.
- 파도를 선수 쪽에서 받도록 조종함으로써 선박에 가하는 충격이 최소화되어 전복의 위험을 줄일 수 있다.
- 선박이 전진 중에 바람을 횡방향으로 받으면 선체가 선속과 바람의 힘을 합친 방향으로 나아가면서 선미가 풍하 쪽으로 떠밀려 결국 선수는 바람이 불어오는 방향으로 향한다.

서로 시계 상태에서 항행 상대의 시계 안에 있는 선박이 접근하고 있거나 하나의 선박이 다른 선박의 의도 또는 동작을 이해할 수 없거나 다른 선박이 충돌을 피하기 위하여 충분한 동작을 취하고 있는지 분명하지 아니한 경우에는 그 사실을 안 선박이 즉시 기적으로 단음을 5회 이상 재빨리 울려 그 사실을 표시하여야 하며, 탐조등을 이용하여 5회 이상의 짧고 빠른 섬광을 발하는 발광신호로써 보충할 수 있다.

시계가 제한된 상황에서 항행
- 시정이 제한된 상태란 안개·연기·눈·비·모래바람 및 그 밖에 이와 비슷한 사유로 시계가 제한되어 있는 상태를 말한다.
- 낮이라 할지라도 반드시 등화를 켜고, 상황에 적절한 무중신호(기적, 사이렌 등)를 취명하는 동시에 주변 다른 선박의 무중신호 청취에 귀 기울인다.
- 엄중한 경계를 실시하고, 필요시 경계원을 증가 배치하여 안전한 속력으로 감속한다.
- 무리하게 항해하기보다는 안전한 곳에서 대기하며 규정에 따른 기적 또는 사이렌 등의 무

중신호를 취명하면서 시계가 좋아질 때를 기다린다. 기관을 정지하고 닻을 투하하는 것은 바람직하지 않다.

- 정박 중인 동력수상레저기구로 접근하여 오는 선박이 있을 경우, 충돌의 가능성을 경고하기 위해 1분을 넘지 않는 간격으로 5초 동안 빠르게 타종(5초간 연속 타종)한다.
- 무중 항해 : 항해 중 안개가 끼었다면 레이더 활용 등 가용할 수 있는 방법을 다하여 근처 항해하는 선박에 알리는 등 무중신호를 이용하여 최대한 선박을 안전하게 항해하여야 한다.

좁은 수로와 만곡부에서 보트 운항 시 주의사항

- 인근 선박의 운항 상태를 지속적으로 확인하며, 안전한 속력을 유지한다.
- 회두할 때에는 소각도로 여러 차례 변침하도록 하고, 닻 사용 준비상태를 계속 유지한다.
- 속력이 너무 느리면 조류의 영향을 크게 받으며, 타의 효력이 나빠 조종이 곤란하다.
- 야간에는 보트의 조종실 등화를 어둡게 하며, 야간 자선의 존재 확인은 항해등 또는 정박등으로 확인하여야 한다.
- 음력 보름 만월인 야간에는 해면에 파랑이 있고 달이 후방에 있을 때가 전방 경계에 불리하다.
- 일시에 대각도 변침을 피하고, 조류 방향과 직각되는 방향으로 선체가 가로 놓이게 되면 조류영향을 크게 받는다.
- 피험선 : 협수로나 입출항 통과 시에 준비된 위험 예방선을 말한다.
- 조류는 역조 때에는 정침이 잘 되나 순조 때에는 정침이 어렵다.
- 만곡부의 외측에서 유속이 강하고, 내측에서는 약한 특징이 있으며, 통항 시기는 게류 시나 조류가 약한 때를 택해야 한다.

파도가 높은 해역에서 모터보트 운항

- 파도를 측면으로 받으면 모터보트가 크게 흔들리거나 전복될 위험이 있으며, 속도를 높이면 파도의 충격을 더 크게 받을 수 있다.
- 파도의 충격과 동요를 최대로 줄이기 위해 속력을 줄이고, 풍파를 보트의 정면 20°~30° 방향에서 받도록 조종하는 것이 안전하다.
- 보트의 위치를 항상 파악하도록 하며, 풍파를 선미에서 받거나 횡 방향, 즉 90°에서 받으며 조종하는 것은 대단히 위험하다.

물때 변화에 따른 모터보트 운항

- 물때에 따른 수심의 변화는 모터보트의 좌초 또는 해저 생물 등의 충격이 있을 수 있으며, 간조 시 얕은 수심으로 인한 좌초 등 안전사고 예방에 대비하여야 한다.
- 조류의 흐름은 보트의 방향을 유지하여 조종하는 데 어려움이 발생할 수 있다.

연료 고갈로 표류 중 우선해야 할 일

- GPS를 통해 정확한 현재 위치를 확인하고 구조 요청을 보내야 한다.
- 표류사고는 조류 또는 파도의 영향으로 원하지 않는 방향으로 이동할 위험이 있어 빠른 구조를 받지 못하면 2차 사고로 이어질 수 있다.

추월(앞지르기)

- 동력수상레저기구 또는 선박을 추월하려는 경우 추월당하는 기구의 진로를 방해하여서는 안 된다.
- 두 선박이 서로 가깝게 마주치거나, 추월할 때 선박 주위에 압력 변화로 당김·밀어냄·회두 현상이 발생할 우려가 있으며 이를 간섭작용이라고 한다.
- 선박의 상호 간섭작용이 선박 충돌사고의 원인이 되며, 선박의 크기가 서로 다를 경우 작은 선박이 훨씬 큰 영향을 받는다.

수상오토바이 출발 전 점검

- 선체 드레인 플러그가 잠겨있는지 확인한다.
- 오일량을 점검하고, 엔진룸 누수 여부를 확인한다.
- 배터리 충전 상태를 확인한다.
  ※ 예비 배터리가 반드시 있어야 하는 것은 아니지만 확보해 둘 필요가 있다.

수상오토바이 운항

- 수상오토바이의 추진기는 임펠러 회전에 의한 물분사(water jet) 방식으로 선체가 수중에 잠긴 깊이가 얕아 낮은 수심에서 운항할 수 있는 장점은 있으나 제트펌프가 부유물을 빨아들여 감기는 현상에 유의하여야 한다.
- 프로펠러 방식의 모터보트에 비해 낮은 수심에서 운항할 수 있는 장점이 있으나 선체가 작아 안정성은 좋지 않아 전복의 위험성이 있어 운항 시 주의해야 한다.
- 운항 중 수상오토바이에서 떨어졌을 때는 침착하게 수상오토바이 뒤쪽으로 이동하여 올라타서 시동 후 이동한다.
- 수상오토바이가 뒤집힌 경우라면 선미 부분에 표기된 화살표 방향으로 복원시킨다.
- 파도가 높을 때 정면으로 파도와 맞서 주행하면 큰 파도에 묻혀 탑승자가 수상오토바이에서 이탈될 가능성이 크며, 파도를 측면에서 받을 경우, 균형을 잃고 전복될 가능성이 크다.
- 속도를 낮추고 파도를 정면 비스듬히 맞으며 주행하는 것이 가장 부드럽게 넘을 수 있다.
- 과도한 속도나 무리한 주행은 사고를 일으킬 수 있어 적절한 속도 조절과 상황 판단이 중요하다.

수상오토바이가 갑자기 출력이 떨어지거나 기관이 정지된 경우 즉시 점검사항

- 몸에 연결한 스톱스위치(비상정지)를 확인한다.
- 연료 잔량을 확인한다.
- 임펠라가 로프나 기타부유물에 걸렸는지 확인한다.
- 물 흡입구에 이물질이 부착되어 있는지 점검한다.
  ※ 엔진의 노즐 분사량 확인은 즉시 점검사항이 아니며, 엔진회전수 변동이 심하거나 진동이 동반될 때 점검사항이다.

고무보트 운항 전 확인사항

- 공기압을 점검한다. 기관(엔진)부착 정도를 확인한다. 연료를 점검한다. 흔들림을 방지하기 위해 중량물을 싣는 것은 중량물로 인하여 균형을 잃을 수 있어 바람직하지 않다.

신호

측방표지

- 측방표지란 항행하는 수로의 좌·우측 한계를 표시하기 위해 설치된 표지이다.
- 좌현 부표 : 이 부표의 위치가 항로의 왼쪽 한계에 있음을 의미하며 부표의 오른쪽이 가항 수역임을 의미한다.
- 우현 표지 : 항행하는 수로의 우측 한계를 표시하므로, 표지 좌측으로 항행해야 안전하다.
- 우리나라 우현표지의 표지 몸체의 색깔은 홍색이다.
- 국가별(IALA 해상부표식)로 A지역과 B지역으로 구분하여 서로 다르게 사용하며 우리나라는 B지역에 해당되며 좌현 표지는 녹색, 우현 표지는 홍색이다.

> A지역 : 좌현표지는 홍색이며 두표는 원통형, Fl(2+1)R 이외의 리듬을 갖는다.
> 우현표지는 녹색이며 두표는 원추형, Fl(2+1)G 이외의 리듬을 갖는다.
> B지역 : 좌현표지(▲ǐ i)는 녹색이며 두표는 원통형, Fl(2+1)G 이외의 리듬을 갖는다.
> 우현표지(■ǐ i)는 홍색이며 두표는 원추형, Fl(2+1)R 이외의 리듬을 갖는다.

고립 장애표지 암초나 침선 등 고립된 장애물 위에 설치하는 표지이다.

방위표지 `부록 | 그림 참조`

- 장애물을 중심으로 주위를 4개 상한으로 나누어 설치한 표지로 방향에 따라 동, 서, 남, 북 방위표지라 부른다.
- 북방위표지(BY) : 두표는 흑색 원뿔형 꼭짓점을 위쪽 방향으로 2개를 세로로 설치되고, 상부는 흑색, 하부는 황색이다.
- 북방위표지(BY) : 상부 흑색, 하부 황색
- 서방위표지(YBY) : 황색 바탕, 흑색 횡대
- 동방위표지(BYB) : 흑색 바탕, 황색 횡대
- 남방위표지(YB) : 상부 황색, 하부 흑색

신 위험물표지 `부록 | 그림 참조`

- 수로도지에 등재되지 않은 새롭게 발견된 위험물들을 표시하기 위해 설치하는 표지이다.
- 침몰 및 좌초선박이나 새롭게 발견된 모래톱, 암초 등에 설치한다.
- 표체 도색은 청색/황색 수직 줄무늬, 등색은 황색 및 청색 등이 교차 점등한다.
- ※ 준설, 발굴, 매립 등 해상공사 구역 표시는 해당 없음

교량표지 `부록 | 그림 참조`

- 교량표는 좌측단표, 우측단표, 중앙표가 있으며, 주간에 항로의 중앙과 항로의 좌/우측 끝을 표시한다.
- 좌측단표 : 교량 아래의 항로 좌측 끝을 표시하는 표지판
- 중앙표 : 주위의 가항 수역이나 항로의 중앙을 표시하는 표지판
- 우측단표 : 교량 아래의 항로 우측 끝을 표시하는 표지판

등대(Lighthouse)
- 선박에게 육상의 특정한 위치를 표시하기 위해 설치된 탑과 같이 생긴 구조물이다.
- 관측안고와 등고가 높을수록, 광력이 클수록 광달거리는 길어진다. 광달거리는 날씨에 따라 다르다.

부등(Auxiliary light)
등표의 설치가 불가능하거나 등부표를 설치하여도 보수하기 아주 어려운 주, 초 등이 있는 위험한 구역으로부터 가까운 곳에 등대가 있을 때 그 등대에 강력한 투광기를 설치하여 그 구역을 비추어 위험을 표시하는 등화이다.

부표(Buoy)
암초, 얕은 수심 등의 위험이나 항행금지지점을 표시하기 위해 설치되는 구조물, 해저의 일정한 지점에 체인으로 연결되어 해면에 떠 있으며 강한 파랑이나 조류로 위치가 옮겨지는 경우가 많아 항해 시 변침 목표물로서 부적당하다.

입표(Beacon)
암초, 노출암 등의 위치를 표시하기 위해 설치하는 항로표지(피험표)이다.

도등
좁은 수로나 항만의 입구 등에 2~3개의 등화를 앞뒤로 설치하여 그 중시선에 의해 선박을 인도하도록 하는 것이다.

임시등(Occasional light)
보통 선박의 출입이 많지 않은 항만이나 하구 등에 출입항선이 있을 때 또는 어로기 등 선박의 출입이 일시적으로 많아질 때 임시로 점등되는 것이다.

가등(Temporary light)
등대를 개축할 때 긴급조치로 가설되는 것이다.

음향신호·무중신호
- 우현 변침 : 단음1회 또는 1회 발광신호(기류 E기)
- 좌현변침 : 단음 2회 또는 2회 발광신호(기류 I기)
- 후진 중 : 단음 3회(기류 S기)
- 주·야간 모두 작동하며, 사이렌이 많이 쓰인다. 공중음·수중음신호가 있으며, 일반적으로 등대나 다른 항로표지에 부설되어 있다.

기류신호
- 조난(NC) : 본선은 조난 중이다. 즉시 지원을 바란다.
- A : 스쿠버 다이빙을 하고 있다. 본선은 잠수부를 내리고 있으니 저속으로 피하라.
- B : 위험물 운반선 멀리 떨어져서 운항하라.
- D : 피하라, 본선은 조종이 자유롭지 않다.
- E : 본선은 우현으로 변침하고 있다.
- F : 본선을 조종할 수 없다(조종불능선 의미).
- G : 본선은 도선사가 필요하다(어선은, 본선은 어망을 올리고 있다).
- H : 본선은 도선사를 태우고 있다.
- I : 왼쪽으로 진로 변경 중이다.
- J : 본선에 불이 나고, 위험 화물을 적재하고 있다(본선을 충분히 피하라).
- K : 귀선과 통신하고자 한다.
- L : 귀선은 즉시 정지하라(경비함정 등에서 선박 임검을 실시할 때 멈추라는 의미로 사용).

- M : 본선은 정지하고 있다(대수속력은 없다).
- O : 바다에 사람이 빠져 수색 중인 선박을 발견하였다.
- Q : 검역허가 요청
- S : 본선의 기관은 후진 중이다.
- T : 본선을 피하라(본선은 2척 1쌍의 트롤 어로 중이다).
- V : 본선은 지원을 바란다.
- W : 본선은 의료지원을 바란다.

조난신호

- 조난 신호는 국제해사기구가 정하는 신호로 행하여야 한다.
- 야간에 손전등을 이용한 모르스 부호(SOS) 신호, 인근 선박에 좌우로 벌린 팔을 상하로 천천히 흔드는 신호는 조난 신호이다.
- 백색 등화의 수직 운동에 의한 신체 동작 신호는 조난 신호가 아닌 조난자를 태운 보트를 유도하기 위한 신호로 이곳이 상륙하기 좋은 장소라는 의미이며, 반대로 상륙하기 위험하다는 신체 동작 신호는 백색 등화의 수평 운동을 하면 된다.
- 조난을 당하여 구원을 요청하는 경우에 사용하는 신호로서 구원 요청 이외의 목적으로 사용해서는 안 된다(유사 시를 대비하여 정기적으로 조난신호를 행해서는 안 된다).
- MAYDAY(메이데이)는 VHF 무선전화로 선박이 긴박한 위험에 처해 즉각적인 구조를 바란다는 통신을 보낼 때 사용하는 통신용어이다.
- SILENCE(시롱스)는 비상 상황에서 조난통신의 원활한 전달을 위해 다른 선박의 통신을 중지시키고자 할 때 사용하는 음성신호이다.

내연기관 및 추진장치의 구조

내연기관

플라이휠

- 축과 함께 회전하는 바퀴로서 기관 동력이 증감해도 일정한 속도로 회전하려는 관성을 이용한다. ※ 크랭크축 회전속도의 변화를 감소시킨다.
- 연소행정에서 피스톤의 발생 동력으로 생기는 회전력을 축적해 두었다가 다음 각 행정에서 회전력이 약해졌을 때 회전하는 관성력에 의하여 회전속도를 유지한다.
- 기관의 과속을 방지하고, 기관의 부착된 부속장치를 구동시키며, 축력을 증가시킨다.

피스톤(Piston)의 주된 역할

- 새로운 공기(소기)를 실린더 내로 흡입 및 압축한다.
- 상사점과 하사점 사이의 직선 왕복 운동을 한다.
- 고온고압의 폭발 가스압력을 받아 연접봉을 통해 크랭크샤프트에 회전력을 발생시킨다.
- 피스톤의 왕복 운동을 크랭크축 회전운동으로 바꿔 동력을 외부로 전달한다.

피스톤 링(Piston ring) 고착원인

- 링과 링 홈의 간격이 부적당할 때
- 링의 장력이 부족할 때
- 불순물이 많은 연료를 사용할 때

※ 실린더 냉각수의 순환량이 과다할 때는 실린더 온도는 낮아지므로 피스톤링이 고착되는 원인으로 볼 수 없다.

릴리프밸브(Relief valve) : 압력이 설정 압력에 도달하면 유체를 우회시켜 압력을 일정하게 유지한다.

내연기관의 열효율을 높이기 위한 조건

- 압축압력이 높을수록, 용적 효율이 좋을수록, 연료 분사 상태가 좋을수록, 배기로 배출되는 열량을 적게 한다.
- 점화플러그(Spark plug) : 구조가 간단하고 작지만, 기관의 성능에 직접적인 영향을 끼치는 부품이며, 가혹한 조건에 견딜 수 있도록 전기적 절연성, 내열성, 기밀성 기계적 강도가 필요하다.
- 점화코일(Ignition coil) : 불꽃점화기관에서 불꽃(스파크)을 튀기기 위하여 고전압을 발생시킨다.

연료소모량은 많고 출력이 떨어지는 경우 : 피스톤 및 실린더 마모가 심할 때

과급(supercharging)이 기관의 성능에 미치는 영향

- 평균 유효압력을 높여 기관의 출력을 증대시킨다.

- 연료소비율이 감소한다.
- 단위 출력당 기관의 무게와 설치 면적이 작아진다.
- 미리 압축된 공기를 공급하므로 압축 초의 압력이 약간 높다.
- 저질 연료를 사용하는 데 유리하다.

가솔린기관

배기가스 정화장치 : 배기가스 재순환 장치, 블로바이가스 환원장치, 연료 증발 가스 처리장치 등의 유해 물질을 정화 또는 재순환하는 장치를 말한다. ※ 서지 탱크 장치는 해당 없다.

데토네이션(Detonation) : 가솔린기관에서 노크와 같이 연소 화염이 매우 고속으로 전파하는 현상이다.

오일펌프 : 오일펌프는 캠축 또는 크랭크축에 의해 구동되며, 오일 팬 내의 오일을 흡입·가압하여 각 윤활부에 압송하는 기능을 수행한다.

오일펌프 정비 순서
- 오일펌프 덮개와 기어를 프런트 케이스에서 떼어낸다.
- 프런트 케이스 기어 접촉면 및 오일펌프 커버의 마멸을 점검하고, 필요하면 교환한다.
- 프런트 케이스 오일 통로 및 오일펌프 덮개의 통로가 막혔는지 점검하고, 필요하면 청소한다.
- 오일펌프 팁 간극과 사이드 간극을 필러게이지로 측정하여 규정값 이내에 있는지 점검한다.

마그네틱 스위치 점검 수행 순서
- 축전지의 (−)단자를 M단자에, (+)단자를 S단자에 접속하여 풀인 코일을 점검한다.
- 홀딩 코일을 점검한다.
- 축전지의 (+)단자와 (−)단자를 시동 전동기의 몸체에 접지시켜 플런저의 되돌림을 점검한다.
- 전동기에 조립한 상태에서 틈새 게이지를 이용하여 피니언 갭을 점검한다.

가솔린기관 진동 발생 원인 : 기관이 노킹을 일으킬 때, 위험회전수로 운전하고 있을 때, 베어링 틈새가 너무 클 때 진동이 발생된다.

※ 배기가스 온도가 높을 때는 불완전연소와 배기밸브 누설 등의 원인이다.

디젤기관

구성요소
- **피스톤(piston)** : 실린더 내를 왕복 운동하여 새로운 공기를 흡입하고 압축한다. 실린더와 함께 연소실을 형성한다.
- **연료 분사 펌프(fuel injection pump)** : 연료 분사 시기 및 분사량을 조정하고, 연료 분사에 필요한 고압을 만드는 펌프이며, 이 장치의 작동상태는 기관의 성능에 직접 영향을 준다.

디젤기관의 시동 방법
- 축전지 전기를 이용하여 시동 전동기로 플라이휠을 돌린다. 이때 시동 전동기 축에 설치된 피니언이 플라이휠 링 기어와 맞물려 크랭크축을 회전시켜 시동한다.
- 항상 피스톤이 작동 위치에 있을 때 시동 밸브가 열리도록 해야 한다.
- 압축 공기에 의한 시동 방법은 기관이 어떤 위치에서 정지하여도 즉시 시동할 수 있도록

항상 피스톤이 작동 위치에 있을 때 시동 밸브가 열리도록 해야 한다.

디젤기관에서 연료소비율 : 기관이 1시간당 1마력을 얻기 위해 소비하는 연료량이다.

※ 단위 g/PS.h : 엔진이 얼마나 많은 연료를 사용해야 하는가를 나타내는 수치

디젤기관에서 피스톤링 플러터(Flutter) 현상의 영향

- 블로바이 현상 : 기관의 회전수가 고속이 되면 관성력이 크게 되고 링이 링 홈에서 진동을 일으켜 실린더 벽 또는 홈의 상·하면으로부터 뜨는 현상으로 가스 누설이 급격히 증가한다.

가솔린기관 VS 디젤기관 특성 : 디젤엔진의 압축비는 압축열에 의한 압축점화 방식을 취하기 때문에 가솔린엔진에 비해 행정이 길어 2배 이상 디젤엔진이 압축비가 높다.

전기장치

점화장치

- 점화플러그(Spark plug)
- 가혹한 조건에 견딜 수 있도록 전기적 절연성, 내열성, 기밀성, 기계적 강도가 필요하다.
- 구조가 간단하고 작지만, 기관의 성능에 직접적인 영향을 끼치는 부품이다.

※ 차단기(NFB, No Fuse Breaker)는 가솔린기관의 점화 장치 구성요소가 아니다.

점화코일(Ignition coil) : 점화 플러그의 불꽃을 발생하게 하는 유도 코일이다.

배전기(Distributer) : 점화 코일에서 발생한 고전압을 점화 순서대로 플러그에 점화하는 부품이다.

전기 절연상태가 나빠지는 이유 : 습기가 많거나 먼지가 많이 끼었을 때, 과전류가 흐를 때 나빠진다. ※ 절연저항이 클 때와는 관련이 없다.

시동 전동기(Starting motor)

- 시동 전동기는 전기적 에너지를 기계적 에너지로 바꾸어 회전력을 발생시킨다.
- 기관을 시동시키기 위해서는 외부로부터 회전력을 공급해 주어야 한다.
- 축전지, 시동 전동기, 시동 스위치, 마그네틱 스위치, 배선 등으로 구성된다.
- 솔레노이드 스위치(Solenoid switch)는 피니언을 링 기어에 물려주는 역할을 한다.
- 시동 준비항목
- 선저, 스크루 등 드라이브 유니트 이상 유무를 확인한다.
- 기관실 빌지 배수, 누수를 확인한다.
- 엔진장착 상태, 각종 벨트, 엔진오일, 연료 계통을 확인한다.
- 선외기(2행정일 경우) 연료는 가솔린과 오일을 일정 비율로 혼합하여 사용한다.
- 연료 계통 밸브를 열고, 기관실 환기 후 기관을 시동한다.

퓨즈(Fuse)

- 전원을 과부하로부터 보호하며, 부하를 과전류로부터 보호한다.
- 과전류가 흐를 때 고온에서 녹아 전기회로를 차단한다.

※ 퓨즈는 전류의 허용 용량 이상의 크기로 사용할 수 없다. 허용 용량 이상을 사용할 경우, 녹아서 전기회로를 차단한다.

추진장치

클러치 동력전달방식 구분 : 마찰클러치, 유체클러치, 전자클러치 ※ 감속클러치 해당 없음

프로펠러

- 날개 : 스크루의 날개를 말하며 3~5매 정도이다.
- 보스 : 스크루의 중심부로 둥글게 생긴 부분이다.
- 압력면 : 선박이 전진할 때 날개의 뒷면을 말한다.
※ pitch(피치) : 프로펠러가 한 번 회전할 때 선박이 나아가는 거리
- 프로펠러 직경은 날개 수가 증가함에 따라 작아진다.
- 프로펠러 전개 면적비가 작을수록 효율은 좋아진다. 그러나 선체와 기관의 규모에 적절한 크기를 벗어난 경우, 공동현상을 일으키고 기관에 무리가 따른다.
- 프로펠러의 날개는 공동현상에 의하여 손상을 받을 수 있다.
- 가변피치 프로펠러의 경우 회전수 여유를 주지 않는다.
- 추진기 날개 면이 거칠어지면 날개 면의 마찰저항이 커지므로 소요 토크가 증가한다. 또한, 추력은 감소하고 캐비테이션을 유발하여 추진효율이 떨어진다.

프로펠러에 손상을 주는 요인

- 프로펠러가 공회전할 때, 캐비테이션(공동현상)이 발생할 때, 전기화학적인 부식이 발생할 때
- 프로펠러가 기준보다 깊게 장착되어 있을 때는 충분히 잠겨 있다는 것으로 공회전이나 캐비테이션 발생 가능성은 적지만 추진효율이 부족할 수 있다.

프로펠러 슬리브 : 해수에 의한 축의 부식과 마모를 방지하기 위하여 슬리브를 끼우거나 축에 비틀림 진동이 생기지 않도록 하거나, 프로펠러의 보스 부분의 수밀을 완전히 하여 해수의 침입이 없도록 한다.

조타장치 : 키를 이용하여 운항 방향을 제어하는 설비, 변침 및 침로를 유지할 때 필요한 장치이다.

연료유

연료(Fuel) : 연소과정을 통해 열, 빛, 동력 에너지 등을 얻을 수 있는 물질을 말하며, 고체, 액체, 기체 형태가 있다.

휘발유(Gasoline) : 기화하기 쉽고, 인화점이 낮아서 공기와 혼합되면 폭발성이 있다. 비등점은 30℃~200℃ 정도이고, 비중은 0.69~0.77 정도이다.

연료공급(전자제어 유닛) : 가솔린기관에서 전자제어 연료 분사 장치의 연료공급 계통은 연료 탱크에서 연료 인젝터(Injector) 또는 분사 밸브(Injection valve)로 연료를 공급하는 계통으로 연료 펌프, 연료 여과기, 압력 조절기로 구성된다.

연료유 연소성 : 연료유를 미립화한다. 연료유를 가열한다. 연소실을 보온한다.
※ 냉각수 온도를 높여서 연소가 더 잘되도록 해야 연소성이 향상된다.

연료유 압력의 저하 원인

- 오일팬 내의 오일량이 부족한 경우

- 오일여과기의 오손
- 오일에 물이나 가솔린이 유입된 경우
※ 오일 온도가 하강하면 점도가 증가하여 압력은 상승한다.

가솔린기관 사용 연료 조건
- 옥탄가가 높아야 하며, 연소 시 발열량이 커야 하고, 기화성(휘발성)이 높아야 한다.
- 내부식성이 크고 저장 시 안전성이 있어야 한다.

윤활유

역할 : 감마, 냉각, 청정, 응력분산, 밀봉, 방식작용 등이다.
※ 산화작용은 윤활유의 역할로 볼 수 없다.

실린더 윤활의 목적 : 연소 가스의 누설을 방지, 과열을 방지, 마찰계수를 감소시키기 위함이다.
※ 실린더 윤활과 연료펌프 고착 방지와는 전혀 관련성이 없다.

점도 : 윤활유는 온도가 올라가면 점도가 낮아지고, 저항이 적어 압력도 떨어진다. 그러므로 적절한 온도가 유지되어야 하며 온도변화에 따른 점도변화가 적은 윤활유를 사용하여야 한다.

취급 시 주의사항
- 이물질이나 물이 섞이지 않도록 하며, 여름에는 점도가 높은 것을 겨울에는 점도가 낮은 적당한 윤활유를 사용한다.
- 윤활유는 점도지수가 커서 온도변화에 따른 점도 변화가 적은 것이 좋다.

오일펌프(oil pump) : 캠축 또는 크랭크축에 의해 구동되며, 오일 팬 내의 오일을 흡입·가압하여 각 윤활부에 압송하는 기능을 수행한다.

윤활유 소비량이 증가되는 원인
- 펌핑작용에 의한 연소실 내에서의 연소
- 열에 의한 증발
- 크랭크케이스 혹은 크랭크축 오일 리테이너의 누설
※ 연료분사 밸브의 분사 상태 불량은 연소상태와 연관되는 것으로 윤활유 소비량과 관계가 없다.

냉각수

선외기(outboard) 엔진에서 주로 사용되는 냉각방식 : 담수 또는 해수 냉각식

수온 조절기(thermostat)
- 기관 내부의 냉각수 온도변화에 따라 밸브가 자동적으로 개폐하여 기관 내부에 흐르는 유량을 조절함으로써 기관을 적정한 온도로 유지시켜 주는 일종의 개폐장치이다.
- 과열 및 과냉각을 방지하며, 오일의 열화를 방지한다.
- 냉각수의 소모를 방지하고 엔진 수명을 연장시킨다. ※ 냉각수의 녹 발생 방지와는 상관없다.

냉각수펌프로 주로 사용되는 원심펌프에서 호수(프라이밍)를 하는 목적
- 기동 시 흡입 측에 국부진공을 형성시키기 위함이다.
- 원심펌프는 시동할 때에 먼저 펌프 내에 물을 채워야(호수) 한다.
- 펌프의 설치 위치가 흡입측 수면보다 낮은 경우에는 공기 빼기 콕(Air vent cock)만 있으면 된다.

• 흡입측 수면보다 높으면 물을 채우기 위하여 풋밸브(foot valve), 호수밸브(priming valve) 및 공기 빼기 콕을 설치해야 한다.

기구의 정비 및 취급방법

공구

멀티테스터기로 직접 측정 가능 : 직류전압, 직류전류, 교류전압

구분	고장 원인	대책
연료가 제대로 공급되지 않는 경우	• 연료 파이프나 연료 여과기의 막힘 • 인젝터 작동 불량	• 연료 파이프나 연료 여과기를 청소하고 필요시 교환한다. • 연료 분사 계통을 점검하고 인젝터를 교환한다.
축전지가 방전되었을 경우	• 구동 벨트가 느슨하거나 전압 조정기의 결함 • 축전지 수명이 다했거나 접지 불량	• 구동 벨트의 장력 점검, 발전기의 이상 유무를 점검, 접지 상태를 점검한다. • 접지 상태를 확인하여 조임, 수명을 다한 경우, 교환한다. ※ 시동 전동기 고장의 원인과 대책으로 릴레이 교환은 우선 사항으로 볼 수 없다.
기관의 진동이 너무 클 경우	• 기관 및 변속기의 브래킷 풀림 • 기관 변속기의 부품 파손	• 풀림 여부 확인 후 풀린 경우, 다시 조이는 것이다. • 파손 부품을 확인하고 교체하는 것이다.
기관의 시동 전동기가 작동하지 않을 경우	• 시동 릴레이 또는 시동 전동기 자체 불량 • 축전지의 충전상태가 불량이거나 접지 상태 불량	• 릴레이 또는 시동 전동기 자체 점검하고, 필요하면 교환한다. 전동기의 브러시는 소모품으로 브러시 소모가 원인이라면 브러시를 교환한다. • 충전기의 충전 전압이 낮은 경우, 충전기를 수리 또는 교환하고, 접지 상태가 불량인 경우, 올바르게 접지한다. ※ 전동기 자체 점검을 우선하고, 이후 충전기 교환 순이 합리적이다.
엔진 시동 중 엔진회전수가 급격히 높아졌을 경우	연료 분사량의 문제	거버너 위치 등을 점검하고 한꺼번에 많은 연료가 공급되는지를 확인한다, 시동 전 가연성 가스를 배제했는지를 확인하고 조치한다. ※ 냉각수 펌프의 작동 여부는 엔진회전수와 관련성은 없다
윤활유 압력저하 시	오일팬 내 오일량 부족, 오일필터 오손, 오일 내 물이나 가솔린 유입, 오일 온도 상승	오일 충유, 오일필터 교체 또는 계통검사 후 수리, 냉각계통 고장원인 확인 및 수리

가솔린기관이 과열되는 원인 냉각수 취입구 막힘, 냉각수 펌프 임펠러의 마모, 윤활유 부족
　※ 점화 시기가 너무 빠름은 엔진 출력이 떨어지는 원인이며, 엔진 과열과는 직접적인 관계가 없다.

선박의 기관실 침수 방지대책 방수 기자재 정비, 해수관 계통 파공 유의, 해수 윤활식 선미관 누설량 유의, 기관실의 선저밸브는 평소에는 사용하도록 하고, 침수 시에만 잠가서 침수를 막는다.

용골에서 프로펠러까지의 거리 H의 간격이 클 경우 불필요한 항력이 발생하고 보트 성능 및 연비 저하, 트랜섬(엔진거치대)에 무리를 준다.

벤틸레이션(Ventilation)

- 수면의 공기나 배기가스가 회전하는 프로펠러의 날로 빨려 들어가 보트의 속도와 RPM을 급상승시키는 현상을 말한다.
- 벤틸레이션 현상과 취수구에서 물의 흡입 상태 불량, 물과 공기의 접촉은 H(용골~프로펠러까지 높이)가 짧을 때 나타나는 현상이다.

수면

*H : 용골 ~ 프로펠러 높이

선외기 가솔린기관의 연료유에 해수 유입되었을 때

- 연료유에 해수 혼합 시 엔진 시동이 잘 되지 않으며, 연료유 펌프 고장의 원인이 된다.
- 해수 유입 초기에 진동과 엔진 꺼짐 현상이 발생한다. ※ 윤활유 오손은 관련이 없다.

선외기 4행정기관(엔진) 진동 발생 원인

- 점화플러그 작동이 불량할 때
- 실린더 압축압력이 균일하지 않을 때
- 연료 분사 밸브의 분사량이 균일하지 않을 때

※ 냉각수펌프 임펠러 마모 시 냉각수 공급 불량에 따른 엔진과열의 원인으로 진동과는 관계 없다.

모터보트의 속력이 떨어지는 직접적인 원인

- 수면 아래 선체에 조패류가 많이 붙어 있을 때
- 선체가 수분을 흡수하여 무게가 증가했을 때
- 선체 내부 격실에 빌지량이 많을 때

※ 냉각수 압력이 낮은 경우, 엔진의 과열 원인이 되나 직접적인 원인으로 볼 수 없다.

모터보트 기관 시동 불량 시 점검사항

- 자동정지 스위치 확인, 연료유량 확인, 점화코일용 퓨즈(Fuse) 확인
- 냉각수량 확인 : 냉각수량은 기관(엔진) 시동성과 전혀 관련이 없고, 기관(엔진) 온도와 관련 있다.

장기 보관 대비 정비

- 냉각 계통에 청수를 연결하여 세척하고, 엔진 내부의 연료를 완전히 제거한다.
- 축전지 단자를 엔진과 분리하여 실온 보관한다(−단자 분리 후 +단자 분리).
- 제작사의 취급설명서에서 요구하는 조치를 정확히 한다.
- 선외기는 가능한 바로 세워서 보관한다.
- 엔진오일과 기어오일의 물 유입 상태를 점검하고, 교체하여 보관한다.

- 외부 금속 표면에 부식방지제를 뿌려주고, 그리스 주입 니플과 스로틀 암, 롤러 부위에 그리스를 도포한다.

냉각수 계통 세정(프러싱) 방법 모터보트 사용 후 기관 내 해수 냉각수 계통 세정 방법은 아래 순서대로 시행한다.

- 냉각수 흡입구에 세정기를 끼우고, 세정기에 수돗물이 공급될 수 있도록 호스를 연결한다.
- 기어를 중립에 두고 엔진을 시동하여 검수구에 물이 나오고 있는지 확인한다.
- 3~5분간 냉각수 계통을 세정하고, 엔진을 정지한다.
- 물이 완전히 빠지도록 선외기 엔진을 세워 놓는다.
- 장기 보관 시 : 위의 방법 시행 후 기어오일·엔진오일 점검 및 교환 → 배터리 탈거 후 실온에 보관 → 그리스 주입 및 도포 → 보트 커버 등을 씌워 보관한다.

수상오토바이 출력저하 원인

- 웨어링(Wear ring)이 과다 마모되거나 임펠러(Impeller)의 손상이 있으며, 기관부 피스톤링 과다 마모 시 출력이 저하된다.
- 냉각수 자동온도 조절밸브 고장의 경우 : 기관 온도상승의 원인이며, 출력저하로 볼 수 없다. 엔진보호 한계온도까지 상승하면 정지(shut down)시키는 기능이나 알람으로 운전자에게 알려주는 기능이 보편화되어 있다.

수상오토바이 배기냉각시스템의 플러싱(관내 청소) 절차 냉각수 호스연결 → 엔진기동 → 냉각수 공급(약 5분) → 냉각수차단 → 엔진정지

수상레저안전법

총칙

목적　수상레저활동의 안전과 질서를 확보하고 수상레저사업의 건전한 발전을 도모함을 목적으로 한다. ※ 수상레저활동으로 인한 사상자의 구조는 해당 없음

정의

　수상레저활동 : 수상에서 수상레저기구를 사용하여 취미·오락·체육·교육 등을 목적으로 이루어지는 활동이다.

　수상 : 해수면과 내수면을 의미한다.

　해수면 : 바다의 수류 또는 수면을 의미한다. ※ 해수면의 수중은 해당되지 않음

　내수면 : 강, 호수, 저수지, 하천 등 인공으로 조성된 담수나 기수를 의미한다.

　기수(Brackish water zone) : 강이 바다와 만나는 하구 지역으로 담수와 해수가 섞여 있어 염도가 중간 정도로 나타나는 수역이며, 기수는 내수면으로 분류된다.

　동력수상레저기구(7개) : 수상오토바이, 모터보트, 고무보트, 세일링요트(돛과 기관이 설치된 것), 스쿠터, 공기부양정(호버크라프트), 수륙양용기구, 그 밖에 수상레저기구와 비슷한 구조·형태·추진기관 또는 운전방식을 가진 것으로서 해양경찰청장이 정하여 고시하는 수상레저기구 ※ 관광잠수정은 해당 없음

　→ 해양경찰청 고시 동력수상레저기구 : 동력 조정, 동력 카약, 동력 카누, 동력 수상자전거, 동력 서프보드, 동력 웨이크보드, 수중익형 전동보드, 에어보트, 동력 스키프, 동력 패들보드, 동력 밸리보트(초소형 고무보트), 사업장용 유람기구(5마력 미만)

　무동력수상레저기구 : 수상스키(케이블 수상스키 포함), 파라세일, 조정, 카약, 카누, 워터슬레이드(튜브형 견인레저기구 : 땅콩보트, 바나나보트, 플라잉피쉬 등), 수상자전거, 서프보드, 노보트, 무동력 요트, 윈드서핑, 웨이크보드(케이블 웨이크보드 포함), 카이트보드, 공기주입형 고정식 튜브, 플라이보드, 패들보드

　→ 해양경찰청 고시 무동력수상레저기구 : 리버버그, 무동력 페달형 보트, 무동력 페달형 보드, 스킴보드, 수중익형 보드, 윙보드, 밸리보트(초소형 고무보트), 세일링 카약·카누, 물추진형(waterjet) 기구

　※ 풍력을 이용한 수상레저기구 : 요트(크루즈요트, 딩기요트), 윈드서핑, 카이트보드, 파라세일, 윙포일 등

　수면비행선박 : 수상레저사업장에서 수상레저기구로 이용할 수 있지만, 선박법에 따라 등록하고, 선박직원법에서 정한 면허를 가지고 조종해야 한다.

　래프팅 : 무동력수상레저기구를 사용하여 계곡이나 하천에서 노를 저으며 급류 또는 물의 흐름 등을 타는 수상레저활동을 말한다.

적용배제

- 「유선 및 도선사업법」에 따른 유·도선사업
- 「체육시설의 설치·이용에 관한 법률」에 따른 체육시설업
- 「낚시 관리 및 육성법」에 따른 낚시어선업 ※ 「관광진흥법」에 의한 유원시설업은 해당 없음

조종면허

면허 취득

- 동력수상레저기구 조종면허를 받아야 하는 기구는 추진기관의 최대출력이 5마력 이상(출력 단위가 킬로와트인 경우, 3.75킬로와트 이상)인 동력수상레저기구로 한다.
- 조종면허를 받으려는 자는 해양경찰청장이 실시하는 면허시험에 합격하거나 면허시험 면제교육을 수료하여 면허를 발급받아야 한다.
- 면허시험은 필기시험·실기시험으로 구분하여 실시하며, 응시원서를 접수한 후부터 해양경찰청장이 실시하는 수상안전교육을 받아야 한다.
- 시험을 합격한 사람이 면허증을 신청하면 14일 이내 면허증을 발급하여야 한다.
- 조종면허의 효력은 면허증을 본인이나 그 대리인에게 발급한 때부터 발생한다.
  ※ 면허시험에 최종 합격한 날부터 조종면허 효력이 발생되지 않는다.

외국인에 대한 조종면허의 특례
외국인이 국내에서 개최되는 국제경기대회에 참가하여 수상레저기구를 조종하는 경우 다음과 같은 특례를 적용한다.

- 국제경기대회 개최일 10일 전부터 국제경기대회종료 후 10일까지 적용한다.
- 국내 수역에서만 특례가 적용되며, 2개국 이상이 참여하는 국제경기에 적용된다.

권한의 위임

해양경찰서장 : 면허증의 갱신, 발급 및 재발급, 면허증의 취소 및 효력정지

지방해양경찰청장 : 수상레저안전관리 시행계획의 수립·시행에 필요한 지도·감독

응시원서

- 응시표의 유효기간은 접수일로부터 1년까지로 하며, 면허시험의 필기시험에 합격한 경우에는 그 필기시험 합격일로부터 1년까지로 한다.
- 면허시험의 필기시험에 합격한 경우에는 그 합격일로부터 1년까지로 한다.
- 응시표를 잃어버렸을 경우 다시 발급받을 수 있다.
- 시험면제 대상은 해당함을 증명하는 서류를 제출해야 한다.

조종면허 합격기준

일반 제1급 조종면허 : 필기 70점 이상, 실기 80점 이상

일반 제2급 조종면허 : 필기 60점 이상, 실기 60점 이상

요트 조종면허 : 필기 70점 이상, 실기 60점 이상

※ 일반조종면허의 경우 제2급 조종면허를 받은 사람이 제1급 조종면허를 받은 때에는 제2급 조종면허의 효력은 상실된다.

필기시험

일반조종면허 필기시험 과목

• 수상레저안전(20%) : 수상환경, 기상학 기초, 구급법, 각종 사고 시 대처방법, 안전장비 및 인명구조
• 수상레저기구 운항 및 운용(20%) : 운항 계기, 수상레저기구 조종술, 신호음향 및 조난, 모터보트·견인기구·수상오토바이의 원리 및 운용
• 기관(10%) : 내연기관 및 추진장치의 구조, 기구의 정비 및 취급방법, 기구의 연료유·윤활유·냉각수 계통관리
• 법규(50%) : 수상레저안전법, 수상레저기구의 등록 및 검사에 관한 법률, 선박의 입항 및 출항 등에 관한 법률, 해사안전기본법 및 해상교통안전법, 해양환경관리법, 전파법

※ 선박안전법은 요트조종면허 시험과목이다.

요트조종면허 필기시험 과목

• 요트활동 개요(20%) : 해양학 기초(조석·해류 및 파랑의 이해), 해양기상학 기초
• 요트(20%) : 선체와 의장, 돛과 기관, 전기시설 및 설비, 항해장비, 안전장비 및 인명구조, 생존술
• 항해 및 범주(10%) : 항해계획과 항해, 범주 및 피항, 식량과 조리·위생
• 법규(50%) : 수상레저안전법, 수상레저기구의 등록 및 검사에 관한 법률, 선박의 입항 및 출항 등에 관한 법률, 해사안전기본법 및 해상교통안전법, 해양환경관리법, 전파법

※ 수상레저기구 운항 및 운용은 일반조종면허 시험과목이다.

실기시험

• 실기시험은 필기시험에 합격 또는 필기시험 면제받은 사람에 대하여 실시한다.
• 필기시험에 합격한 사람은 그 합격일로부터 1년 이내 실시하는 면허시험에 그 필기시험이 면제된다.
• 응시자가 따로 준비한 수상레저기구가 규격에 적합한 때에는 해당 수상레저기구를 실기시험에 사용하게 할 수 있다.
• 실기시험을 실시할 때 동력수상레저기구 1대에 2명의 시험관을 탑승시켜야 한다.

실기시험 방법

실격사항

• 3회 이상 출발 불가 및 응시자 시험포기 : 3회 이상의 출발 지시에도 출발하지 못하거나 응시자가 시험포기의 의사를 밝힌 경우
• 조종능력 부족으로 시험 진행 곤란 : 속도전환 레버 및 핸들의 조작 미숙 등 조종능력이 현저히 부족하다고 인정되는 경우

- 현저한 사고위험 : 부표 등과 충돌하는 등 사고를 일으키거나 사고를 일으킬 위험이 현저한 경우
- 음주 상태 : 술에 취한 상태이거나 취한 상태는 아니더라도 음주로 인하여 시험을 원활하게 진행하기 어렵다고 인정되는 경우
- 시험관의 지시·통제 불응 또는 임의 시험 진행 : 사고 예방과 시험 진행을 위한 시험관의 지시 및 통제에 따르지 않거나 시험관의 지시 없이 2회 이상 임의로 시험을 진행하는 경우
- 중간점수 합격기준 미달 : 이미 감점한 점수의 합계가 합격 기준에 미달됨이 명백한 경우
- ※ 사행 부이로부터 3미터 이상으로 접근은 정상으로 실격사유가 아니다.
- ※ 계류장과 선수 또는 선미가 부딪힌 경우는 감점 사항으로 실격사유가 아니다.

지시용어
- 출발 : 정지된 상태에서 속도전환 레버를 조작하여 전진 또는 후진하는 것을 말한다.
- 이안 : 계류줄을 걷고 계류장에서 이탈하여 출발할 수 있도록 준비하는 행위를 말한다.
- 변침 : 모터보트가 침로를 변경하는 것을 말한다.
- 활주 : 모터보트의 속력과 양력이 증가되어 선수 및 선미가 수면과 평행상태가 되는 것을 말한다.
- 사행 : 50미터 간격으로 설치된 3개의 고정부표를 각각 좌우로 방향을 달리(첫 번째 부표는 왼쪽부터 회전)하면서 회전하는 것을 말한다.
- 침로 : 모터보트가 진행하는 방향의 나침방위를 말한다.
- 접안 : 시험선을 계류할 수 있도록 접안 위치에 정지시키는 동작을 말한다.

채점 기준
- 출발 전 점검 및 확인 시 확인사항을 행동 및 말로 표시한다.
- 출발 시 속도전환 레버를 중립에 두고 시동을 건다.
- 운항 시 시험관의 증속 활주 지시에 15노트 이하 또는 25노트 이상 운항하지 않는다.
- 사행 시 부표로부터 3미터 이상 15미터 이내로 접근하여 통과한다.
- 사행 중 핸들 조작 미숙으로 선체가 심하게 흔들리거나 선체 후미에 급격한 쏠림이 발생하는 경우, 선회가 부자연스러운 경우 감점 3점에 해당한다.

출발 전 점검 사항 10가지 : 구명부환, 소화기, 예비용 노, 엔진, 연료, 배터리, 핸들, 속도전환 레버, 계기판, 자동정지줄

실기시험 운항코스
계류지 : 2대 이상의 시험선이 동시에 계류할 수 있어야 하며, 비트(bitt, 시험선을 매어두기 위해 세운 기둥)를 설치해야 한다.

실기시험용 동력수상레저기구 : 인명구조용 부표를 1개씩 비치해야 한다.

사행 코스 : 50미터 간격으로 3개의 고정부표를 설치해야 한다.
※ 응시자가 따로 준비한 동력수상레저기구가 규격에 적합한 경우에는 해당 동력수상레저기구를 실기시험에 사용하게 할 수 있다.

수상안전교육

- 조종면허를 받으려는 사람은 면허시험 응시원서를 접수한 후부터, 면허증을 갱신하려는 사람은 면허증 갱신 기간 이내에 각각 해양경찰청장이 실시하는 수상안전 교육을 받아야 한다.
- 최초 면허시험 합격 전의 안전교육의 <u>유효기간은 6개월</u>로 하며, 대통령령으로 정하는 사람에 대해서는 안전교육을 면제할 수 있다.
- 안전교육과목 : 수상안전에 관한 법령, 수상레저기구의 사용과 관리에 관한 사항, 수상안전을 위하여 필요한 사항(수상상식, 수상구조) ※ 오염방지 해당 없음
- 조종면허를 받으려는 사람과 갱신하려는 사람은 해양경찰청장이 실시하는 수상안전교육을 3시간 받아야 한다.

안전교육 면제대상 : 면허시험 응시원서를 접수한 날 또는 면허증 갱신 기간의 시작일부터 소급하여 6개월 이내에 다음에 해당하는 사람은 안전교육이 면제된다.

- 「수상레저안전법」에 따른 수상안전교육을 이수한 사람
- 「선원법」에 따른 기초안전교육 또는 상급안전교육을 이수한 사람
- 「면허시험 면제교육기관」에서 제2급 조종면허 또는 요트조종면허시험 과목의 전부를 면제받은 사람
- 면허증 갱신 기간의 마지막 날부터 소급하여 6개월 이내에 시험업무 종사자 교육을 받은 사람

면허시험의 면제 일반 제2급 조종면허와 요트조종면허 과목의 일부 또는 전부를 면제한다.

- 「국민체육진흥법」에 따른 경기단체에 <u>동력수상레저기구의 선수로 등록된 사람</u>은 제2급 조종면허, 요트조종면허 실기시험을 면제한다.
  ※ 수상레저기구 선수가 아닌, 동력수상레저기구의 선수여야 한다.
  ※ 국민체육진흥법에 따른 경기단체 : 대한체육회·대한장애인체육회 가맹단체, 문화체육부장관 지정 프로스포츠 단체
- 「고등교육법」에 따른 학교에서 동력수상레저기구 관련학과의 해당 면허와 관련된 과목을 이수하고 졸업한 사람(관련학과: 동력수상레저기구와 관련된 과목을 6학점 이상 필수적으로 취득해야 하는 학과)은 제2급 조종면허, 요트조종면허 필기시험을 면제한다.
- 「선박직원법」에 따른 항해사·기관사·운항사·수면비행선박 조종사 또는 소형선박 조종사의 면허를 가진 사람은 제2급 조종면허 필기시험을 면제한다.
- 「한국해양소년단연맹 육성에 관한 법률」에 따른 한국해양소년단연맹 또는 「국민체육진흥법」에 따른 경기단체에서 동력수상레저기구의 사용 등에 관한 교육·훈련업무에 1년 이상 종사한 사람으로서 해당 단체의 장의 추천을 받은 사람은 제2급 조종면허 실기시험을 면제한다.
- 해양경찰청장이 지정·고시하는 「면허시험 면제교육기관」에서 실시하는 교육을 이수한 사람은 제2급 조종면허, 요트조종면허 시험과목 전부를 면제한다.
- 제1급 조종면허 필기시험에 합격한 후 제2급 조종면허 실기시험으로 변경하여 응시하려는 사람은 제2급 조종면허 필기시험을 면제한다.

면허시험 부정행위 면허시험에서 부정행위를 하여 시험의 중지 또는 무효의 처분을 받은 사람은 그 처분이 있는 날부터 2년간 면허시험에 응시할 수 없다.

조종면허증 갱신 조종면허를 받은 사람은 다음에 따른 동력수상레저기구 조종면허증 갱신 기간 이내에 해양경찰청장으로부터 면허증을 갱신하여야 한다. 다만, 면허증을 갱신하려는 사람이 군 복무 중, 국외 체류 중, 법령에 따른 신체의 자유를 구속당한 경우 등으로 인하여 그 기간 이내에 면허증을 갱신할 수 없는 경우에는 갱신을 미리 하거나 연기할 수 있다.

- 면허증 갱신이 연기된 사람은 그 사유가 없어진 날부터 3개월 이내에 면허증을 갱신하여야 한다.
- 최초의 면허증 갱신 기간은 면허증 발급일부터 기산하여 7년이 되는 날부터 6개월 이내이다.
- 면허증 갱신 기간은 직전의 면허증 갱신 기간이 시작되는 날부터 기산하여 7년이 되는 날부터 6개월 이내이다.
- 면허증을 갱신하지 아니한 경우에는 갱신 기간이 만료한 다음 날부터 조종면허의 효력은 정지된다.
- 다만, 조종면허의 효력이 정지된 후 면허증을 갱신한 경우에는 갱신한 날부터 조종면허의 효력이 다시 발생한다.

  ※ 조종면허의 효력이 정지되어 1년이 이내 갱신하지 아니한 경우라도 면허취소는 없다. 면허 갱신을 위한 수상안전교육을 이수하고 면허를 재발급받은 시점부터 면허의 효력은 다시 발생된다.

조종면허증을 발급 또는 재발급하여야 할 사유

- 조종면허시험에 합격한 경우
- 갱신 기한 도래에 따라 면허증을 갱신하는 경우
- 면허증을 잃어버렸거나 면허증이 헐어 못쓰게 되어 해양경찰청장에게 신고하고 발급을 신청한 경우

  ※ 누구든지 면허증을 빌리거나 빌려주거나 이를 알선하는 행위를 하여서는 아니 된다.

조종면허시험 결격사유 면허시험의 실기시험의 시행일 기준으로 조종면허 취득 결격사유에 해당하는 사람은 면허시험에 응시할 수 없으며, 결격기준은 아래와 같다.

- 14세 미만(제1급 조종면허의 경우에는 18세 미만)인 사람
- 정신질환자로서 「정신건강증진 및 정신질환자 복지서비스 지원에 관한 법률」에 따른 치매, 조현병, 조현정동장애, 양극성 정동장애(조울병), 재발성 우울장애 또는 알코올 중독의 정신질환이 있는 사람, 「마약류 관리에 관한 법률」에 따른 마약·향정신성의약품 또는 대마의 중독자로서 해당 분야 전문의가 정상적으로 동력수상레저기구를 조종할 수 없다고 인정하는 사람
- 조종면허가 취소된 날부터 1년이 지나지 아니한 사람
- 조종면허를 받지 아니하고 동력수상레저기구를 조종한 사람(무면허 조종)으로서 그 위반한 날부터 1년이 지나지 아니한 사람
- 사람을 사상한 후 구호 등 필요한 조치를 하지 아니하고 달아난 사람은 이를 위반한 날부터 4년간 조종면허를 받을 수 없다.

- 면허시험에서 부정행위를 한 사람에 대하여 그 시험을 중지하게 하거나 무효처분을 할 수 있고, 그 처분이 있는 날부터 2년간 면허시험에 응시할 수 없다.

※ 개인정보를 가지고 있는 기관 중 「보건복지부장관, 병무청장, 특별시장·광역시장·특별자치시장·도지사 및 특별자치도지사, 시장·군수·구청장, 육군참모총장, 해군참모총장, 공군참모총장, 해병대사령관, 정신의료기관의 장은 조종면허의 결격사유와 관련이 있는 개인정보를 해양경찰청장에게 통보하여야 한다.

면허증의 휴대 의무

- 동력수상레저기구를 조종하는 사람은 면허증을 휴대하여야 한다.
- 조종 중에 관계 공무원이 면허증의 제시를 요구하면 면허증을 내보여야 한다.
- 누구든지 면허증을 빌리거나 빌려주거나 이를 알선하는 행위를 하여서는 아니 된다.

조종면허 취소·정지

조종면허 취소

- 거짓이나 그 밖의 부정한 방법으로 조종면허를 받은 경우
- 조종면허 효력정지 기간에 조종을 한 경우
- 술에 취한 상태(혈중 알코올농도 0.03% 이상)에서 조종을 한 경우
- 조종면허를 받을 수 없는 사람이 조종면허를 받은 경우

※ 조종면허가 취소된 날부터 7일 이내 해양경찰청장에게 면허증을 반납하여야 한다.

수상레저기구 이용 범죄행위 : 조종면허를 받은 사람이 동력수상레저기구를 사용하여 살인 또는 강도 등 범죄행위를 한 경우

- 살인·사체유기 또는 방화
- 강도·강간 또는 강제추행
- 약취·유인 또는 감금
- 상습절도(절취한 물건을 운반한 경우로 한정)

※ 방수방해 또는 수리방해 행위는 해당사항이 아니다.

조종면허 정지

- 조종 중 고의 또는 과실로 사람을 사상한 경우
- 면허증을 다른 사람에게 빌려주어 조종하게 한 경우
- 약물의 영향으로 인하여 정상적으로 조종하지 못할 염려가 있는 상태에서 동력수상레저기구를 조종한 경우
- 수상레저활동의 안전과 질서 유지를 위한 명령을 위반한 경우

※ 수상레저사업이 취소된 때는 해당사항이 아니다.

정지 처분기준

- 위반 행위가 2가지 이상인 때에는 중한 처분에 의한다.
- 위반 행위의 횟수에 따른 정지 처분의 기준은 최근 1년간이다.
- 면허정지에 해당하는 경우, 2분의 1의 범위 내에서 감경할 수 있다.
- 둘 이상의 처분기준이 모두 조종면허의 효력 정지인 경우, 각 처분기준을 합산한 기간을 넘지 않는 범위에서 무거운 처분기준에 그 처분기준의 2분의 1 범위에서 가중한다.

면허증의 반납 : 조종면허가 취소되거나 그 효력이 정지된 사람은 조종면허가 취소되거나 그 효력이 정지된 날부터 7일 이내에 해양경찰청장에게 면허증을 반납하여야 한다.

면허정지 처분통지 : 해양경찰서장이 동력수상레저기구 조종면허의 정지처분을 통지하고자 하나 처분대상자에게 통지할 수 없는 경우, 면허시험 응시원서에 기재된 주소지를 관할하는 해양경찰관서 게시판 또는 인터넷 홈페이지나 수상레저종합정보시스템에 14일간 공고함으로써 통지를 갈음할 수 있다.

면허시험 업무의 대행

인적기준

- 책임운영자 1명 : 해양경찰청장이 정하여 고시하는 수상레저 관련 업무에 5년 이상 종사한 경력이 있는 책임운영자 1명과 다음 자격을 갖춘 시험관 4명 이상
- 시험관 4명 이상 : 제1급 조종면허와 인명구조요원 자격을 취득한 사람(요트조종면허 시험장의 경우, 요트조종면허와 인명구조요원 자격을 취득한 사람)

장비의 기준

- 규격에 적합한 실기시험용 동력수상레저기구 3대 이상(요트조종면허 시험장의 경우, 실기시험용 세일링요트 2대 이상)
- 비상구조선 : 시속 20노트 이상, 승선정원은 4명 이상의 비상구조선 1대 이상
- 안전장비 : 구명조끼 20개 이상, 구명부환 5개 이상, 소화기 3개 이상, 예비용 노 3개 이상, 조난신호장비(자기점화등, 신호홍염) 및 구급용 장비(비상의약품, 들것), 인명구조 교육용 상반신형 마네킹 1개 이상

시험대행기관 시설기준

- 안전교육장 : 면적이 60제곱미터 이상, 50명 이상 수용 가능한 교육장
- 실기시험장 : 실기시험 운항코스, 동력수상레저기구 계류장과 교육생 대기시설
- 실기시험 운항코스 시설 : 2대 이상 시험선 동시 계류가 가능하며 비트를 설치할 것, 사행코스에는 3개의 고정 부표를 설치할 것, 시험선에는 인명구조용 부표를 1개씩 비치할 것, 사행코스의 부표와 부표 사이의 거리는 50미터 간격으로 설치할 것
- 행정실 : 20제곱미터 이상, 감독실 : 10제곱미터 이상, 주차장 : 승용차 10대 이상, 휴게실 및 화장실

면허시험 면제교육기관

- 면허시험 면제교육기관의 장은 1개월 이상 면허시험 면제교육을 중지하려는 경우에는 그 교육 중지일 5일 전까지 해양경찰청장에게 그 사실을 신고해야 한다.
- 면허시험 면제교육기관의 장이 교육을 중지할 수 있는 기간은 3개월을 초과할 수 없다.

⚓ 안전준수의무

안전장비 착용

- 수상레저활동을 하는 사람은 구명조끼를 착용해야 한다.
- 서프보드 또는 패들보드를 사용하여 수상레저활동을 하는 경우, 보드리쉬(서프보드 또는 패들보드와 발목을 연결하여 주는 장비)를 착용해야 한다.
- 워터슬레이드를 사용하여 수상레저활동, 래프팅을 할 때에는 구명조끼와 안전모(헬멧)를 착용해야 한다.
- 해양경찰서장 또는 시장·군수·구청장은 수상레저활동의 형태, 수상레저기구의 종류 및 날씨 등을 고려하여 수상레저활동을 하는 사람이 착용해야 하는 구명조끼·구명복 또는 안전모 등의 인명안전장비의 종류를 특정하여 착용 등의 지시를 할 수 있다.

운항규칙

운항방법

- 안전검사증에 지정된 항해구역을 준수하여야 한다.
- 주위의 상황 및 다른 수상레저기구 또는 선박과의 충돌 위험을 충분히 판단할 수 있도록 시각, 청각과 그밖의 당시의 상황에 적합하게 이용할 수 있는 모든 수단을 이용하여 항상 적절한 경계를 하여야 한다.
- 다른 수상레저기구와 정면으로 충돌할 위험이 있을 때에는 음성신호, 수신호 등 적절한 방법으로 상대에게 이를 알리고 우현 쪽으로 진로를 피해야 한다.
- 다른 수상레저기구의 진로를 횡단하는 경우에 충돌의 위험이 있을 때에는 다른 수상레저기구를 오른쪽에 두고 있는 수상레저기구가 진로를 피해야 한다.
- 다른 수상레저기구와 같은 방향으로 운항하는 경우에는 2미터 이내로 근접하여 운항해서는 안 된다.
- 다른 수상레저기구 등을 앞지르기하려는 경우에는 앞지르기당하는 수상레저기구 등을 완전히 앞지르기하거나 그 수상레저기구 등에서 충분히 멀어질 때까지 그 수상레저기구 등의 진로를 방해해서는 안 된다.
- 다른 사람 또는 다른 수상레저기구 등의 안전을 위협하거나 수상레저기구의 소음기를 임의로 제거하거나 굉음을 발생시켜 놀라게 하는 행위를 해서는 안 된다.
- 안개 등으로 가시거리가 0.5킬로미터 이내로 제한되는 경우에는 수상레저기구를 운항해서는 안 된다.
- 기상특보 중 풍랑·폭풍해일·호우·대설·강풍 주의보가 발효된 구역에서 파도 또는 바람만을 이용하여 활동이 가능한 수상레저기구를 운항할 경우 관할 해양경찰서장 또는 시장·군수·구청장에게 기상특보활동 신고서를 제출해야 한다.

속도 등에 관한 사항 : 다이빙대·계류장 및 교량으로부터 20미터 이내의 구역이나 해양경찰서장 또는 시장·군수·구청장이 지정하는 위험구역에서는 10노트 이하의 속력으로 운항해야 하며, 해양경찰서장 또는 시장·군수·구청장이 별도로 정한 운항지침을 따라야 한다.

※ 위험구역 등 특정 지역 외에서 과속에 대한 금지사항은 없다.

※ 계류장, 공기주입형 고정식 튜브 등 수상에 띄우는 수상레저기구 및 설비가 설치된 곳으로부터 150미터 이내의 구역에서는 인위적으로 파도를 발생시키는 특수장치가 설치된 동력수상레저기구를 운항해서는 안 된다. 다만, 동력수상레저기구에 설치된 특수장치를 이용하여 인위적으로 파도를 발생시키지 않고 5 노트 이하의 속력으로 운항하는 경우에는 그렇지 않다.

기상에 따른 수상레저활동 제한

- 누구든지 수상레저활동을 하려는 구역이 태풍·풍랑·폭풍해일·호우·대설·강풍과 관련된 주의보 이상의 기상특보가 발효된 경우, 안개 등으로 가시거리가 0.5킬로미터 이내로 제한되는 경우에는 수상레저활동을 하여서는 아니 된다.
- 다만, 파도 또는 바람(윈드서핑, 서핑보드, 패들보드)만을 이용하는 수상레저기구의 특성을 고려하여 관할 해양경찰서장 또는 시장·군수·구청장에게 기상특보활동신고서를 제출한 경우에는 그러하지 아니하다.

원거리 수상레저활동 신고

- 출발항으로부터 10해리 이상 떨어진 곳에서 수상레저활동을 하려는 사람은 해양경찰관서나 경찰관서에 신고하여야 한다(다만, 「선박의 입항 및 출항 등에 관한 법률」에 따른 출입 신고를 하거나 「선박안전 조업규칙」에 따른 출항·입항 신고를 한 선박 제외).
- 원거리 수상레저활동 신고서는 해양경찰관서나 경찰관서에 팩스나 전자문서로 제출

※ 소방관서는 원거리수상레저활동 신고기관이 아님

- 등록대상 동력수상레저기구가 아닌 수상레저기구로 수상레저활동을 하려는 사람은 출발항으로부터 10해리 이상 떨어진 곳에서 수상레저활동을 하여서는 아니 된다. 다만, 안전관리 선박의 동행, 선단을 구성하는 경우에는 그러하지 아니하다.
- 안전관리 선박의 동행 : 연해구역, 근해구역 또는 원양구역을 운항구역으로 하는 동력수상레저기구와 500미터 이내의 거리에서 동행하여 수상레저활동을 하는 경우
- 선단의 구성 : 위치를 확인할 수 있는 통신기기를 갖춘 수상레저기구 2대 이상으로 선단을 구성하여 선단 내의 수상레저기구 간에 500미터(무동력수상레저기구 간에는 200미터를 말한다) 이내의 거리를 유지하며 수상레저활동을 하는 경우

무면허 조종의 금지 누구든지 조종면허를 받아야 조종할 수 있는 동력수상레저기구(5마력 이상)를 조종면허를 받지 아니하고 조종하여서는 아니 된다.

무면허 조종이 허용되는 경우 제1급 조종면허를 가진 사람의 감독하에 수상레저활동을 하는 경우로서 다음의 모두가 해당하는 경우이다.

- 동시에 감독하는 수상레저기구가 3대 이하인 경우
- 해당 수상레저기구가 다른 수상레저기구를 견인하고 있지 않은 경우
- 다음 각 목의 어느 하나에 해당하는 경우
- 면허시험을 위하여 수상레저기구를 조종하는 경우
- 수상레저사업을 등록한 자의 사업장 안에서 탑승정원이 4명 이하인 수상레저기구를 조종

하는 경우
- 「고등교육법」에 따른 학교 또는 「초·중등교육법」에 따른 학교에서 실시하는 교육·훈련을 위하여 수상레저기구를 조종하는 경우
- 수상레저활동 관련 단체로서 해양경찰청장이 정하여 고시하는 단체가 실시하는 비영리목적의 교육·훈련을 위하여 수상레저기구를 조종하는 경우
- 제1급 조종면허(요트의 경우, 요트조종면허)를 가진 사람과 동승하여 조종하는 경우, 무면허자 조종이 가능하다. 단, 면허를 가진 사람이 술에 취한 상태이거나 약물복용 상태에서 탑승하는 경우가 아니라야 한다.

운항방법 준수
- 수상레저활동을 하는 사람은 운항방법 및 기구의 속도 등에 관한 사항을 준수해야 한다.
- 등록대상 동력수상레저기구를 이용할 때에는 지정된 운항구역만을 운항하여야 한다. 다만, 다음의 경우는 운항이 가능하다.
- 운항구역을 평수구역으로 지정받은 동력수상레저기구를 사용하여 평수구역의 끝단 및 가까운 육지 또는 섬으로부터 10해리 이내의 연해구역을 운항하는 경우
- 운항구역을 평수구역으로 지정받은 동력수상레저기구를 사용하여 운항구역을 연해구역 이상으로 지정받은 동력수상레저기구와 500미터 이내의 거리에서 동시에 운항하기 위하여 관할 해양경찰서장에게 운항신고서를 제출한 경우
  ※ 운항신고서 : 수상레저기구의 종류, 운항시간, 운항자의 성명 및 연락처(보험가입증명서는 해당되지 않음)

정원초과 금지
- 누구든지 대통령령으로 정하는 바에 따라 그 수상레저기구의 정원을 초과하여 사람을 태우고 운항하여서는 아니 된다.
- 수상레저기구의 정원은 안전검사에 따라 결정되는 정원으로 한다.
- 등록대상 동력수상레저기구가 아닌 수상레저기구의 정원은 해당 수상레저기구의 좌석 수 또는 형태 등을 고려하여 해양경찰청장이 정하여 고시하는 기준에 따라 산출한다.
- 수난 구호나 그 밖의 부득이한 사유로 승선한 인원은 정원으로 보지 않는다.

야간 수상레저활동의 금지
누구든지 해진 후 30분부터 해뜨기 전 30분까지는 수상레저활동을 하여서는 아니 된다. 다만, 야간 운항장비를 갖춘 수상레저기구를 사용하는 경우에는 그러하지 아니하다.
- 야간 운항 장비(10가지) : 항해등, 전등, 야간 조난신호장비, 등이 부착된 구명조끼, 통신기기, 구명부환, 소화기, 자기점화등, 나침반, 위성항법장치 ※ 레이더, 비상식량 해당 없음
- 수상레저활동을 하려는 구역이 내수면인 경우 관할 시장·군수·구청장이 수면의 넓이, 물의 깊이, 유속 등을 고려하여 야간 운항을 하는 데에 위험성이 없다고 인정할 때에는 운항 장비 중 일부를 갖추지 않게 할 수 있다.
- 시장·군수·구청장은 야간 운항장비의 일부를 갖추지 않게 한 경우에는 수상레저활동을 하는 사람이 보기 쉬운 장소에 그 내용을 게시해야 한다.

- 해양경찰서장이나 시장·군수·구청장(서울의 경우 한강 관리기관의 장)은 해가 진 후 30분부터 24시까지의 범위에서 야간 수상레저활동의 시간 조정이 가능하다(경찰서장은 시간 조정의 권한자가 아님).

주취 중 조종금지

- 누구든지 술에 취한 상태(혈중 알코올농도 0.03% 이상)에서 동력수상레저기구를 조종하여서는 아니 된다.
- 수상레저안전법에서 말하는 술에 취한 상태는 해상교통안전법을 준용하고 있다.
- 술에 취하였는지 여부를 측정한 결과에 불복하는 수상레저활동자에 대해서는 해당 수상레저 활동자의 동의를 받아 혈액채취 등의 방법으로 다시 측정할 수 있다.
- 술에 취한 상태에서 동력수상레저기구를 조종한 자는 1년 이하의 징역 또는 1천만 원 이하의 벌금에 처하고, 조종면허를 취소하여야 한다. ※ 효력 정지가 아닌 취소임
- 술에 취한 상태라고 인정할 만한 상당한 이유가 있는데도 관계공무원의 측정에 따르지 아니한 자(동력수상레저기구를 조종한 경우로 한정)도 위와 같다.(술에 취했는지 측정할 수 있는 사람은 경찰공무원, 시·군·구 소속 공무원 중 수상레저안전업무에 종사하는 사람임)
- 근무복을 착용한 경찰공무원을 제외하고는 술에 취했는지 측정하는 관계 공무원은 그 권한을 표시하는 증표를 지니고 이를 해당 동력수상레저기구를 조종한 사람에게 제시하여야 한다.

약물복용 상태에서 조종금지

- 누구든지 「마약류 관리에 관한 법률」에 따른 마약·향정신성의약품·대마의 영향, 「화학물질관리법」에 따른 환각물질의 영향, 그 밖의 사유로 인하여 정상적으로 조종하지 못할 우려가 있는 상태에서 수상레저기구를 조종하여서는 아니 된다.
- 양귀비, 아편, 코카인 등 마약의 영향을 받은 누구라도 정상적인 조종을 못 할 우려가 있는 상태에서 동력수상레저기구를 조종하여서는 아니 된다.
- 부포테닌, 사일로신 등 향정신성의약품의 영향을 받은 누구라도 정상적인 조종을 못 할 우려가 있는 상태에서 동력수상레저기구를 조종하여서는 아니 된다.
- 부탄가스, 아산화질소 등 환각물질의 영향을 받은 누구라도 정상적인 조종을 못 할 우려가 있는 상태에서 동력수상레저기구를 조종하여서는 아니 된다.
- 누구든지 정원을 초과하여 운항하여서는 아니 된다.
※ 정원을 산출할 때에는 수난 구호나 그 밖의 부득이한 사유로 승선한 인원은 정원으로 보지 않는다.

사고의 신고

신고사항 및 신고기관

- 수상레저기구에 동승한 사람이 사고로 사망·실종 또는 중상을 입은 경우
- 충돌, 좌초 또는 안전운항에 영향을 미치거나 미칠 우려가 있는 사고가 발생한 경우
※ 신고기관 : 해양경찰관서, 경찰관서, 소방관서 등 관계 행정기관에 신고해야 한다.

사고의 신고 내용 : 전화·팩스·휴대전화·문자메시지 등의 방법으로 아래 내용을 신고한다.

- 사고 발생 일시 및 장소
- 사고가 발생한 수상레저기구의 종류
- 사고자 및 조종자의 인적사항
- 피해상황 및 조치사항

※ 레저기구의 엔진 상태는 해당 없다.

정원산출

- 누구든지 정원을 초과하여 사람을 태우고 운항하여서는 아니 된다.
- 수상레저기구의 정원은 「수상레저기구의 등록 및 검사에 관한 법률」에 따른 안전검사에 따라 결정되는 정원으로 한다.
- 등록대상 동력수상레저기구가 아닌 수상레저기구의 정원은 해당 수상레저기구의 좌석 수 또는 형태 등을 고려하여 해양경찰청장이 정하여 고시하는 기준에 따라 산출한다.
- 정원을 산출할 때에는 수난 구호나 그 밖의 부득이한 사유로 승선한 인원은 정원으로 보지 않는다.

※ 조종면허 시험장에서의 시험을 보기 위한 승선 인원은 정원에 포함된다.

⚓ 안전관리 ⚓

시정명령   해양경찰서장 또는 시장·군수·구청장은 수상레저활동의 안전을 위하여 필요하다고 인정하면 수상레저활동을 하는 사람 또는 수상레저활동을 하려는 사람에게 다음을 명할 수 있다.

- 수상레저기구의 탑승(수상레저기구에 의하여 밀리거나 끌리는 경우를 포함) 인원의 제한 또는 조종자의 교체
- 수상레저활동의 일시정지
- 수상레저기구의 개선 및 교체사업의 형태

※ 동력수상레저기구 조종면허의 효력 정지는 해당되지 않는다.

- 수상레저활동을 하려는 사람에 대한 시정명령은 사고의 발생이 명백히 예견되는 경우로 한정한다.

금지구역 지정

- 해양경찰서장 또는 시장·군수·구청장은 수상레저활동의 안전을 위하여 필요하다고 인정하면 수상레저활동 금지구역(수상레저기구별 수상레저활동 금지구역을 포함)을 지정할 수 있다.
- 누구든지 지정된 금지구역에서 수상레저활동을 하여서는 아니 된다.

수상레저사업

사업등록

사업의 형태

- 수상레저기구를 빌려주는 사업
- 수상레저활동을 하는 사람을 수상레저기구에 태우는 사업

사업 등록기관

- 해수면 : 해당 지역을 관할하는 해양경찰서장
- 내수면 : 해당 지역을 관할하는 시장·군수·구청장

영업구역이 둘 이상의 관할 지역에 걸쳐있는 경우 : 수상레저사업에 사용되는 수상레저기구를 주로 매어두는 장소를 관할하는 해양경찰서장 또는 시장·군수·구청장

수상레저사업 등록을 갱신하려는 자 : 등록의 유효기간 종료일 5일 전까지 수상레저사업 갱신신청서를 관할 해양경찰서장 또는 시장·군수·구청장에게 제출하여야 한다.

수상레저사업자 또는 그 종사자의 고의 또는 과실로 사람을 사상한 경우 : 해양경찰서장 또는 시장·군수·구청장은 수상레저사업의 등록을 취소하거나 3개월의 범위에서 영업의 전부 또는 일부의 정지를 명할 수 있다.

사업등록 시 구비서류

- 영업구역의 도면
- 시설기준 명세서
- 수상레저사업자와 종사자의 명단 및 해당 면허증 사본
- 수상레저기구 및 인명구조용 장비 명세서
- 인명구조요원(또는 래프팅가이드)의 명단과 해당 자격증 사본
- 공유수면 등의 점용 또는 사용 등에 관한 허가서 사본

※ 수상레저기구 수리업체 명부는 해당 없음

수상레저사업 유효기간·갱신

- 수상레저사업의 등록 유효기간은 10년으로 한다.
- 수상레저사업을 10년 미만으로 영업하려는 경우에는 해당 영업기간을 등록 유효기간으로 한다.
- 사업등록을 갱신하려는 자는 등록의 유효기간 종료일 5일 전까지 수상레저사업 등록·갱신등록 신청서(전자문서로 된 신청서를 포함)를 관할 해양경찰서장 또는 시장·군수·구청장에게 제출하여야 한다.

수상레저사업 등록의 결격사유

- 미성년자, 피성년후견인, 피한정후견인
- 징역 이상의 실형을 선고받고 그 집행이 끝나거나 집행이 면제된 날부터 2년이 지나지 아니한 사람

- 징역 이상의 형의 집행유예를 선고받고 그 유예기간 중에 있는 사람
- 등록이 취소된 날부터 2년이 지나지 아니한 자

휴업 등의 신고   사업의 휴업 또는 폐업하고자 할 경우, 휴업 또는 폐업하기 3일 전까지 휴업·폐업 신고서에 수상레저사업 등록증 원본을 첨부하여 해양경찰서장 또는 시장·군수·구청장에게 제출하여야 한다. 휴업한 사업을 다시 개업하려는 경우에도 이와 같다.

안전점검   해양경찰서장 또는 시장·군수·구청장은 수상레저활동의 안전을 위하여 관계공무원으로 하여금 수상레저기구와 선착장 등 수상레저시설에 대하여 안전점검을 실시하도록 한다.

- 안전점검 대상 및 항목
- 수상레저기구의 안전성
- 사업장에 설치된 시설·장비 등이 등록기준에 적합 여부
- 수상레저사업자와 그 종사자의 조치 의무
- 인명구조요원이나 래프팅가이드의 자격 및 배치기준 준수 의무
- 수상레저사업자와 그 종사자의 행위 제한 등의 준수 의무
※ 재난·재해의 발생이 예상되는 등 긴급한 경우, 사전에 알리면 증거인멸 등으로 안전점검의 목적을 달성
  할 수 없다고 인정되는 경우에는 미리 통보하지 않을 수 있다.
- 안전점검 결과 정비 또는 원상복구를 명할 수 있다. 이 경우 정비 또는 원상복구에 필요한 기간을 정하여 해당 수상레저기구의 사용정지를 함께 명할 수 있다.
- 점검결과에 따라 원상복구를 명할 경우, 해당 서식에 의한 원상복구 명령서에 의한다.
※ 원상복구 명령은 구두로 할 수 없다.
- 점검을 하는 공무원은 그 권한을 표시하는 증표를 지니고 이를 관계인에게 내보여야 한다.
- 안전점검의 목적·대상 및 점검 일시 등을 안전점검 대상자에게 미리 통보해야 한다.

영업의 제한
- 해양경찰서장 또는 시장·군수·구청장은 기상·수상 상태가 악화된 경우, 수상사고가 발생한 경우에는 수상레저사업자에게 영업구역이나 시간의 제한 또는 영업의 일시 정지를 명할 수 있다.
- 다만, 유류·화학물질 등의 유출 또는 녹조·적조 등의 발생으로 수질이 오염된 경우, 부유 물질 등 장애물이 발생한 경우, 사람의 신체나 생명에 피해를 줄 수 있는 유해생물이 발생한 경우에는 이용자의 신체가 직접 수면에 닿는 수상레저기구를 이용한 영업행위에 대해서만 이를 명할 수 있다.
※ 사업장에 대한 안전점검을 하려고 할 때는 영업의 일시 정지 명령 대상이 아니다.

사업의 취소
- 해양경찰서장 또는 시장·군수·구청장은 수상레저사업자가 「거짓이나 그 밖의 부정한 방법으로 등록을 한 경우, 수상레저사업의 결격사유에 해당하게 된 경우, 공유수면의 점용 또는 사용 허가 기간 만료 이후에도 사업을 계속하는 경우」에는 수상레저사업 등록을 취소하여야 한다.

- 수상레저사업자 또는 그 종사자의 고의 또는 과실로 사람을 사상한 경우, 사업의 등록을 취소하거나 3개월의 범위에서 영업의 전부 또는 일부의 정지를 명할 수 있다.
- 「수상레저기구의 등록 및 검사에 관한 법률」에 따른 규정을 위반한 수상레저기구를 수상레저사업에 이용한 경우, 변경등록을 하지 아니한 경우, 그밖에 관련 규정 또는 명령을 위반한 경우에는 3개월의 범위에서 영업의 전부 또는 일부의 정지를 명할 수 있다.

수상레저사업자와 종사자 안전 조치사항

- 수상레저기구와 시설의 안전점검
- 영업구역의 기상·수상 상태의 확인
- 영업구역에서 사고가 발생하는 경우 구호조치 및 해양경찰관서·경찰관서·소방관서 등 관계 행정기관에 통보
- 이용자에 대한 안전장비 착용조치 및 탑승 전 안전교육
- 사업장 내 인명구조요원이나 래프팅가이드의 배치 또는 탑승
- 비상구조선의 배치

수상레저사업자와 그 종사자 금지사항

- 14세 미만인 사람(보호자를 동반하지 아니한 사람으로 한정), 술에 취한 사람 또는 정신질환자를 수상레저기구에 태우거나 이들에게 수상레저기구를 빌려주는 행위
- 수상레저기구의 정원을 초과하여 태우는 행위
- 수상레저기구 안에서 술을 판매·제공하거나 수상레저기구 이용자가 수상레저기구 안으로 이를 반입하도록 하는 행위
- 영업구역을 벗어나 영업을 하는 행위
- 수상레저활동 시간 외 영업을 하는 행위
- 폭발물·인화물질 등의 위험물을 이용자가 타고 있는 수상레저기구로 반입·운송하는 행위
- 안전검사를 받지 아니한 동력수상레저기구를 영업에 사용하는 행위
- 비상구조선을 그 목적과 다르게 사용하는 행위

인명구조용 장비

- 사업자는 이용객이 구명조끼를 착용하도록 조치하여야 한다.
- 구명조끼는 탑승정원의 110퍼센트 이상에 해당하는 수의 구명조끼를 갖추어야 하고 탑승정원의 10퍼센트는 소아용으로 한다. ※ 구명조끼는 5년마다 교체한다 맞지 않음
- 구명조끼는 「전기용품 및 생활용품 안전관리법」에 따른 안전기준이나 해양수산부장관이 정하여 고시하는 선박 또는 어선의 구명설비기준에 적합한 제품이어야 한다.
- 영업구역이 2해리 이상인 경우에는 수상레저기구에 사업장 또는 가까운 무선국과 연락할 수 있는 통신장비를 갖추어야 한다.
- 탑승정원이 13명 이상인 동력수상레저기구에는 선실, 조타실 및 기관실에 각각 1개 이상의 소화기를 갖추어야 한다.

- 탑승정원이 4명 이상인 동력수상레저기구(수상오토바이는 제외)에는 1개 이상의 소화기를 갖추어야 한다.
- 무동력수상레저기구에는 구명부환 대신 스로 백(throw bag)을 갖출 수 있다.
- 탑승정원 4명 이상인 수상레저기구에는 그 탑승정원의 30%에 해당하는 수 이상의 구명부환을 갖추어야 한다.

비상구조선

- 수상레저사업에 이용하는 수상레저기구(래프팅에 사용되는 수상레저기구와 수상스키, 파라세일, 워터슬레이드 등 견인되는 수상레저기구는 제외)의 수에 따라 비상구조선을 비치해야 한다.
  - 수상레저기구가 30대 이하인 경우: 1대 이상
  - 수상레저기구가 31대 이상 50대 이하인 경우: 2대 이상
  - 수상레저기구가 51대 이상인 경우: 50대를 초과하는 50대마다 1대씩 더한 수 이상
- 케이블 수상스키 또는 케이블 웨이크보드 등 케이블을 사용하는 수상레저기구만을 갖춘 수상레저사업장의 경우에는 다른 수상레저기구가 없더라도 반드시 1대 이상의 비상구조선을 갖춰야 한다.
- 비상구조선은 수상레저사업자가 해당 수상레저사업에 사용되는 수상레저기구 중에서 지정하여 사용하고, 비상구조선은 비상구조선임을 표시하는 주황색 깃발을 달아야 한다.
- 비상구조선은 탑승정원이 3명 이상, 속도가 20노트 이상이어야 하며, 망원경 1개 이상, 구명부환 또는 레스큐 튜브 2개 이상, 호루라기 1개 이상, 30미터 이상의 구명줄을 갖추어야 한다(조종면허시험장 비상구조선의 승선정원은 4명 이상, 속도는 20노트 이상이다).
- 비상구조선은 사업장 구역의 순시와 사고 발생 시 인명구조를 위하여 사용해야 하며, 영업 중에는 항상 사용할 수 있도록 해야 한다.

보험

- 등록대상 동력수상레저기구의 소유자는 동력수상레저기구의 사용으로 다른 사람이 사망하거나 부상한 경우, 피해자에 대한 보상을 위하여 소유한 날로부터 1개월 이내에 보험이나 공제에 가입하여야 한다.
  - 가입기간 : 동력수상레저기구의 등록기간 동안 계속하여 가입할 것
  - 가입금액 : 「자동차손해배상 보장법」 시행령에 따른 금액(사망 시 1억 5천만 원, 부상 시 3천만 원 범위에서 손해액) 이상으로 할 것
- 수상레저사업자는 종사자와 이용자의 피해를 보전을 위한 보험에 가입하여야 한다.
  - 가입기간 : 수상레저사업자의 사업기간 동안 계속하여 가입할 것
  - 수상레저사업 종사자, 수상레저기구 이용자를 피보험자나 피공제자로 할 것

- 가입금액 :「자동차손해배상 보장법」시행령에 따른 금액(사망 시 1억 5천만 원, 부상 시 3천만 원 범위에서 손해액) 이상으로 할 것
- 동력수상레저기구 소유자는 등록기간 동안 보험에 가입해야 한다.
- 수상레저사업에 이용되는 수상레저기구는 등록대상에 관계없이 보험에 가입해야 한다.

⚓ 벌칙 · 과태료

벌칙

1년 이하의 징역 또는 1천만 원 이하의 벌금

- 면허증을 빌리거나 빌려주거나 이를 알선한 사람
- 조종면허를 받지 아니하고 동력수상레저기구를 조종한 사람
- 술에 취한 상태에서 동력수상레저기구를 조종한 사람
- 술에 취한 상태라고 인정할 만한 상당한 이유가 있는데도 관계공무원의 측정에 따르지 아니한 사람
- 약물복용 등으로 인하여 정상적으로 조종하지 못할 우려가 있는 상태에서 동력수상레저기구를 조종한 사람
- 등록 또는 변경등록을 하지 아니하고 수상레저사업을 한 사람
- 수상레저사업 등록취소 후 또는 영업정지기간에 수상레저사업을 한 사람

6개월 이하의 징역 또는 500만 원 이하의 벌금

- 정비 · 원상복구의 명령을 위반한 수상레저사업자
- 안전을 위하여 필요한 조치를 하지 아니하거나 금지된 행위를 한 수상레저사업자와 그 종사자
- 영업구역이나 시간의 제한 또는 영업의 일시정지 명령을 위반한 수상레저사업자
※ 수상레저활동 금지구역에서 수상레저활동을 한 사람은 100만 원 이하의 과태료 대상이다.

과태료

- 과태료의 부과 · 징수, 재판 및 집행 등의 절차에 관한 사항은「질서위반행위규제법」에 따른다.
- 부과 권한은 해수면의 경우 해양경찰청장, 지방해양경찰청장 또는 해양경찰서장이, 내수면의 경우에는 시장 · 군수 · 구청장이 부과 · 징수한다. ※ 소방서장은 징수 권한이 없다.

60만 원 이하의 과태료

- 수상레저활동 금지구역에서 수상레저기구를 운항한 사람
- 정원을 초과하여 사람을 태우고 수상레저기구를 조종한 경우

50만 원 이하의 과태료

내용	과태료
인명안전장비를 착용하지 않은 경우	10만 원
• 원거리 수상레저활동 신고를 하지 않은 경우 • 등록 대상이 아닌 수상레저기구로 출발항으로부터 10해리 이상 떨어진 곳에서 수상레저 활동을 한 경우 • 사고의 신고를 하지 아니한 사람 • 일시 정지나 면허증·신분증의 제시 명령을 거부한 사람	20만 원
• 운항규칙 등을 준수하지 아니한 경우 • 기상에 따른 수상레저활동이 제한되는 구역에서 수상레저활동을 한 경우 • 시정명령을 이행하지 아니한 사람	1회 20만 원, 2회 30만 원, 3회 이상 50만 원
보험 등에 가입하지 아니한 자	• 위반 기간이 10일 이하인 경우 : 1만 원 • 위반 기간이 10일을 초과하는 경우 : 위반일수에 1만 원을 곱한 금액(부과금액은 30만 원을 초과할 수 없음)

수수료

내용	수수료
안전교육을 받으려는 사람	14,400원(교재비 포함)
면허증 신규발급	5,000원
면허증 갱신 또는 재발급	4,000원
필기시험 응시	4,800원
실기시험 응시	64,800원
수상레저사업의 신규 등록	20,000원
수상레저사업의 변경등록	10,000원
수상레저사업의 휴업 또는 폐업	없음
수상레저사업의 재개업	20,000원

동력수상레저기구의 등록

등록

- 동력수상레저기구를 취득한 자는 주소지를 관할하는 시장·군수·구청장에게 동력수상레저기구를 취득한 날부터 1개월 이내에 등록신청을 하여야 한다.
- 등록되지 아니한 동력수상레저기구의 운항을 금지한다.
- 등록절차 : 안전검사 → 보험가입 → 등록 → 등록증서 및 번호판 수령 후 부착
- 소유한 날로부터 1개월 이내 등록을 하지 않은 경우 100만 원 이하의 과태료 처분 대상이다.
- 수상레저기구 등록신청을 하고자 하는 경우 안전검사 대행기관으로부터 안전검사를 받아야 한다.
- 사업에 이용하려는 동력수상레저기구라 하더라도 기구의 소유자 주소지를 관할하는 시장·군수·구청장에 등록하여야 함 ※ 사업장 관할 기관에 등록하는 사항이 아니다.
- 등록대상의 동력수상레저기구는 등록기간 동안 책임보험에 가입하여야 한다. 단, 수상레저사업에 이용되는 수상레저기구의 경우 등록대상이 아닌 경우라도 사업에 이용되는 수상레저기구에 대하여 책임보험 가입 대상이다(등록대상과 책임보험가입 대상은 동일하지 않음).

등록대상

수상레저활동에 사용하려는 동력수상레저기구

- 수상오토바이
- 모터보트 : 총톤수 20톤 미만의 모터보트
- 고무보트 : 추진기관 30마력(22킬로와트) 이상의 고무보트(공기를 빼면 접어서 운반할 수 있는 고무보트 제외)
- 세일링요트 : 돛과 기관이 설치된 20톤 미만의 세일링요트
- 등록대상과 안전검사의 대상은 동일하다(안전검사는 등록의 필수 요건임).
  ※ 추진기관의 출력 25마력 선외기를 장착한 고무보트는 등록대상이 아님

등록의 신청

동력수상레저기구를 등록할 때 등록신청서에 첨부하여 제출하여야 할 서류

- 동력수상레저기구 또는 추진기관의 양도증명서, 제조증명서, 수입신고필증, 매매계약서 등 등록의 원인을 증명하는 서류
- 동력수상레저기구를 공동으로 소유하고 있는 경우 공동소유자의 대표자 및 공동소유자별 지분비율이 기재된 서류
- 등록의 원인에 대하여 제3자의 동의 또는 승낙이 필요한 경우에는 동의 또는 승낙을 받은 사실을 증명하는 서류(등록신청서에 제3자가 동의하거나 승낙한 뜻을 적고 서명하거나 날인한 경우는 제외)

- 안전검사증 사본
- 보험이나 공제에 가입한 사실을 증명하는 서류
- 등록하려는 동력수상레저기구의 앞면·뒷면 및 왼쪽면·오른쪽면의 사진 각 1장
※ 등록자의 경력증명서는 해당 없음

등록대상 구조·설비

동력수상레저기구의 구조설비 : ① 선체, ② 추진기관, ③ 배수설비, ④ 돛대, ⑤ 조타·계선·양묘시설, ⑥ 전기시설, ⑦ 구명·소방시설, ⑧ 그 밖에 해양수산부령으로 정하는 설비
※ 동력수상레저기구 견인 장치는 해당 없음

등록번호판·등록증

- 시장·군수·구청장은 등록원부에 동력수상레저기구의 소유자로 등록한 날부터 3일 이내에 등록증과 등록번호판을 발급하여야 한다.
- 동력수상레저기구 소유자는 등록증 또는 등록번호판이 없어진 경우에는 시장·군수·구청장에게 신고하고 다시 발급받을 수 있다.
- 등록증 또는 등록번호판을 다시 발급받으려는 자는 등록증·등록번호판 재발급신청서에 기존 등록증 또는 등록번호판을 첨부하여 시장·군수·구청장에게 제출해야 한다.
- 등록증 또는 등록번호판이 알아보기 곤란하게 된 경우에는 시장·군수·구청장에게 신고하고 다시 발급받을 수 있다.

등록번호판의 부착

- 동력수상레저기구 소유자는 발급받은 동력수상레저기구 등록번호판 2개를 동력수상레저기구의 옆면과 뒷면 잘 보이는 곳에 각각 견고하게 부착해야 한다.
- 동력수상레저기구 구조의 특성상 뒷면에 부착하기 곤란한 경우에는 다른 면에 부착할 수 있다.
- 누구든지 등록번호판을 부착하지 아니한 동력수상레저기구를 운항하여서는 아니 된다.

등록번호판의 규격·재질·색상

- MB(모터보트), RB(고무보트), YT(세일링 요트), PW(수상오토바이)
- 재질 : FRP 또는 알루미늄 선체에는 투명 PC원단, 고무 선체에는 반사원단을 사용한다.
- FRP 또는 알루미늄 선체 부착용 번호판의 두께는 0.3밀리미터, 고무보트 선체 부착용 번호판의 두께는 0.2밀리미터이다.
- 색상 : 옅은 회색 바탕에 검은색 숫자(문자)

등록갱신

등록을 갱신하려는 자는 등록의 유효기간 종료일 5일 전까지 수상레저사업 등록·갱신등록 신청서를 관할 해양경찰서장 또는 시장·군수·구청장에게 제출하여야 한다.

변경등록

- 동력수상레저기구의 등록사항 중 다음의 어느 하나에 해당하는 변경이 있는 경우, 변경이 발생한 날부터 30일 이내에 시장·군수·구청장에게 변경등록을 신청해야 한다.
  - 소유권의 변경(매매·증여·상속 등)

- 소유자의 성명 또는 주민등록번호의 변경
- 동력수상레저기구 명칭의 변경
- 임시검사 사유에 해당하는 정원, 운항구역, 구조, 설비 또는 장치의 변경
- 용도의 변경
- 해양경찰청장이 정하여 고시하는 사항의 변경

변경등록 신청 시 구비서류

- 수상레저기구 등록증
- 변경내용을 증명할 수 있는 서류
- 안전검사증 사본(구조 장치를 변경한 경우)
- 보험가입증명서 사본(소유권 변동의 경우)

※ 동력수상레저기구 조종면허증 해당 없음

말소등록

- 말소등록을 신청하려는 자는 말소 사유가 발생한 날부터 1개월 이내에 말소신청서를 제출하여야 한다.
- 소유자는 등록된 동력수상레저기구가 다음에 해당하는 경우에는 등록증 및 등록번호판을 반납하고 시장·군수·구청장에게 말소등록을 신청하여야 한다.

말소대상

- 동력수상레저기구가 멸실되거나 수상사고 등으로 본래의 기능을 상실한 경우
- 동력수상레저기구의 존재 여부가 3개월간 분명하지 아니한 경우
- 총톤수(20톤 이상)·추진기관(추진기관 제거)의 변경 등 사유로 동력수상레저기구에서 제외된 경우
- 동력수상레저기구를 수출하는 경우
- 수상레저활동 외의 목적으로 사용하게 된 경우

- 등록증 및 등록번호판을 분실 등의 사유로 반납할 수 없는 경우에는 그 사유서를 제출하고 등록증 및 등록번호판을 반납하지 아니할 수 있다.
- 소유자가 말소등록 신청을 하지 아니하는 경우에는 관할 시장·군수·구청장은 1개월 이내의 기간을 정하여 소유자에게 해당 동력수상레저기구의 말소등록을 신청할 것을 최고하고, 그 기간 이내에 말소등록 신청을 하지 아니하면 직권으로 그 동력수상레저기구의 등록을 말소할 수 있다.
- 시장·군수·구청장이 직권으로 등록을 말소하고자 할 때는 그 사유를 소유자에게 통지하여야 한다.
- 시장·군수·구청장은 말소대상 수상레저기구의 등록번호판을 반납받은 경우, 다시 사용할 수 없는 상태로 폐기하여야 한다.

※ 동력수상레저기구를 수출하는 경우, 등록 및 등록번호판을 반납하고 말소등록을 신청하여야 한다.

등록원부

- 등록원부를 열람하거나 사본을 발급받으려는 자는 시장·군수·구청장에게 신청하여야 한다.
- 등록원부에는 등록번호, 기구의 종류, 기구의 명칭, 보관장소, 기구의 제원, 추진기관의 종류 및 형식, 기구의 소유자, 공유자의 인적사항 및 저당권 등에 관한 사항을 기재하여야 한다. ※ 추진기관의 종류 및 정비 이력은 기재사항이 아니다.

압류등록   시·군·구청장은 민사집행법에 따라 법원으로부터 압류등록의 촉탁이 있거나 국세징수법이나 지방세징수법에 따라 행정관청으로부터 압류등록의 촉탁이 있는 경우에는 해당 등록원부에 압류등록을 하고 소유자 및 이해관계자 등에게 통지하여야 한다.

시험운항 허가

- 신규검사를 받기 전에 국내에서 동력수상레저기구로 시험운항(조선소 등에서 건조·개조·수리 중 운항하는 것)을 하고자 하는 자는 안전장비를 비치 또는 보유하고, 해양경찰서장 또는 시장·군수·구청장의 시험운항허가를 받아야 한다.
- 시험운항 허가는 운항구역이 해수면이면 해양경찰서장, 내수면이면 시장·군수·구청장에게 신청해야 한다.
- 시험운항허가 관서의 장은 시험운항허가의 신청을 받은 경우, 시험운항의 목적, 기간 및 운항구역을 정하여 시험운항을 허가할 수 있다. 이 경우 시험운항을 허가하는 때에는 허가사항이 기재된 시험운항허가증을 발급하여야 한다.
- 시험운항허가를 받은 자는 시험운항허가증에 기재된 시험운항의 목적, 기간 및 운항구역을 준수하고, 안전장비를 동력수상레저기구에 비치 또는 보유하여 운항하여야 한다.
- 시험운항허가를 받은 자는 시험운항허가증에 기재된 기간이 만료된 경우에는 시험운항허가증을 반납하여야 한다.
- 시험운항허가의 기간은 7일 이내(해뜨기 전 30분부터 해진 후 30분까지)이며, 운항구역은 출발지로부터 직선거리로 10해리 이내이다.

🛞 동력수상레저기구의 검사 🛞

안전검사   동력수상레저기구의 소유자는 해양경찰청장이 실시하는 안전검사를 받아야 한다.

- 신규검사 : 최초 등록을 하려는 경우 실시하는 검사
- 정기검사 : 일정 기간마다 정기적으로 실시하는 검사
- 임시검사 : 정원, 운항구역, 구조, 설비, 장치를 변경하여 등록하려는 경우 검사
- 수상레저사업에 이용되는 동력수상레저기구는 1년마다, 그 밖의 동력수상레저기구는 5년마다 정기검사를 받아야 한다.

※ 수상레저기구등록법상 중간검사는 없음

※ 임시검사에서의 구조, 설비 또는 장치는 감항성·수밀성·부양성·복원성·선체강도·추진성능 또는 조종 성능에 영향을 미치는 구조 및 구조물, 길이·너비·깊이, 총톤수 또는 추진기관을 말한다.

- 수상레저기구의 정기검사를 받아야 하는 검사는 유효기간 만료일 전후 각각 30일 이내로 한다.

안전검사 대상 및 실시 시기

건조에 착수한 때 : 국내에서 건조되는 모터보트 또는 세일링요트

- 총톤수가 5톤 이상인 모터보트 또는 세일링요트
- 운항구역이 연해구역 이상인 모터보트 또는 세일링요트
- 승선정원이 13명 이상인 모터보트 또는 세일링요트

※ 외국에서 수입된 모터보트 세일링요트는 건조 완료 이후 안전검사 대상이다.

건조가 완료된 이후부터 등록을 하기 전까지 : 동력수상레저기구

- 모터보트 또는 세일링요트(「선박안전법」 또는 「어선법」에 따른 검사를 받아오던 선박 또는 어선을 모터보트 또는 세일링요트로 사용하려는 경우를 포함)
- 수상오토바이 또는 고무보트
- 외국에서 수입된 동력수상레저기구로서 등록해야 하는 동력수상레저기구

- 정기검사를 받아야 하는 기간은 정기검사의 유효기간 만료일 전후 각각 30일 이내의 기간으로 한다.
- 해당 검사 기간 내에 정기검사에 합격한 경우에는 검사 유효기간 만료일에 정기검사를 받은 것으로 본다.
- 동력수상레저기구 소유자가 요청하는 경우에는 검사 유효기간 만료일 전 30일이 되기 전에 정기검사를 받을 수 있다.
- 정기검사의 유효기간 만료일 전후 각각 30일 이내에 정기검사에 합격한 경우 종전 안전검사중 유효기간 만료일의 다음 날부터 계산한다.

검사 유효기간

- 최초로 신규검사에 합격한 경우 : 안전검사증을 발급받은 날
- 검사 기간 내에 정기검사에 합격한 경우 : 종전 안전검사증 유효기간 만료일의 다음 날
- 검사 기간이 아닌 때 정기검사에 합격한 경우 : 안전검사증을 발급받은 날

안전검사의 면제

- 시험운항 허가를 받아 운항하는 동력수상레저기구
- 검사기관에서 안전검사 신청 후 입거, 상가, 거선의 목적으로 국내항 간을 운항하는 동력수상레저기구
- 안전검사를 받는 기간 중에 시 운전을 목적으로 운항하는 동력수상레저기구

※ 우수제조사업장으로 인증 받은 사업장에서 제조된 동력수상레저기구로 안전검사를 신청하지 않고 운항하는 동력수상레저기구는 면제 대상이 아니다.

동력수상레저기구의 안전기준

벌칙

6개월 이하의 징역 또는 500만 원 이하의 벌금

- 등록되지 아니한 동력수상레저기구를 운항한 자
- 시험운항허가를 받지 아니하고 동력수상레저기구를 운항한 자
- 안전검사를 받지 아니하거나 검사에 합격하지 못한 동력수상레저기구를 운항한 자

과태료

내용	과태료
동력수상레저기구를 취득한 날부터 1개월 이내 등록신청을 하지 않은 경우	100만 원 이하 (개별기준 : 50만 원)
동력수상레저기구의 소유자가 등록번호판을 부착하지 않은 경우	30만 원
말소등록의 최고를 받고 그 기간 이내에 이를 이행하지 않은 경우	20만 원
변경등록을 하지 않은 경우	• 위반 기간이 10일 이하인 경우 : 1만 원 • 위반 기간이 10일을 초과하는 경우 : 위반일수에 1만 원을 곱한 금액(부과금액은 30만 원을 초과할 수 없음)

선박의 입항 및 출항 등에 관한 법률

총칙

목적

- 무역항의 수상구역 등에서 선박의 입항·출항에 대한 지원과 선박운항의 안전 및 질서 유지에 필요한 사항을 규정함을 목적으로 한다.
- 제1장 총칙, 제2장 입항·출항 및 정박, 제3장 항로 및 항법, 제5장 예선, 제6장 위험물의 관리 등, 제7장 수로의 보전, 제8장 불빛 및 신호, 제9장 보칙에 대한 규정을 정하고 있다. 선박교통관제에 관한 규칙은 「선박교통관제에 관한 법률(선박교통관제법)」에 해당된다.

정의

무역항 : 「항만법」에 따라 국민경제와 공공의 이해에 밀접한 관계가 있고 주로 외항선이 입항·출항하는 항만을 말한다.

무역항의 수상구역 : 무역항의 수상구역과 「항만법」의 수역시설 중 수상구역 밖의 수역시설로서 관리청이 지정·고시한 것을 말한다.

관리청 : 선박의 입항 및 출항 등에 관한 행정업무를 수행하는 행정관청을 말한다.

- 국가관리무역항(해양수산부장관) : 국내외 육상·해상운송망의 거점으로서 광역권의 배후 화물을 처리하거나 주요 기간산업 지원 등으로 국가의 이해에 중대한 관계를 가지는 항만
- 지방관리무역항(특별시장·광역시장·도지사 또는 특별자치도지사) : 지역별 육상·해상 운송망의 거점으로서 지역산업에 필요한 화물처리를 주목적으로 하는 항만

우선피항선 : 주로 무역항의 수상구역에서 운항하는 선박으로서 다른 선박의 진로를 피하여야 하는 다음 각 목의 선박을 말한다.

- 부선(예인선이 부선을 끌거나 밀고 있는 경우의 예인선 및 부선을 포함하되, 예인선에 결합되어 운항하는 압항부선은 제외)
- 주로 노와 삿대로 운전하는 선박
- 예인선
- 총톤수 20톤 미만의 선박 ※ 25톤 어선, 압항부선은 해당 없음

정박 : 선박이 해상에서 닻을 바다 밑바닥에 내려놓고 운항을 멈추는 것을 말한다.

정박지 : 선박이 정박할 수 있는 장소를 말한다.

정류 : 선박이 해상에서 일시적으로 운항을 멈추는 것을 말한다.

계류 : 선박을 다른 시설에 붙들어 매어 놓는 것을 말한다.

계선 : 선박이 운항을 중지하고 정박하거나 계류하는 것을 말한다.

항로 : 선박의 출입 통로로 이용하기 위하여 지정·고시한 수로를 말한다.

「항만법」에 따른 항만 기본시설

- 항로, 정박지, 소형선 정박지, 선회장 등 수역시설

- 방파제, 방사제, 파제제, 방조제, 도류제, 갑문, 호안(해안 보호둑) 등 외곽시설
- 도로, 교량, 철도, 궤도, 운하 등 임항교통시설
- 안벽, 소형선 부두, 잔교(선박이 부두에 닿도록 구름다리 형태로 만든 구조물), 부잔교(선 박을 매어두거나 선박이 부두에 닿도록 물 위에 띄워 만든 구조물), 돌핀(계선말뚝), 선착 장, 램프(경사식 진출입로) 등 계류시설

❖ 입·출항 및 정박 ❖

출입 신고

- 무역항의 수상구역 등에 출입하려는 선박의 선장은 관리청에 신고하여야 한다. 다만, 다음 의 선박은 출입 신고를 하지 아니할 수 있다.
- 총톤수 5톤 미만의 선박
- 해양사고구조에 사용되는 선박
- 「수상레저안전법」에 따른 수상레저기구 중 국내항 간을 운항하는 모터보트 및 동력요트
- 그 밖에 공공목적이나 항만 운영의 효율성을 위하여 해양수산부령으로 정하는 선박
- 전시·사변이나 그에 준하는 국가비상사태 또는 국가안전보장에 필요한 경우에는 선장은 관리청의 허가를 받아야 한다.
  ※ 입·출항 선박이 복잡한 경우 해당 없음

선박 출입 신고서 : 무역항의 수상구역 등에 출입하려는 내항선의 선장은 내항선 출입신고서 를 지방해양수산청장, 특별시장·광역시장·도지사·특별자치도지사 또는 항만공사에 제출 하여야 한다.
※ 지방해양경찰청장 해당 없음

정박지의 사용

- 관리청은 무역항의 수상구역 등에 정박하는 선박의 종류·톤수·흘수 또는 적재물의 종류 에 따른 정박구역 또는 정박지를 지정·고시할 수 있다.
- 무역항의 수상구역 등에 정박하려는 선박(우선피항선은 제외)은 정박구역 또는 정박지에 정박하여야 한다.
- 우선피항선은 다른 선박의 항행에 방해가 될 우려가 있는 장소에 정박하거나 정류하여서 는 아니 된다.
  ※ 피항을 위한 일시적인 정박과 정류는 허용되지 않는다.

정박지의 제한

- 선박은 무역항의 수상구역 등에서 다음의 장소에는 정박하거나 정류하지 못한다.
- 부두·잔교·안벽·계선부표·돌핀 및 선거의 부근 수역
- 하천, 운하 및 그 밖의 좁은 수로와 계류장 입구의 부근 수역

정박, 정류가 가능한 경우

- 해양사고를 피하기 위한 경우 ※ 모터보트가 항로 내에 정박할 수 있는 때
- 선박의 고장이나 그 밖의 사유로 선박을 조종할 수 없는 경우
- 인명을 구조하거나 급박한 위험이 있는 선박을 구조하는 경우
- 허가를 받은 공사 또는 작업에 사용하는 경우
- 해양오염 등의 발생 또는 확산을 방지하기 위한 경우
- ※ 항로 주변의 연안통항대에 정박 또는 정류하는 경우 해당 없음

선박의 계선 신고

- 총톤수 20톤 이상의 선박을 무역항의 수상구역 등에 계선하려는 자는 해양수산부령으로 정하는 바에 따라 관리청에 신고하여야 한다.
- 누구든지 무역항의 수상구역 등이나 무역항의 수상구역 밖 10킬로미터 이내의 수면에 선박의 안전운항을 해칠 우려가 있는 흙·돌·나무·어구(漁具) 등 폐기물을 버려서는 아니 된다.

선박 교통의 제한

- 관리청은 무역항의 수상구역 등에서 선박교통의 안전을 위하여 필요하다고 인정하는 경우에는 항로 또는 구역을 지정하여 선박교통을 제한하거나 금지할 수 있다.
- 관리청이 항로 또는 구역을 지정한 경우에는 항로 또는 구역의 위치, 제한·금지 기간을 정하여 공고하여야 한다. ※ 제한·금지 거리 해당 없음

선박의 계선 신고

- 총톤수 20톤 이상의 선박을 무역항의 수상구역 등에 계선하려는 자는 관리청에 신고하여야 한다.
- 관리청은 신고를 받은 경우 그 내용을 검토하여 이 법에 적합하면 신고를 수리하여야 한다.
- 선박을 계선하려는 자는 관리청이 지정한 장소에 그 선박을 계선하여야 한다.
- 관리청은 계선 중인 선박의 안전을 위하여 필요하다고 인정하는 경우에는 그 선박의 소유자나 임차인에게 안전 유지에 필요한 인원의 선원을 승선시킬 것을 명할 수 있다.
- ※ 총톤수 20톤 이상의 선박을 원하는 장소에 계선할 수 없다.

⚓ 항로 및 항법 ⚓

방파제 부근에서의 항법 무역항의 수상구역 등에 입항하는 선박이 방파제 입구 등에서 출항하는 선박과 마주칠 우려가 있는 경우에는 방파제 밖에서 입항하는 동력선이 출항하는 선박의 진로를 피하여야 한다.

항로에서의 항법 모든 선박은 항로에서 다음 항법에 따라 항행하여야 한다.

- 항로를 항행하는 선박은 항로 밖에서 항로에 들어오거나 항로에서 항로 밖으로 나가는 선박은 항로를 항행하는 다른 선박의 진로를 피하여 항행할 것
- ※ 항로를 따라 항행하는 선박이 우선이다.

- 항로에서 다른 선박과 나란히 항행하지 아니할 것
- 항로에서 다른 선박과 마주칠 우려가 있는 경우에는 오른쪽으로 항행할 것
- 항로에서 다른 선박을 추월하지 아니할 것. 다만, 추월하려는 선박을 눈으로 볼 수 있고 안전하게 추월할 수 있다고 판단되는 경우에는 「해상교통안전법」에 따른 방법으로 추월할 것
- 항로를 항행하는 위험물운송선박(선박 중 급유선은 제외) 또는 「해상교통안전법」에 따른 흘수제약선의 진로를 방해하지 아니할 것
- 「선박법」에 따른 범선은 항로에서 지그재그(zigzag)로 항행하지 아니할 것

방파제 부근에서의 항법   무역항의 수상구역 등에 입항하는 선박이 방파제 입구 등에서 출항하는 선박과 마주칠 우려가 있는 경우에는 방파제 밖에서 출항하는 선박의 진로를 피하여야 한다.

항해 선박 간의 거리   무역항의 수상구역 등에서 2척 이상의 선박이 항행할 때에는 서로 충돌을 예방할 수 있는 상당한 거리를 유지하여야 한다.

속력 등의 제한

- 선박이 무역항의 수상구역 등이나 무역항의 수상구역 부근을 항행할 때에는 다른 선박에 위험을 주지 아니할 정도의 속력으로 항행하여야 한다.
- 해양경찰청장은 선박이 빠른 속도로 항행하여 다른 선박의 안전운항에 지장을 초래할 우려가 있다고 인정하는 무역항의 수상구역 등에 대하여는 관리청에 무역항의 수상구역 등에서의 선박항행 최고속력을 지정할 것을 요청할 수 있다.

⚓ 수로의 보전

폐기물의 투기 금지 등

- 무역항의 수상구역 등이나 무역항의 수상구역 밖 10킬로미터 이내의 수면에 선박의 안전운항을 해칠 우려가 있는 흙·돌·나무·어구 등 폐기물을 버려서는 아니 된다.
- 무역항의 수상구역 등이나 무역항의 수상구역 부근에서 석탄·돌·벽돌 등 흩어지기 쉬운 물건을 하역하는 자는 그 물건이 수면에 떨어지는 것을 방지하기 위하여 필요한 조치를 하여야 한다.
- 관리청은 폐기물을 버리거나 흩어지기 쉬운 물건을 수면에 떨어뜨린 자에게 그 폐기물 또는 물건을 제거할 것을 명할 수 있다.

해양사고 등이 발생한 경우의 조치

- 무역항의 수상구역 등이나 무역항의 수상구역 부근에서 해양사고·화재 등의 재난으로 인하여 다른 선박의 항행이나 무역항의 안전을 해칠 우려가 있는 조난선의 선장은 즉시 항로표지를 설치하는 등 필요한 조치를 하여야 한다(원칙적으로 조치의무자는 조난선의 선장이다).

- 조난선의 선장이 같은 항에 따른 조치를 할 수 없을 때에는 해양수산부장관에게 필요한 조치를 요청할 수 있다.
- 조난선의 소유자 또는 임차인은 그 조치에 들어간 비용을 해양수산부장관에게 납부하여야 한다.
- 선박의 소유자 또는 임차인은 비용을 항로표지의 설치 등 위험 예방조치가 종료된 날부터 5일 이내에 지방해양수산청장 또는 시·도지사에게 납부하여야 한다.

부유물에 대한 허가   무역항의 수상구역 등에서 목재 등 선박교통의 안전에 장애가 되는 부유물에 대하여 다음에 해당하는 행위를 하려는 자는 관리청의 허가를 받아야 한다.
- 부유물을 수상에 띄워 놓으려는 자(수상에 내놓으려는 사람)
- 부유물을 선박 등 다른 시설에 붙들어 매거나 운반하려는 자
- ※ 선박에서 육상으로 부유물체를 옮기려는 사람은 해당 없음

선박경기 등 행사의 허가
- 무역항의 수상구역 등에서 선박경기 등 대통령령으로 정하는 행사를 하려는 자는 해양수산부령으로 정하는 바에 따라 관리청의 허가를 받아야 한다.
- 관리청은 허가 신청을 받았을 때, 다음에 해당하는 경우를 제외하고 허가하여야 한다.
- 행사로 인하여 선박의 충돌·좌초·침몰 등 안전사고가 생길 우려가 있다고 판단되는 경우
- 행사의 장소와 시간 등이 항만 운영에 지장을 줄 우려가 있는 경우
- 다른 선박의 출입 등 항행에 방해가 될 우려가 있다고 판단되는 경우
- 다른 선박이 화물을 싣고 내리거나 보존하는 데에 지장을 줄 우려가 있다고 판단되는 경우
- 관리청은 허가를 하였을 때에는 해양경찰청장에게 그 사실을 통보하여야 한다.

기적 등의 제한
- 선박은 무역항의 수상구역 등에서 특별한 사유 없이 기적이나 사이렌을 울려서는 아니 된다.
- 무역항의 수상구역 등에서 기적이나 사이렌을 갖춘 선박에 화재가 발생한 경우 화재를 알리는 경보는 기적이나 사이렌을 장음으로 5회 울려야 한다.
- 장음 : 4초에서 6초까지의 시간 동안 계속 울림
- 단음 : 1초 동안 울림
- 경보는 적당한 간격을 두고 반복하여야 한다.

보칙

개선명령 관리청은 검사 또는 확인 결과 무역항의 수상구역 등에서 선박의 안전 및 질서 유지를 위하여 필요하다고 인정하는 경우에는 그 선박의 소유자·선장이나 그 밖의 관계인에게 다음 각 호의 사항에 관하여 개선명령을 할 수 있다.
- 시설의 보강 및 대체, 공사 또는 작업의 중지, 인원의 보강, 장애물의 제거
- 선박의 이동, 선박 척수의 제한, 그 밖에 해양수산부령으로 정하는 사항
※ 선박 척수의 확대 해당 없음

항만운영정보시스템의 사용 해양수산부장관은 이 법에 따른 입항·출항 선박의 정보관리 및 민원사무의 처리 등을 위하여 항만운영정보시스템을 구축·운영할 수 있다.

벌칙·과태료

내용	과태료
출항 중지 처분을 위반한 자	1년 이하의 징역 또는 1천만 원 이하
선원의 승선 명령을 이행하지 아니한 선박의 소유자 또는 임차인	500만 원 이하
위험물 안전관리에 관한 교육을 받게 하지 아니한 자	300만 원 이하
장애물 제거 명령을 이행하지 아니한 자	200만 원 이하
수상레저사업자가 정당한 사유 없이 안전검사를 받지 않은 경우	50만 원
안전검사필증을 부착하지 아니한 경우	20만 원
안전검사를 받지 않은 경우	• 위반 기간이 10일 이하인 경우 : 5만 원 • 위반 기간이 10일을 초과하는 경우 : 위반일수에 1만 원을 곱한 금액(부과금액은 30만 원을 초과할 수 없음)

청문 해양수산부장관 또는 시·도지사는 다음에 해당하는 처분을 하려는 경우에는 청문을 하여야 한다.
- 예선업 등록의 취소
- 지정교육기관 지정의 취소
- 중계망사업자 지정의 취소 ※ 정박지 지정 취소 해당 없음

총칙

목적 수역 안전관리, 해상교통 안전관리, 선박·사업장의 안전관리 및 선박의 항법 등 선박의 안전운항을 위한 안전관리체계에 관한 사항을 규정함으로써 선박항행과 관련된 모든 위험과 장해를 제거하고 해사안전 증진과 선박의 원활한 교통에 이바지함을 목적으로 한다.
※ 항만 및 항만구역의 통항로 확보 해당 없음

정의

선박 : 「해사안전기본법」에 따른 선박을 말한다. 즉, 물에서 항행수단으로 사용하거나 사용할 수 있는 모든 종류의 배로 수상항공기(물 위에서 이동할 수 있는 항공기)와 수면비행선박(표면효과 작용을 이용하여 수면 가까이 비행하는 선박)을 포함한다.

위험물
- 위험물운반선 : 선체의 화물창, 고정된 탱크 등에 위험물을 싣고 운반하는 선박
- 위험물의 범위
- 화약류로서 총톤수 300톤 이상의 선박에 적재된 것
- 고압가스 중 인화성 가스로서 총톤수 1천톤 이상의 선박에 산적된 것
- 인화성 액체류로서 총톤수 1천톤 이상의 선박에 산적된 것
- 200톤 이상의 유기과산화물로서 총톤수 300톤 이상의 선박에 적재된 것
- 위험물을 산적한 선박에서 해당 위험물을 내린 후 선박 내에 남아있는 인화성 가스로서 화재 또는 폭발의 위험이 있는 것

거대선 : 길이 200미터 이상의 선박을 말한다.

고속여객선 : 시속 15노트 이상으로 항행하는 여객선을 말한다.

동력선 : 기관을 사용하여 추진하는 선박을 말한다. 다만, 돛을 설치한 선박이라도 주로 기관을 사용하여 추진하는 경우에는 동력선으로 본다.

범선 : 돛을 사용하여 추진하는 선박을 말한다. 다만, 기관을 설치한 선박이라도 주로 돛을 사용하여 추진하는 경우에는 범선으로 본다.

어로에 종사하고 있는 선박 : 그물, 낚싯줄, 트롤망, 그 밖에 조종성능을 제한하는 어구를 사용하여 어로 작업을 하고 있는 선박을 말한다.

조종불능선 : 선박의 조종성능을 제한하는 고장이나 그 밖의 사유로 조종을 할 수 없게 되어 다른 선박의 진로를 피할 수 없는 선박을 말한다.

조종제한선 : 다음의 작업과 그 밖에 선박의 조종성능을 제한하는 작업에 종사하고 있어 다른 선박의 진로를 피할 수 없는 선박을 말한다.
- 항로표지, 해저전선 또는 해저 파이프라인의 부설·보수·인양작업
- 준설·측량 또는 수중작업

- 항행 중 보급, 사람 또는 화물의 이송작업
- 항공기의 발착작업
- 기뢰 제거작업
- 진로에서 벗어날 수 있는 능력에 제한을 많이 받는 예인작업
※ 그물을 감아올리고 있는 선박, 어구를 끌고 가며 작업 중인 어선 해당 없음

흘수제약선 : 가항수역의 수심 및 폭과 선박의 흘수와의 관계에 비추어 볼 때 그 진로에서 벗어날 수 있는 능력이 매우 제한되어 있는 동력선을 말한다.

항행 중 : 선박이 정박, 항만의 안벽 등 계류시설에 매어놓은 상태, 얹혀 있는 상태에 해당하지 아니하는 상태를 말한다.
※ 표류하는 선박은 항해 중으로 본다.

통항로 : 선박의 항행 안전을 확보하기 위하여 한쪽 방향으로만 항행할 수 있도록 되어 있는 일정한 범위의 수역을 말한다.

연안통항대 : 통항분리수역의 육지 쪽 경계선과 해안 사이의 수역을 말한다.

수역 안전관리

보호수역 설정 및 입역허가
- 해양수산부장관은 해양시설 부근 해역에서 선박의 안전항행과 해양시설의 보호를 위한 보호수역을 설정할 수 있다.
- 누구든지 보호수역에 입역하기 위해서는 해양수산부장관의 허가를 받아야 하며, 해양시설의 안전 확보에 지장이 없다고 인정하거나 공익상 필요하다고 인정하는 경우 보호수역의 입역을 허가할 수 있다.
- 허가를 받지 아니하고 보호수역에 입역할 수 있는 경우
- 선박의 고장이나 그 밖의 사유로 선박 조종이 불가능한 경우
- 해양사고를 피하기 위하여 부득이한 사유가 있는 경우
- 인명을 구조하거나 또는 급박한 위험이 있는 선박을 구조하는 경우
- 관계 행정기관의 장이 해상에서 안전 확보를 위한 업무를 하는 경우
- 해양시설을 운영·관리하는 기관이 그 해양시설의 보호수역에 들어가려고 하는 경우

교통안전 특정해역 해양수산부장관은 해상교통량이 아주 많은 해역, 거대선(200미터 이상의 선박), 위험화물운반선, 고속여객선(속력 15노트 이상) 등의 통항이 잦은 해역을 해양사고가 발생할 우려가 있는 해역(교통안전 특정해역)으로 설정할 수 있다.

교통안전 특정해역에서 항로지정제도
교통안전 특정해역을 항행할 수 있는 선박
- 해양경비·해양오염방제 및 항로표지의 설치 등을 위하여 긴급히 항행할 필요가 있는 경우

- 해양사고를 피하거나 인명 또는 선박을 구조하기 위하여 부득이한 경우
- 교통안전 특정해역과 접속된 항구에 입출항하지 않는 경우
  ※ 해상교통량이 적은 경우 해당 없음

교통안전 특정해역 : 인천, 부산, 울산, 여수, 포항 등 5개 구역으로 지정 중이다.
  ※ 군산 해당 없음

거대선 등의 항행안전확보 조치 해양경찰서장이 거대선, 위험화물운반선, 고속여객선 등의 선박이 교통안전 특정해역을 항해하려는 경우 항행 안전 확보 조치를 위하여 선장이나 선박소유자에게 명할 수 있는 사항은 통항 시각의 변경, 항로의 변경, 제한된 시계의 경우 선박의 항행 제한, 속력의 제한, 안내선의 사용, 그 밖에 해양수산부령으로 정하는 경우이다.
  ※ 선박 통항이 많은 경우 선박의 항행 제한, 운항관리자의 변경 해당 없음

공사 또는 작업 해양경찰청장이 교통안전 특정해역에서 6개월의 범위에서 공사나 작업의 전부 또는 일부의 정지를 명할 수 있는 경우
- 거짓이나 그 밖의 부정한 방법으로 허가를 받은 경우
- 공사나 작업이 부진하여 이를 계속할 능력이 없다고 인정되는 경우
- 허가를 할 때 붙인 허가조건 또는 허가사항을 위반한 경우
- 정지 명령을 위반하여 정지기간 중에 공사 또는 작업을 계속한 경우

유조선 통행 제한 유조선 통항 금지해역에서 원유, 중유, 경유 또는 이에 준하는 탄화수소유, 가짜석유제품, 석유대체연료 중 원유·중유·경유에 준하는 기름 1천 500킬로리터 이상을 화물로 싣고 운반하는 선박은 항행할 수 없다.

시운전 금지해역의 설정 누구든지 충돌 등 해양사고를 방지하기 위하여 시운전을 금지한 해역에서 길이 100미터 이상의 선박에 대하여 시운전을 하여서는 아니 된다.

항해 장애물 선박으로부터 떨어진 물건, 침몰·좌초된 선박 또는 이로부터 유실된 물건
- 선박으로부터 수역에 떨어진 물건
- 침몰·좌초된 선박 또는 침몰·좌초되고 있는 선박
- 침몰·좌초가 임박한 선박 또는 침몰·좌초가 충분히 예견되는 선박
- 침몰 및 좌초되고 있거나 충분히 예견되는 선박에 있는 물건
- 침몰·좌초된 선박으로부터 분리된 선박의 일부분

⚓ 해상교통 안전관리 ⚓

항로 등의 보전
- 누구든지 항로에서 선박의 방치, 어망 등 어구의 설치나 투기행위를 하여서는 아니 된다. 해양경찰서장은 이를 위반한 자에게 방치된 선박의 이동·인양 또는 어망 등 어구의 제거를 명할 수 있다. ※ 폐기물의 투기, 항로지정 고시 해당 없음
- 누구든지 항만의 수역, 어항의 수역에서 해상교통의 안전에 장애가 되는 스킨다이빙, 스쿠

버다이빙, 윈드서핑 등 대통령령으로 정하는 행위를 하여서는 아니 된다. 다만, 해상교통안전에 장애가 되지 아니한다고 인정되어 해양경찰서장의 허가를 받은 경우와 「체육시설의 설치·이용에 관한 법률」에 따라 신고한 체육시설업과 관련된 해상에서 행위를 하는 경우에는 그러하지 아니하다.

- 해양경찰서장의 허가를 받아야 하는 대통령령으로 정하는 해양레저 행위의 종류
- 「수상레저안전법」에 따른 수상레저활동(윈드서핑, 요트 활동)
- 「수중레저안전법」에 따른 수중레저활동(스킨다이빙, 스쿠버다이빙)
- 「마리나항만법」에 따른 유람, 스포츠, 여가 행위
- 「유·도선사업법」에 따른 고기잡이, 관광, 유락행위
  ※ 낚시어선 운항 해당 없음
- 해양경찰서장이 해상교통안전에 장애가 되지 아니한다고 인정되어 승인해 준 경우, 허가를 받은 사람이 다음에 해당하면 그 허가를 취소하거나 시정을 명할 수 있다.
- 항로나 정박지 등 해상교통여건이 달라진 경우
- 허가조건을 위반한 경우, 거짓이나 부정한 방법으로 허가를 받은 경우
  ※ 허가조건을 잊은 경우 해당 없음

수역 등 항로의 안전 확보

- 누구든지 수역 등 또는 수역 등의 밖으로부터 10km 이내의 수역에서 선박 등을 이용하여 수역 등이나 항로를 점거하거나 차단하는 행위를 함으로써 선박 통항을 방해해서는 아니 된다.
- 해양경찰서장은 위를 위반하여 선박 통항을 방해한 자 또는 방해할 우려가 있는 자에게 일정한 시간 내에 스스로 해산할 것을 요청하고, 이에 따르지 아니하면 해산을 명할 수 있다. 위 해산명령을 받은 자는 지체 없이 물러가야 한다.

술에 취한 상태에서의 조타기 조작 등 금지

- 누구든지 술에 취한 사람은 선박(총톤수 5톤 미만의 선박, 외국선박, 시운전선박 포함)의 조타기를 조작하거나 조작할 것을 지시하는 행위를 하여서는 아니 된다.
- 해양경찰청 소속 경찰공무원은 해상교통의 안전과 위험방지를 위하여 필요한 경우, 술에 취하였는지 측정할 수 있으며, 해당 운항자 또는 도선사는 해양경찰청 소속 경찰공무원의 측정 요구에 따라야 한다. 다만, 해양사고가 발생한 경우, 반드시 측정하여야 한다.
- 술에 취하였는지를 측정한 결과에 불복하는 사람에 대해서는 해당 운항자 또는 도선사의 동의를 받아 혈액채취 등의 방법으로 다시 측정할 수 있다.
- 술에 취한 상태의 기준은 혈중알코올농도 0.03퍼센트 이상으로 한다.

해양사고가 일어난 경우의 조치 선장이나 선박소유자는 해양사고가 일어나 선박이 위험하게 되거나 다른 선박의 항행안전에 위험을 줄 우려가 있는 경우, 위험을 방지하기 위하여 신속하게 필요한 조치를 취하고, 해양사고의 발생 사실과 조치 사실을 지체 없이 해양경찰서장이나 지방해양수산청장에게 신고하여야 한다.

해양사고 신고절차 선장 또는 선박소유자는 해양사고가 발생한 경우, 다음의 사항을 관할 해양경찰

서장이나 지방해양수산청장(관할관청)에게 신고해야 한다. 다만, 외국에서 발생한 해양사고의 경우에는 선적항 소재지의 관할관청에 신고해야 한다.

- 해양사고의 발생일시 및 발생 장소
- 선박의 명세
- 사고개요 및 피해상황
- 조치사항
- 그 밖에 해양사고의 처리 및 항행 안전을 위하여 해양수산부장관이 필요하다고 인정하는 사항

※ 상대 선박의 소유자 해당 없음

항해 장애물 위험성 결정   해양수산부장관은 항행장애물이 선박의 항행 안전이나 해양환경에 중대한 영향을 끼치는지를 고려하여 항행장애물의 위험성을 결정하여야 한다.

항행장애물의 위험성 결정사항
- 항행장애물의 크기·형태 및 구조
- 항행장애물의 상태 및 손상의 형태
- 항행장애물에 선적된 화물의 성질·양과 연료유 및 윤활유를 포함한 기름의 종류·양
- 침몰된 항행장애물의 경우에는 그 침몰된 상태
- 해당 수역의 수심 및 해저의 지형 등

※ 항행장애물의 가치 해당 없음

🛳 선박 및 사업장의 안전관리 🛳

선박 안전관리 증서 등의 발급
- 해양수산부장관은 최초인증심사나 갱신인증심사에 합격하면 그 선박에 대하여는 선박안전관리증서를 내주고, 그 사업장에 대하여는 안전관리 적합증서를 내주어야 한다.
- 해양수산부장관은 임시인증심사에 합격하면 그 선박에 대하여는 임시 선박안전 관리증서를 내주고, 그 사업장에 대하여는 임시 안전관리 적합증서를 내주어야 한다.
- 선박소유자는 선박에는 증서의 사본을 사업장에는 원본을 갖추어 두어야 한다.
- 선박안전관리증서와 안전관리 적합증서의 유효기간은 각각 5년으로 하고, 임시 안전관리 적합증서의 유효기간은 1년, 임시 선박 안전관리 증서의 유효기간은 6개월로 한다.

🛳 선박의 항법 등 🛳

시계 상태   선박의 항법에서 시계 상태란 모든 시계 상태, 서로 시계 안에 있는 상태, 제한된 시계이다.

※ 유효한 시계 안에 있는 상태 해당 없음

안전한 속력 안전한 속력을 결정할 때 고려해야 할 사항은 다음과 같다.

- 시계의 상태
- 해상교통량의 밀도
- 선박의 정지거리·선회성능, 그 밖의 조종성능
- 야간의 경우에는 항해에 지장을 주는 불빛의 유무
- 바람·해면 및 조류의 상태와 항행장애물의 근접상태
- 선박의 흘수와 수심과의 관계
- 레이더의 특성 및 성능
- 해면상태·기상, 그 밖의 장애요인이 레이더 탐지에 미치는 영향
- 레이더로 탐지한 선박의 수·위치 및 동향

충돌을 피하기 위한 동작

- 선박은 다른 선박과 충돌을 피하기 위하여 될 수 있으면 충분한 시간적 여유를 두고 적극적으로 조치해야 한다.
- 선박은 다른 선박과 충돌을 피하기 위하여 침로나 속력을 변경할 때에는 될 수 있으면 다른 선박이 그 변경을 쉽게 알아볼 수 있도록 충분히 크게 변경하여야 하며, 침로나 속력을 소폭으로 연속적으로 변경하여서는 아니 된다.
- 선박은 넓은 수역에서 충돌을 피하기 위하여 침로를 변경하는 경우에는 적절한 시기에 큰 각도로 침로를 변경하여야 하며, 그에 따라 다른 선박에 접근하지 아니하도록 하여야 한다.
- 선박은 다른 선박과의 충돌을 피하기 위하여 동작을 취할 때에는 다른 선박과의 사이에 안전한 거리를 두고 통과할 수 있도록 그 동작을 취하여야 한다. 이 경우 그 동작의 효과를 다른 선박이 완전히 통과할 때까지 주의 깊게 확인하여야 한다.
- 선박은 다른 선박과의 충돌을 피하거나 상황을 판단하기 위한 시간적 여유를 얻기 위하여 필요하면 속력을 줄이거나 기관을 정지하거나 후진하여 선박의 진행을 완전히 멈추어야 한다.

※ 충돌을 피하기 위하여 전속으로 항진하는 것은 위험하여 해당 사항이 아니다.

좁은 수로 등

- 좁은 수로나 항로를 따라 항행하는 선박은 항행의 안전을 고려하여 될 수 있으면 좁은 수로의 우측을 따라 항행한다(좁은 수로 등의 오른편 끝 쪽에서 항행).
- 길이 20미터 미만의 선박이나 범선은 좁은 수로 등의 안쪽에서만 안전하게 항행할 수 있는 다른 선박의 통행을 방해하여서는 아니 된다.
- 어로에 종사하고 있는 선박은 좁은 수로 등의 안쪽에서 항행하고 있는 다른 선박의 통항을 방해하여서는 아니 된다.
- 선박이 좁은 수로 등의 안쪽에서만 안전하게 항행할 수 있는 다른 선박의 통항을 방해하게 되는 경우에는 좁은 수로 등을 횡단하여서는 아니 된다.
- 앞지르기 하는 배(추월선)는 좁은 수로 등에서 앞지르기당하는 선박(추월당하는 선박)이

앞지르기 하는 배를 안전하게 통과시키기 위한 동작을 취하지 아니하면 앞지르기 할 수 없는 경우에는 기적신호를 하여 앞지르기 하겠다는 의사를 나타내야 한다.

통항 분리제도

통항분리수역을 항행하는 경우의 준수사항

- 통항로 안에서는 정하여진 진행 방향으로 항행할 것
- 분리선이나 분리대에서 될 수 있으면 떨어져서 항행할 것
- 통항로의 출입구를 통하여 출입하는 것을 원칙으로 하되, 통항로의 옆쪽으로 출입하는 경우에는 그 통항로에 대하여 정하여진 선박의 진행 방향에 대하여 될 수 있으면 작은 각도로 출입할 것
  ※ 될 수 있으면 대각도 출입 해당 없음
  ※ 횡단관계가 형성되어도 분리대 진행 방향으로 항행하는 선박이 유지선이 됨 해당 없음
- 선박은 통항로를 횡단하여서는 아니 된다. 다만, 부득이한 사유로 그 통항로를 횡단하여야 하는 경우, 그 통항로와 선수방향이 직각에 가까운 각도로 횡단하여야 한다.

통항분리대 또는 분리선을 횡단할 수 있는 경우

- 길이 20미터 미만의 선박
- 범선
- 어로에 종사하고 있는 선박
- 인접한 항구로 입·출항하는 선박
- 연안통항대 안에 있는 해양시설 또는 도선사의 승하선 장소에 출입하는 선박
- 급박한 위험을 피하기 위한 선박

통항분리방식이 적용되는 수역 : 보길도, 홍도, 거문도 항로 3곳이 지정되어 있다.

※ 영흥도 항로 해당 없음

연안통항대

- 통항분리수역의 육지 쪽 경계선과 해안 사이의 수역을 말한다.
- 인접한 항구로 입출항하는 선박은 연안통항대를 따라 항행할 수 있다.
- 연안통항대 인근에 있는 해양시설에 출입하는 선박은 연안통항대를 따라 항행할 수 있다.
- 선박은 연안통항대에 인접한 통항분리수역의 통항로를 안전하게 통과할 수 있는 경우에는 연안통항대를 따라 항행하여서는 아니 된다.

범선   2척의 범선이 서로 접근하여 충돌할 위험이 있는 경우의 항행방법이다.

- 각 범선이 다른 쪽 현에 바람을 받고 있는 경우에는 좌현에 바람을 받고 있는 범선이 다른 범선의 진로를 피하여야 한다.
- 두 범선이 서로 같은 현에 바람을 받고 있는 경우에는 바람이 불어오는 쪽의 범선이 바람이 불어가는 쪽의 범선의 진로를 피하여야 한다.
- 좌현에 바람을 받고 있는 범선은 바람이 불어오는 쪽에 있는 다른 범선을 본 경우로 그 범선이 바람을 좌우 어느 쪽에 받고 있는지 확인할 수 없는 때에는 그 범선의 진로를 피하여야 한다.

등화 적용시간

- 선박은 해지는 시각부터 해뜨는 시각까지 등화를 표시하여야 하며, 이 시간 동안에는 이 법에서 정하는 등화 외의 등화를 표시하여서는 아니 된다. 다만, 다음 등화는 표시할 수 있다.
  - 이 법에서 정하는 등화로 오인되지 아니하는 등화
  - 이 법에서 정하는 등화의 가시도나 그 특성의 식별을 방해하지 아니하는 등화
  - 이 법에서 정하는 등화의 적절한 경계를 방해하지 아니하는 등화
- 등화를 설치하고 있는 선박은 해뜨는 시각부터 해지는 시각까지도 제한된 시계에서는 등화를 표시하여야 하며, 필요하다고 인정되는 그 밖의 경우에도 등화를 표시할 수 있다.
- 선박은 낮 동안에는 정하는 형상물을 표시하여야 한다.

항해 중인 동력선

항행 중인 동력선

- 앞쪽에 마스트등 1개와 그 마스트등보다 뒤쪽의 높은 위치에 마스트등 1개. 다만, 길이 50미터 미만의 동력선은 뒤쪽의 마스트등을 표시하지 아니할 수 있다.
- 현등 1쌍(길이 20미터 미만의 선박은 이를 대신하여 양색등을 표시할 수 있음)
- 선미등 1개

※ 야간항해 중 상대 선박의 양현등이 보이고, 현등보다 높은 위치에 백색등이 수직으로 2개가 보였다면 상대 선박은 길이 50m 이상의 선박으로 마주치는 상태이다.

항행 중인 공기부양정 : 수면에 떠있는 상태로 항행 중인 공기부양정은 동력선이 표시해야 할 등화에 덧붙여 사방을 비출 수 있는 황색의 섬광등 1개를 표시하여야 한다.

항해 중인 범선

- 항행 중인 범선 : 현등 1쌍, 선미등 1개
- 항행 중인 길이 20미터 미만의 범선 : 항행 중인 범선의 등화를 대신하여 마스트의 꼭대기나 그 부근의 가장 잘 보이는 곳에 삼색등 1개를 표시할 수 있다.
- 범선이 기관을 동시에 사용하여 진행하고 있는 경우, 앞쪽의 가장 잘 보이는 곳에 원뿔꼴 1개의 형상물을 그 꼭대기가 아래로 향하도록 표시하여야 한다.

어선   트롤 선박 외 어로에 종사하는 선박은 항행 여부에 관계없이 표시해야 하는 등화와 형상물

- 수직선 위쪽에는 붉은색, 아래쪽에는 흰색 전주등 각 1개 또는 수직선 위에 두 개의 원뿔을 그 꼭대기에서 위아래로 결합한 형상물 1개
- 수평거리로 150미터가 넘는 어구를 선박 밖으로 내고 있는 경우에는 어구를 내고 있는 방향으로 흰색 전주등 1개 또는 꼭대기를 위로 한 원뿔꼴의 형상물 1개
- 대수속력이 있는 경우에는 위 등화에 덧붙여 현등 1쌍과 선미등 1개

앞지르기(추월)

- 앞지르기 하는 배는 앞지르기당하고 있는 선박을 완전히 앞지르기하거나 그 선박에서 충분히 멀어질 때까지 그 선박의 진로를 피하여야 한다.

- 추월선이 피추월선을 앞지를 때는 다른 선박의 정횡으로부터 22.5도를 넘는 후방의 위치로부터 다른 선박을 앞지르는 선박을 말한다. 이는 선미등이 보이는 가시거리에 있다는 것을 의미한다.
- 선박은 스스로 다른 선박을 앞지르기 하고 있는지 분명하지 아니한 경우에는 앞지르기 하는 배로 보고 필요한 조치를 취하여야 한다.
- 앞지르기 하는 경우 2척의 선박 사이의 방위가 어떻게 변경되더라도 앞지르기 하는 선박은 앞지르기가 완전히 끝날 때까지 앞지르기 당하는 선박의 진로를 피하여야 한다.

마주치는 상태

- 2척의 동력선이 마주치거나 거의 마주치게 되어 충돌의 위험이 있을 때에는 각 동력선은 서로 다른 선박의 좌현 쪽을 지나갈 수 있도록 침로를 우현 쪽으로 변경하여야 한다.
- 선박은 다른 선박을 선수(船首) 방향에서 볼 수 있는 경우로서 다음의 어느 하나에 해당하면 마주치는 상태에 있다고 보아야 한다.
 - 밤에는 2개의 마스트 등을 일직선으로 또는 거의 일직선으로 볼 수 있거나 양쪽의 현등을 볼 수 있는 경우 ※ 정선수 방향에서 다른 선박의 홍등과 녹등이 동시에 보일 때
 - 낮에는 2척의 선박의 마스트가 선수에서 선미까지 일직선이 되거나 거의 일직선이 되는 경우
- 선박은 마주치는 상태에 있는지가 분명하지 아니한 경우에는 마주치는 상태에 있다고 보고 필요한 조치를 취하여야 한다.
- 마주치는 상태의 항법은 본선과 타선의 정선수 좌우현 각 6도상에서 마주치는 상태에서의 항법을 말한다.
 ※ 선박 A는 침로 000도, 선박 B는 침로가 185도로서 마주치는 상태이다. 이때 선박 A가 취해야 할 행동은 우현으로 변침(좌현 대 좌현)이다.
 ※ 선박 A가 000도일 때, 선박 B가 174~186도상(좌우현 6도상 이내) 위치 시 마주치는 상태로 보아야 한다.

횡단하는 상태

- 2척의 동력선이 상대의 진로를 횡단하는 경우로서 충돌의 위험이 있을 때에는 다른 선박을 우현 쪽에 두고 있는 선박이 그 다른 선박의 진로를 피하여야 한다. 이 경우 다른 선박의 진로를 피하여야 하는 선박은 부득이한 경우 외에는 그 다른 선박의 선수 방향을 횡단하여서는 아니 된다.
- 본선은 야간항해 중 상대 선박과 서로 시계 내에서 근접하여 횡단 관계로 조우하여 상대 선박의 현등 중 홍등을 관측하고 있다면, 우현 변침, 상대 선박의 선미 통과, 변침만으로 피하기 힘든 경우 속력감소가 가능하다. ※ 전선 한다 해당 없음

유지선의 동작 침로와 속력을 유지하여야 하는 선박(유지선)은 피항선이 이 법에 따른 적절한 조치를 취하고 있지 아니하다고 판단되면 스스로의 조종만으로 피항선과 충돌하지 아니하도록 조치를 취할 수 있다. 이 경우 유지선은 부득이하다고 판단되는 경우 외에는 자기 선박의 좌현 쪽에 있는 선박을 향하여 침로를 왼쪽으로 변경해서는 아니 된다.

선박 사이의 책무

- 항행 중인 동력선은 다음 선박의 진로를 피해야 한다.
- 조종불능선
- 조종제한선
- 어로에 종사하고 있는 선박
- 범선

※ 동력선과 범선이 마주치는 경우 동력선이 범선의 진로를 피한다.

- 항행 중인 범선은 다음 선박의 진로를 피해야 한다.
- 조종불능선
- 조종제한선
- 어로에 종사하고 있는 선박

※ 범선이 어로에 종사하고 있는 선박의 진로를 피한다.

- 어로에 종사하는 항행 중인 선박은 다음 운전부자유선, 기동성이 제한된 선박의 진로를 피해야 한다.
- 조종불능선
- 조종제한선

※ 항행 중인 어선은 동력선에 준한다.

- 항행 중인 선박은 다음의 순위에 따라 항행한다.
- 동력선 〈 범선 〈 어로에 종사하고 있는 선박 〈 조종불능선 = 조종제한선
- 조종불능선이나 조종제한선이 아닌 선박은 부득이하다고 인정되는 경우 외에는 흘수제약선의 통항을 방해해서는 아니 된다. ※ 진로 우선권이 가장 큰 선박은 흘수제약선이다.

제한된 시계에서 선박의 항법

제한된 시계 : 안개·연기·눈·비·모래바람 및 그 밖에 이와 비슷한 사유로 시계가 제한되어 있는 상태를 말한다. ※ 야간항해의 경우 제한된 시계로 볼 수 없다.

- 모든 선박은 시계가 제한된 그 당시의 사정과 조건에 적합한 안전한 속력으로 항행하여야 하며, 동력선은 제한된 시계 안에 있는 경우 기관을 즉시 조작할 수 있도록 준비하고 있어야 한다.
- 레이더만으로 다른 선박이 있는 것을 탐지한 선박은 해당 선박과 얼마나 가까이 있는지 또는 충돌할 위험이 있는지를 판단하여야 한다. 이 경우 해당 선박과 매우 가까이 있거나 그 선박과 충돌할 위험이 있다고 판단한 경우에는 충분한 시간적 여유를 두고 피항 동작을 취하여야 한다.
- 피항 동작이 침로의 변경을 수반하는 경우, 될 수 있으면 다음의 동작은 피하여야 한다.
- 다른 선박이 자기 선박의 양쪽 현의 정횡 앞쪽에 있는 경우 좌현 쪽으로 침로를 변경하는 행위(앞지르기당하고 있는 선박에 대한 경우는 제외)
- 자기 선박의 양쪽 현의 정횡 또는 그곳으로부터 뒤쪽에 있는 선박의 방향으로 침로를 변경하는 행위 ※ 정횡보다 전방의 선박에 대한 좌현 변침은 절대로 해서는 아니 된다.

마스트등 : 선수와 선미의 중심선상에 설치되어 225도에 걸치는 수평 호를 비추되, 그 불빛이 정선수 방향에서 양쪽 현의 정횡으로부터 뒤쪽 22.5도까지 비출 수 있는 흰색 등

현등 : 정선수 방향에서 양쪽 현으로 각각 112.5도에 걸치는 수평의 호를 비추는 등화로서 그 불빛이 정선수 방향에서 좌현 정횡으로부터 뒤쪽 22.5도까지 비출 수 있도록 좌현에 설치된 붉은색 등과 그 불빛이 정선수 방향에서 우현 정횡으로부터 뒤쪽 22.5도까지 비출 수 있도록 우현에 설치된 녹색 등

선미등 : 135도에 걸치는 수평의 호를 비추는 흰색 등으로서 그 불빛이 정선미 방향으로부터 양쪽 현의 67.5도까지 비출 수 있도록 선미 부분 가까이에 설치된 등

예선등 : 선미등과 같은 특성을 가진 황색 등

전주등 : 360도에 걸치는 수평의 호를 비추는 등

섬광등 : 360도에 걸치는 수평의 호를 비추는 등화로서 일정한 간격으로 1분에 120회 이상 섬광을 발하는 등

양색등 : 선수와 선미의 중심선상에 설치된 붉은색과 녹색의 두 부분으로 된 등화로서 그 붉은색과 녹색 부분이 각각 현등의 붉은색 등 및 녹색 등과 같은 특성을 가진 등

삼색등 : 선수와 선미의 중심선상에 설치된 붉은색·녹색·흰색으로 구성된 등으로서 그 붉은색·녹색·흰색의 부분이 각각 현등의 붉은색 등과 녹색 등 및 선미등과 같은 특성을 가진 등

항행 중인 동력선의 등화 표시

- 앞쪽에 마스트등 1개와 그 마스트등보다 뒤쪽의 높은 위치에 마스트등 1개. 다만, 길이 50미터 미만의 동력선은 뒤쪽의 마스트등을 표시하지 아니할 수 있다.
- 현등 1쌍(길이 20미터 미만의 선박은 이를 대신하여 양색등을 표시할 수 있음)
  ※ 양색등 허용 기준 : 길이 20m 미만이거나 10m인 동력선은 가능, 길이 20m인 동력선은 불가하다.
- 선미등 1개 ※ 섬광등은 공기부양정, 수면비행선에 해당하는 등화이다.

공기부양선 : 수면에 떠 있는 상태로 항행 중인 공기부양선은 항행 중인 동력선의 등화에 덧붙여 사방을 비출 수 있는 황색의 섬광등 1개를 표시하여야 한다.

수면비행선박 : 수면비행선박이 비행하는 경우에는 항행 중인 동력선의 등화에 덧붙여 사방을 비출 수 있는 고광도 홍색 섬광등 1개를 표시하여야 한다.

길이 12미터 미만의 동력선 : 마스트등, 현등, 선미등을 대신하여 흰색 전주등 1개와 현등 1쌍을 표시할 수 있다.

길이 7미터 미만 최대속력이 7노트 미만 동력선 : 항행 중인 동력선의 등화를 대신하여 흰색 전주등 1개만을 표시할 수 있으며, 가능한 경우 현등 1쌍도 표시할 수 있다.

- 길이 12미터 미만인 동력선에서 마스트등이나 흰색 전주등을 선수와 선미의 중심선상에 표시하는 것이 불가능할 경우에는 그 중심선 위에서 벗어난 위치에 표시할 수 있다. 이 경우 현등 1쌍은 이를 1개의 등화로 결합하여 선수와 선미의 중심선상 또는 그에 가까운 위

치에 표시하되, 그 표시를 할 수 없을 경우에는 될 수 있으면 마스트등이나 흰색 전주등이 표시된 선으로부터 가까운 위치에 표시하여야 한다.

항행 중인 범선 등화

항행 중인 범선 : 현등 1쌍, 선미등 1개의 등화를 표시하여야 한다.

항행 중인 길이 20미터 미만의 범선 : 등화를 대신하여 마스트의 꼭대기나 그 부근의 가장 잘 보이는 곳에 삼색등 1개를 표시할 수 있다.

- 항행 중인 범선은 등화에 덧붙여 마스트의 꼭대기나 그 부근의 가장 잘 보이는 곳에 전주등 2개를 수직선의 위아래에 표시할 수 있다. 이 경우 위쪽의 등화는 붉은색, 아래쪽의 등화는 녹색이어야 하며, 이 등화들은 삼색등과 함께 표시하여서는 아니 된다.
- 길이 7미터 미만의 범선은 될 수 있으면 위 20미터 미만의 범선에 따른 등화를 표시하여야 한다. 다만, 이를 표시하지 아니할 경우에는 흰색 휴대용 전등이나 점화된 등을 즉시 사용할 수 있도록 준비하여 충돌을 방지할 수 있도록 충분한 기간 동안 이를 표시하여야 한다.

조종불능선과 조종제한선 등화

조종불능선

- 가장 잘 보이는 곳에 수직으로 붉은색 전주등 2개
- 가장 잘 보이는 곳에 수직으로 둥근꼴이나 그와 비슷한 형상물 2개
- 대수 속력이 있는 경우에는 위 등화에 덧붙여 현등 1쌍과 선미등 1개

조종제한선

- 가장 잘 보이는 곳에 수직으로 위쪽과 아래쪽에는 붉은색 전주등, 가운데에는 흰색 전주등 각 1개
- 가장 잘 보이는 곳에 수직으로 위쪽과 아래쪽에는 둥근꼴, 가운데에는 마름모꼴의 형상물 각 1개
- 대수 속력이 있는 경우에는 제1호에 따른 등화에 덧붙여 마스트등 1개, 현등 1쌍 및 선미등 1개가 가장 잘 보이는 곳에 수직으로 붉은색 전주등 2개

흘수제약선 등화

흘수제약선은 동력선의 등화에 덧붙여 가장 잘 보이는 곳에 붉은색 전주등 3개를 수직으로 표시하거나 원통형의 형상물 1개를 표시할 수 있다.

도선선 등화

- 도선업무 종사 선박
- 마스트의 꼭대기나 그 부근에 수직선 위쪽에는 흰색 전주등, 아래쪽에는 붉은색 전주등 각 1개
- 항행 중에는 제1호에 따른 등화에 덧붙여 현등 1쌍과 선미등 1개
- 정박 중에는 제1호에 따른 등화에 덧붙여 제88조에 따른 정박하고 있는 선박의 등화나 형상물
- 도선선이 도선업무에 종사하지 아니할 때에는 그 선박과 같은 길이의 선박이 표시하여야 할 등화나 형상물을 표시하여야 한다.

정박선과 얹혀 있는 선박 등화

정박 중인 선박
- 앞쪽에 흰색의 전주등 1개 또는 둥근꼴의 형상물 1개
- 선미나 그 부근에 위 등화보다 낮은 위치에 흰색 전주등 1개
- 얹혀 있는 선박 : 정박 중인 선박의 등화에 덧붙여 가장 잘 보이는 곳
- 수직으로 붉은색의 전주등 2개
- 수직으로 둥근꼴의 형상물 3개

기적의 종류
- 기적이란 단음과 장음을 발할 수 있는 음향신호 장치이다.
- 단음은 1초 정도 계속되는 고동소리
- 장음은 4초부터 6초까지의 시간 동안 계속되는 고동소리

음향신호설비
- 길이 12미터 이상의 선박은 기적 1개를, 길이 20미터 이상의 선박은 기적 1개 및 호종 1개 (기적, 호종)를 갖추어 두어야 하며, 길이 100미터 이상의 선박은 이에 덧붙여 호종과 혼동 되지 아니하는 음조와 소리를 가진 징(기적, 호종, 징)을 갖추어 두어야 한다. 다만, 호종과 징은 각각 그것과 음색이 같고 이 법에서 규정한 신호를 수동으로 행할 수 있는 다른 설비 로 대체할 수 있다.
- 길이 12미터 미만의 선박은 위에 따른 음향신호설비를 갖추어 두지 아니하여도 된다. 다 만, 이들을 갖추어 두지 아니하는 경우에는 유효한 음향신호를 낼 수 있는 다른 기구를 갖 추어 두어야 한다.

조종신호와 경고신호
- 항행 중인 동력선이 서로 상대의 시계 안에 있는 경우 기적 신호, 발광 신호
  - 침로를 오른쪽 변경하는 경우: 단음 1회, 섬광 1회
  - 침로를 왼쪽 변경하는 경우: 단음 2회, 섬광 2회
  - 기관을 후진하는 경우: 단음 3회, 섬광 3회
- 섬광의 지속시간 및 섬광과 섬광 사이의 간격은 1초 정도로 하되, 반복되는 신호 사이의 간격은 10초 이상으로 하며, 이 발광신호에 사용되는 등화는 적어도 5해리의 거리에서 볼 수 있는 흰색 전주 등이어야 한다.

앞지르기 신호 : 선박이 좁은 수로 등에서 서로 상대의 시계 안에 앞지르기
- 우현 쪽으로 앞지르기 하려는 경우 : 장음 2회와 단음 1회 의사 표시 "장-장-단"
- 좌현 쪽으로 앞지르기 하려는 경우 : 장음 2회와 단음 2회 의사 표시 "장-장-단-단"

앞지르기 당하는 선박이 동의할 경우 : 장음 1회, 단음 1회를 2회에 걸쳐 동의 의사 표시
※ 추월 동의 : 장-단-장-단

의문·경고신호 : 다른 선박의 의도 또는 동작을 이해할 수 없거나 충돌을 피하기 위하여 충분 한 동작을 취하고 있는지 분명하지 아니한 경우, 그 사실을 안 선박이 기적이나 사이렌으로

단음을 5회 이상 재빨리 울려 그 사실을 표시하여야 한다. 의문신호는 5회 이상의 짧고 빠르게 섬광을 발하는 발광신호로써 보충할 수 있다.

좁은 수로 등의 굽은 부분이나 장애물 때문에 다른 선박을 볼 수 없는 수역 : 만곡부 신호 = 장음 1회의 기적 신호, 그에 따른 응답 신호 장음 1회의 기적 신호

제한된 시계 안에서의 음향신호 시계가 제한된 수역이나 그 부근에 있는 모든 선박은 밤낮에 관계없이 신호를 하여야 한다.

- 항행 중인 동력선은 대수 속력이 있는 경우에는 2분을 넘지 아니하는 간격으로 장음을 1회 울려야 한다.
- 항행 중인 동력선은 정지하여 대수 속력이 없는 경우, 장음 사이의 간격을 2초 정도로 연속하여 장음을 2회 울리되, 2분을 넘지 아니하는 간격으로 울려야 한다.
- 조종불능선, 조종제한선, 흘수제약선, 범선, 어로 작업을 하고 있는 선박 또는 다른 선박을 끌고 있거나 밀고 있는 선박은 위 신호를 대신하여 2분을 넘지 아니하는 간격으로 연속하여 3회의 기적(장음 1회에 이어 단음 2회)을 울려야 한다.

목적   선박, 해양시설, 해양공간 등 해양오염물질을 발생시키는 발생원을 관리하고, 기름 및 유해액체물질 등 해양오염물질의 배출을 규제하는 등 해양오염을 예방, 개선, 대응, 복원하는 데 필요한 사항을 정함으로써 국민의 건강과 재산을 보호하는 데 이바지함을 목적으로 한다.

정의

해양오염 : 해양에 유입되거나 해양에서 발생되는 물질 또는 에너지로 인하여 해양환경에 해로운 결과를 미치거나 미칠 우려가 있는 상태이다.

기름 : 「석유 및 석유대체연료 사업법」에 따른 원유 및 석유제품(석유가스 제외)과 이들을 함유하고 있는 액체상태의 유성혼합물 및 폐유를 말한다.
※ 액체상태의 유해물질은 기름에 해당되지 않음

항만관리청 : 「항만법」 제20조의 관리청, 「어촌·어항법」 제35조의 어항관리청 및 「항만공사법」에 따른 항만공사를 말한다.
※ 해양환경관리법상 「해운법」에 따른 해양진흥공사는 항만관리청에 해당하지 않는다.

유해액체물질 : 해양환경에 해로운 결과를 미치거나 미칠 우려가 있는 액체물질(기름 제외)과 그 물질이 함유된 혼합 액체물질이다.

포장유해물질 : 포장된 형태로 선박에 의하여 운송되는 유해물질 중 해양에 배출되는 경우 해양환경에 해로운 결과를 미치거나 미칠 우려가 있는 물질이다.

유해방오도료 : 생물체의 부착을 제한·방지하기 위하여 선박 또는 해양시설 등에 사용하는 방오도료 중 유기주석 성분 등 생물체의 파괴작용을 하는 성분이 포함된 것이다.

잔류성오염물질 : 해양에 유입되어 생물체에 농축되는 경우 장기간 지속적으로 급성·만성의 독성 또는 발암성을 야기하는 화학물질이다.

대기오염물질 : 오존층파괴물질, 휘발성유기화합물과 「대기환경보전법」의 대기오염물질 및 온실가스 중 이산화탄소이다. ※ 기후·생태계 변화유발물질은 대기오염물질에 해당되지 않음

적용범위   해역·수역·구역 및 선박·해양시설 등에서의 해양환경관리에 관하여 적용한다. 적용되는 범위는 다음과 같다.

- 우리나라 영해 및 내수 안에서 해양시설로부터 발생한 기름 유출 사고
- 대한민국 영토에 접속하는 해역 안에서 선박으로부터 발생한 기름 유출 사고
- 해저광물자원 개발법에서 지정한 해역에서 해저광구의 개발과 관련하여 발생한 기름 유출 사고 ※ 한강 수역에서 발생한 기름 유출 사고는 적용으로 볼 수 없다.

선박으로부터의 기름 배출   선박으로부터 기름을 배출하는 경우 지켜야 하는 요건은 다음과 같다.

- 선박(시추선 및 플랫폼을 제외)의 항해 중에 배출할 것
- 배출액 중의 기름 성분이 0.0015퍼센트(15ppm) 이하일 것
- 기름오염방지설비의 작동 중에 배출할 것

해양환경개선조치

- 해역관리청은 오염물질의 유입·확산 또는 퇴적 등으로 인한 해양오염을 방지하고 해양환경을 개선하기 위하여 해양환경개선조치를 할 수 있다.
- 해역관리청이 취할 수 있는 해양환경개선조치
  - 오염물질 유입·확산방지시설의 설치
  - 오염물질(폐기물은 제외)의 수거 및 처리 ※ 폐기물을 포함한 오염물질의 처리 해당 없음
  - 그 밖에 해양환경개선과 관련하여 필요한 사업으로서 해양수산부령이 정하는 조치
  - 연안습지정화, 연약지반 보강 등 해양환경복원사업의 실시

오염물질의 배출금지

- 누구든지 선박으로부터 오염물질을 해양에 배출하여서는 아니 된다. 다만, 다음의 경우에는 그러하지 아니하다.
  - 선박의 항해 및 정박 중 발생하는 폐기물(분료)을 배출하고자 하는 경우 : 분료처리 기준의 요건에 적합하게 처리
  - 선박에서 기름을 배출하는 경우 : 해양수산부령이 정하는 해역에서 배출기준 및 방법에 따라 배출할 것
  - 유조선에서 화물유가 섞인 선박평형수, 화물창의 세정수 및 선저폐수를 배출하는 경우 : 해양수산부령이 정하는 해역에서 배출기준 및 방법에 따라 배출할 것
  - 유조선에서 화물창의 선박평형수를 배출하는 경우 : 해양수산부령이 정하는 세정도에 적합하게 배출할 것
- 모터보트 안에서 발생하는 유성혼합물 및 폐유의 처리방법
  - 폐유처리시설에 위탁 처리한다.
  - 보트 내에 보관 후 처리한다.
  - 항만관리청에서 설치·운영하는 저장·처리시설에 위탁한다.
  - 4노트 이상의 속력으로 항해하면서 천천히 배출한다. ※ 분뇨 처리에 관한 사항이다.
- 선박에서 발생하는 폐기물의 배출방법 : 영해기선으로부터 3해리 이상의 해역에서 분뇨마쇄소독장치를 설치한 선박에서 분뇨를 배출할 수 있다.
- 항해 중 배출할 수 있는 물질 : 음식찌꺼기, 해양환경에 유해하지 않은 화물잔류물, 어업활동으로 인하여 선박으로 유입된 자연기원물질
- 선박 내 거주구역에서 목욕, 세탁, 설거지 등으로 발생하는 중수의 배출이 가능하다.
  ※ 화장실 및 화물구역 오수를 제외한다.

분뇨오염방지설비의 대상 선박·종류 및 설치기준 다음의 선박의 소유자는 선박 안에서 발생하는 분뇨를 저장·처리하기 위한 분뇨오염방지설비를 설치하여야 한다. 다만, 「선박안전법 시행규칙」 및 「어선법」에 따른 위생설비 중 대변용 설비를 설치하지 아니한 선박의 소유자와 대변소를 설치하지 아니한 수상레저기구의 소유자는 그러하지 아니하다.

- 총톤수 400톤 이상의 선박(선박검사증서상 최대승선 인원이 16인 미만인 부선은 제외)

- 선박검사증서 또는 어선검사증서상 최대승선인원이 16명 이상인 선박
- 수상레저기구 안전검사증에 따른 승선정원이 16명 이상인 선박
- 소속 부대의 장 또는 경찰관서·해양경찰관서의 장이 정한 승선인원이 16명 이상인 군함과 경찰용 선박

선박 오염물질 기록부의 관리 선박의 선장(피예인선의 경우에는 선박의 소유자)은 그 선박에서 사용하거나 운반·처리하는 폐기물·기름 및 유해액체물질에 대한 선박오염물질기록부를 그 선박(피예인선의 경우에는 선박의 소유자의 사무실) 안에 비치하고 그 사용량·운반량 및 처리량 등을 기록하여야 한다.

선박오염물질기록부 비치대상 선박

- 폐기물기록부 : 총톤수 100톤 이상의 선박(총톤수 400톤 미만의 부선으로서 선박검사증서상 최대승선 인원이 0명인 부선은 제외), 선박검사증서 또는 어선검사증서상 최대승선 인원이 15명 이상인 선박(운항 속력으로 1시간 이내의 항해에 종사하는 선박은 제외)
- 기름기록부 : 선박에서 사용하는 기름의 사용량·처리량을 기록하는 장부. 다만, 해양수산부령에서 제외하는 선박으로 총톤수 100톤(군함과 경찰용 선박의 경우에는 경하 배수톤수 200톤) 미만의 선박, 선저 폐수가 생기지 아니하는 선박

  ※ 기름기록부를 설치하지 않아도 되는 선박

- 유해액체물질기록부 : 선박에서 산적하여 운반하는 유해액체물질의 운반량·처리량을 기록하는 장부
- 선박오염물질기록부의 보존기간은 최종기재를 한 날부터 3년으로 하며, 그 기재사항·보존방법 등에 관하여 필요한 사항은 해양수산부령으로 정한다.

선박 오염물질 기록부의 기재사항 선박의 폐기물을 수용시설 또는 다른 선박에 배출할 때 폐기물기록부에 작성하여야 하는 사항은 다음과 같다.

- 배출일시
- 항구, 수용시설 또는 선박의 명칭
- 배출된 폐기물의 종류
- 폐기물 종류별 배출량(단위는 미터톤)
- 작업책임자의 서명

  ※ 선박소유자의 서명은 해당 사항이 아니다.

폐유 저장용기 비치기준

- 총톤수 5톤 이상~10톤 미만의 선박은 폐유저장용기 20L
- 총톤수 10톤 이상~30톤 미만의 선박은 폐유저장용기 60L
- 총톤수 30톤 이상~50톤 미만의 선박은 폐유저장용기 100L
- 총톤수 50톤 이상~100톤 미만으로써 유조선이 아닌 선박 폐유저장용기 200L

  ※ 폐유저장 용기는 2개 이상으로 나누어 비치, 폐유저장 용기는 견고한 금속성 재질 또는 플라스틱 재질로서 폐유가 새지 아니하도록 제작되어야 하고, 해당 용기의 표면에는 선명 및 선박번호를 기재하고 그 내용물이 폐유임을 표시하여야 한다.

선박 해양오염방지관리인　선박의 소유자는 그 선박에 승무하는 선원 중에서 선장을 보좌하여 선박으로부터의 오염물질 및 대기오염물질의 배출방지에 관한 업무를 관리하게 하기 위하여 대통령령으로 정하는 자격을 갖춘 사람을 해양오염방지관리인으로 임명하여야 한다.

선박 해양오염방지관리인의 자격 : 선박직원법에 따른 선박직원(선장, 통신장, 통신사 제외)

※ 선박직원 중(선장, 통신장, 통신사 제외) 기관장은 오염방지관리인 자격이 있다.

선박 및 해양시설에서의 오염물질의 수거·처리　선박의 소유자가 해당 선박에서 발생하는 물질을 폐기물처리업자로 하여금 수거·처리하게 할 수 있는 경우

- 육상에 위치한 해양시설(해역과 육지 사이에 연속하여 설치된 해양시설 포함)
- 조선소에서 건조 중인 선박
- 조선소에서 건조 완료 후「선박법」또는「어선법」에 따라 등록하기 전에 시운전하는 선박
- 총톤수 20톤 미만의 소형선박
- 조선소 또는 수리조선소에서 수리 중인 선박(항해 중에 발생한 오염물질을 모두 수거·처리한 선박에 한정)
- 해체 중인 선박

오염물질이 배출되는 경우의 신고의무　배출기준을 초과하는 오염물질이 해양에 배출되거나 배출될 우려가 있다고 예상되는 경우, 지체 없이 해양경찰청장 또는 해양경찰서장에게 이를 신고하여야 한다.

선박으로부터 오염물질이 배출되는 경우의 신고

- 해양오염사고의 발생일시·장소 및 원인
- 배출된 오염물질의 추정량 및 확산상황과 응급조치상황
- 사고선박 또는 시설의 명칭, 종류 및 규모
- 해면상태 및 기상상태

※ 주변 통항 선박 선명, 해당 해양시설의 관리자 이름, 주소 및 전화번호 해당 없음

공단의 설립　해양환경 보전관리·개선 및 해양오염방제사업, 해양환경·해양오염 관련 기술개발 및 교육훈련을 위한 사업 등을 위하여 해양환경공단이 설립되었다.

선박 해체의 신고

- 선박을 해체하고자 하는 자는 선박의 해체작업과정에서 오염물질이 배출되지 아니하도록 작업계획을 수립하여 작업개시 7일 전까지 해양경찰청장에게 신고하여야 한다.
- 다만, 육지에서 선박을 해체하는 등 해양수산부령으로 정하는 방법에 따라 선박을 해체하는 경우에는 그러하지 아니하다. ※ 선박을 해체하려는 장소를 관할하는 자는 해양경찰서장이다.

벌칙

5년 이하의 징역 또는 5천만 원 이하의 벌금 : 선박 또는 해양시설로부터 기름·유해액체물질·포장유해물질을 배출한 자

벌칙과 과태료

내용	벌칙/과태료
조난통신의 조치를 방해한 자	10년 이하의 징역 또는 1억 원 이하의 벌금
선박이나 항공기의 조난이 없음에도 불구하고 무선설비로 조난통신을 한 자	5년 이하의 징역
적합성평가를 받은 기자재를 복제·개조 또는 변조한 자	3년 이하의 징역 또는 3천만 원 이하의 벌금
업무종사의 정지를 당한 후 그 기간에 무선설비를 운용하거나 그 공사를 한 자	200만 원 이하의 과태료

Part
2

동력수상레저기구
조종면허
공개문제 700제

⚓ 수상상식 ⚓

1 〈보기〉의 (   ) 안에 들어갈 용어로 옳은 것은?   을

> **보기**
>
> 해면에 파랑이 있는 만월의 야간 항행 시에 달이 (   )에 놓이게 되면 광력이 약한 등화를 가
> 진 물체가 근거리에서도 잘 보이지 않는 수가 있어 주의하여 항해하여야 한다.

갑. 전방   을. 후방

병. 측방   정. 머리 위

> **해설**
>
> 해면에 파랑이 있는 만월의 야간 항해 시 달이 '후방'에 놓이게 되면 광력이 약한 등화를 가진 물체가 근거리
> 에서도 확인되지 않는 경우가 많아 주의하여야 한다.

2 조석에 대한 설명으로 옳지 않은 것은?   정

갑. 달과 태양이 지구에 미치는 기조력에 의하여 주기적으로 해면이 상승하거나 낮아지는 수
   직 방향의 운동이다.

을. 저조에서 고조로 해면이 상승하는 동안을 '창조류', 고조에서 저조로 수위가 하강하는 동
   안을 '낙조류'라고 한다.

병. 해수면이 가장 낮은 시기를 '간조'라 하며, 가장 높은 시기를 '만조'라 한다.

정. 만조와 간조는 평균적으로 24시간 50분마다 반복되며, 지역에 따라 보통 하루에 1~2회
   정도 조석이 생긴다.

> **해설**
>
> 조석은 태양과 달이 지구에 미치는 기조력에 의해 지구의 해수면이 주기적으로 오르내리는 현상이다. 해수
> 면이 가장 낮은 시기를 '간조', 가장 높은 시기를 '만조'라 하며, 간조에서 만조로 수위가 상승하는 동안을 '창
> 조(밀물)', 만조에서 간조로 수위가 하강하는 동안을 '낙조(썰물)'라고 한다. 평균적으로 12시간 25분마다 만
> 조와 간조가 반복되며, 지역에 따라 보통 하루에 1~2회 정도 조석이 생긴다.

3 '조석'이 선박 운항에 미치는 영향으로 옳지 않은 것은?   정

갑. 지구와 태양과 달이 일직선상에 놓이는 그믐과 보름 직후 '대조'가 나타나며, 유속이 빨라
   선박 운항에 주의가 요구된다.

을. 태양과 달이 지구에 대하여 직각으로 놓이는 상현과 하현 직후 '조금'이 나타나며, 수심이
   낮아 좌초 등에 유의해야 한다.

병. 우리나라에서 조차가 가장 큰 곳은 인천과 서해안이며, 이 지역에서 선박 운항 시 암초에
   유의하여야 한다.

정. 우리나라는 '만조'와 '간조'가 하루에 2회씩 반복되며, 선박 운항에 큰 영향을 미치지는 않
   는다.

4 **온난 전선의 설명 중 옳지 않은 것은?** 〔병〕

갑. 전선이 통과하게 되면 습도와 기온이 상승한다.

을. 찬 기단의 경계면을 따라 따뜻한 공기가 상승하며, 찬 기단이 있는 쪽으로 이동한다.

병. 격렬한 대류운동을 동반하는 적란운을 발생시키기 때문에 강한 바람과 소나기성의 비가 내린다.

정. 따뜻한 공기가 전선면을 따라 상승하기 때문에 구름과 비가 발생한다.

5 **'기수' 지역이 형성되는 대표적인 장소로 옳은 것은?** 〔병〕

갑. 산 정상의 호수

을. 강의 상류

병. 강이 바다가 만나는 하구 지역

정. 수심이 깊은 해양 지역

6 **'조류'의 힘이 가장 강한 시기는 언제인가?** 〔병〕

갑. 만조와 간조 사이

을. 고조와 저조 사이

병. 사리 때

정. 조류가 역류할 때

7 파도를 뜻하는 용어 설명 중 가장 옳지 않은 것은? 〔을〕

갑. 바람이 해면이나 수면 위에서 불 때 생기는 파도가 '풍랑'이다.

을. 파랑은 현재의 해역에 바람이 불지 않더라도 생길 수 있다.

병. 너울은 풍랑에서 전파되어 온 파도로 바람의 직접적인 영향을 받지 않는다.

정. 어느 해역에서 발생한 풍랑이 바람이 없는 다른 해역까지 진행 후 감쇠하여 생긴 것이 '너울'이다.

> **해설**
>
> '파랑'(풍랑)은 바람에 의해 생기는 파도이다. '너울'은 현재의 해역에 바람이 불지 않더라도 생길 수 있다.

8 조석과 조류에 관한 설명 중 옳지 않은 것은? 〔병〕

갑. 조석으로 인하여 해면이 높아진 상태를 고조라고 한다.

을. 조류가 창조류에서 낙조류로, 또는 낙조류에서 창조류로 변할 때 흐름이 잠시 정지하는 현상을 게류라고 한다.

병. 저조에서 고조까지 해면이 점차 상승하는 사이를 낙조라 하고, 조차가 가장 크게 되는 조석을 대조라 한다.

정. 연이어 일어나는 고조와 저조 때의 해면 높이의 차를 조차라 한다.

> **해설**
>
> '병'은 '창조'에 대한 설명이다. 고조에서 저조로 해면이 점차 낮아지는 사이를 '낙조'라 한다.

9 조석표에 대한 설명 중 옳지 않은 것은? 〔정〕

갑. 조석표에 월령의 의미는 달의 위상을 뜻한다.

을. 조석표의 월령 표기는 ◑, ○, ◐, ● 기호를 사용한다.

병. 조위 단위로 표준항은 cm, 그 외 녹동, 순위도는 m를 사용한다.

정. 조석표의 사용시각은 12시간 방식으로 오전(AM)과 오후(PM)로 구분하여 표기한다.

> **해설** **조석표 보는 방법**
>
> ① 사용시각(KST 한국표준시, 24시간 방식)
> ② 불규칙한 해면 승강 지역
> ③ 조위의 단위(표준항 cm, 그 외 2곳 m)
> ④ 달의 위상 표기방식(◑ 상현, ○ 망, ◐ 하현, ● 삭)
> ⑤ 조고의 기준면(약최저저조면)
> ⑥ 좌표방식(WGS-84, 도-분-초)

10 〈보기〉의 상황에서 두 개의 ( ) 안에 들어갈 용어로 옳은 것은? 갑

> **보기**
>
> 최고속 대지속력 20노트로 설계된 모터보트를 전속 RPM으로 운행 중 GPS 플로터를 확인하였더니 현재 속력이 22노트였다. 추측할 수 있는 현재의 조류는 (①)이며, 유속은 약 (②) 노트 내외라 추정할 수 있다.

갑. ① 순조, ② 2노트

을. ① 역조, ② 2노트

병. ① 순조, ② 4노트

정. ① 역조, ② 4노트

> **해설**
>
> 유속이 없는 상황이라면 20노트로 운행하게 되겠으나 보기의 경우, 보트 뒤에서 조류를 받는 순조 2노트의 유속이 합산되어 대지속력은 22노트가 가능해진다.
> • 대지속력 : SOG(G: Ground) 땅에 대한 속력, GPS 플로터에 지시되는 속력
> • 대수속력 : STW(Speed Through Water) 대지속력과 상반되는 물에 대한 속력
> ※ 순조(선박 진행방향과 동일한 방향의 조류), 역조(순조와 반대의 조류)

11 한 달에 조석이 가장 강하게 발생하는 시기는? 을

갑. 상현과 하현

을. 보름과 그믐

병. 봄철과 가을철

정. 여름과 겨울철

> **해설**
>
> 조석은 달과 태양의 중력이 합쳐질 때 가장 강하게 발생한다. 이는 보름과 그믐에 달과 태양이 지구와 일직선상에 놓이게 되기 때문이다. 이 시기에 발생하는 대조(사리)는 조차가 최대가 되어 유속이 빠르고, 해양 활동에 큰 영향을 미친다.

12 항해 중 어느 한쪽 현에서 바람을 받으면 풍하측으로 떠밀려 실제 지나온 항적과 선수미선이 일치하지 않을 때 그 각을 무엇이라 하는가? 정

갑. 편차   을. 시침로

병. 침로각   정. 풍압차

> **해설**
>
> 풍압차(Lee way, LW)에 대한 설명으로, 일반적으로 선박에서는 풍압차와 유압차(Tide way, Current way; 해류나 조류에 떠밀리는 경우 항적과 선수미선 사이에 생기는 교각)를 구별하지 않고 이들을 합쳐서 풍압차라고 하는 경우가 많다.

13 〈보기〉의 ( ) 안에 들어갈 순서가 바르게 짝지어진 것은? 갑

보기

맑은 날 일출 후 1~2시간은 거의 무풍상태였다가 태양고도가 높아짐에 따라 (①)쪽에서 바람이 불기 시작, 오후 1~3시에 가장 강한 (②)이 불며 일몰 후 일시적으로 무풍상태가 되었다가 육상에서 해상으로 (③)이 분다.

갑. ① 해상, ② 해풍, ③ 육풍　　　　을. ① 육지, ② 육풍, ③ 해풍
병. ① 해상, ② 육풍, ③ 해풍　　　　정. ① 육지, ② 해풍, ③ 육풍

해설

낮 동안 육상의 기온이 올라가면 육상의 공기는 팽창하고, 해면상에서는 고기압, 육상은 저기압이 형성되어 기압차에 의한 '해풍'(해상에서 육지로)이 발생, 밤에는 반대로 육상공기 수축으로 육상이 고기압이 되고 해상이 저기압이 됨으로써 '육풍'(육상에서 해상으로)이 발생되는 바람이 '해륙풍'이다.

해풍

육풍

14 '저기압'의 정의에 대한 설명으로 옳지 않은 것은? 병

갑. 저기압은 대기 중의 압력이 주변보다 낮은 상태를 의미한다.

을. 저기압 지역에서는 공기가 상승하는 경향이 있다.

병. 저기압은 일반적으로 날씨가 맑고 고온인 지역에서 발생한다.

정. 저기압 지역에서는 구름과 비가 자주 발생한다.

해설

저기압은 대기 중의 압력이 주변보다 낮은 상태로, 공기가 상승하며 구름과 비를 유발할 수 있다.

15 안개에 대한 설명 중 옳지 않은 것은? 갑

갑. 이류무 – 해상안개의 80%를 차지하며 범위는 넓으나 지속시간은 짧다.

을. 복사무 – 육상 안개의 대부분을 차지하며 국지적인 좁은 범위의 안개이다.

병. 전선무 – 전선을 동반한 따뜻한 비가 한기 속에 떨어질 때 증발로 발생한다.

정. 활승무 – 습윤한 공기가 완만한 산의 경사면을 강제 상승되어 수증기 응결로 발생된다.

해설 해무(이류무)

따뜻하고 습윤한 공기가 따뜻한 표면에서 찬 표면으로 이동 중 접촉으로 냉각되어 발생 또는 건조하고 찬 공기가 따뜻하고 습한 표면으로 이동하는 동안 표면으로부터 증발에 의한 수증기 포화로 발생, 해상안개의 80%를 차지하며 범위가 넓고, 6시간 정도에서 며칠씩 지속될 때도 있다.

16 풍향 풍속에 대한 설명으로 옳지 않은 것은? 〔갑〕

갑. 풍향이란 바람이 불어나가는 방향으로, 해상에서는 보통 북에서 시작하여 시계방향으로 32방위로 나타낸다.

을. 풍향이 반시계 방향으로 변하는 것을 풍향 반전이라 하고, 시계 방향으로 변하는 것을 풍향 순전이라고 한다.

병. 풍속은 정시 관측 시간 전 10분간의 풍속을 평균하여 구한다.

정. 항해 중의 선상에서 관측하는 바람은 실제 바람과 배의 운동에 의해 생긴 바람이 합성된 것으로, 시풍이라고 한다.

> **해설**
> 풍향이란 바람이 불어오는 방향으로, 보통 북에서 시작하여 시계 방향으로 16방위로 나타내며, 해상에서는 32방위로 나타낼 때도 있다.

17 '고기압'의 특성에 대한 설명으로 옳지 않은 것은? 〔병〕

갑. 고기압 지역에서는 공기가 하강하는 경향이 있다.

을. 고기압은 일반적으로 맑고 건조한 날씨를 유발한다.

병. 고기압 지역에서는 구름과 비가 자주 발생한다.

정. 고기압은 대기 중의 압력이 주변보다 높은 상태를 의미한다.

> **해설**
> 고기압 지역은 대기 중의 압력이 주변보다 높은 상태를 의미하며, 공기가 하강하는 경향이 있다. 이로 인해 구름이 형성되지 않고 맑고 건조한 날씨가 지속된다. 반면, 저기압 지역에서는 상승하는 공기와 함께 구름과 비가 자주 발생한다.

18 '태풍'이 발생하는 주된 원인으로 옳지 않은 것은? 〔정〕

갑. 바다 표면의 온도가 높아지면서 대기 중의 수증기가 상승한다.

을. 대기 중의 수증기가 응결되어 열에너지를 방출하며 강한 상승 기류를 형성한다.

병. 지구의 자전으로 인해 발생하는 코리올리 힘이 강한 회전 운동을 유도한다.

정. 고온 다습한 공기가 차가운 공기와 만나면서 발생하는 강한 압력 차이로 태풍이 발생한다.

> **해설**
> 태풍은 주로 따뜻한 해수면에서 발생하며, 고온 다습한 공기가 상승하면서 수증기가 응결되어 열에너지를 방출한다. 이 과정은 태풍의 강력한 상승 기류를 유도하고, 코리올리 힘에 의해 회전운동을 하면서 태풍이 형성된다. 차가운 공기와의 만남은 태풍 발생의 주된 원인이 아니라, 전선이나 기압 차에 의해 다른 기상현상이 발생할 수 있다.

19 **태풍의 가항반원과 위험반원에 대한 설명으로 옳은 것은?** `갑`

갑. 위험반원의 후반부에 삼각파의 범위가 넓고 대파가 있다.

을. 위험반원은 기압경도가 작고 풍파가 심하나 지속시간은 짧다.

병. 태풍의 이동축선에 대하여 좌측반원을 위험반원, 우측반원을 가항반원이라 한다.

정. 위험반원 중에서도 후반부가 최강풍대가 있고 중심의 진로상으로 휩쓸려 들어갈 가능성
이 크다.

> **해설**
>
> 태풍은 이동축선을 기준으로 좌측반원이 가항반원, 우측반원이 위험반원이다. 좌측(가항반원)은 우측(위험 반원)에 비해 상대적으로 약한 반면, 우측(위험반원)은 기압경도가 크며, 풍파가 심하며 폭풍우 지속시간도 길다. 또한 우측반원 중에서도 전반부에 최강풍대가 있고, 진로상 태풍 중심으로 선박이 바람에 압류되어 휩 쓸릴 가능성이 커서 가장 위험한 반원에 해당한다. 특히, 태풍 중심에서 50km 이내는 삼각파가 극히 심하 며, 우측(위험반원)의 후반부에 삼각파의 범위가 넓고 대파가 있다.

20 **항해 중 안개가 끼었을 때 본선의 행동사항 중 가장 옳은 것은?** `병`

갑. 최고의 속력으로 빨리 인근 항구에 입항한다.

을. 레이더에만 의존하여 최고 속력으로 항해한다.

병. 안전한 속력으로 항해하며 가용할 수 있는 방법을 다하여 소리를 발생하고 근처에 항해하
는 선박에 알린다.

정. 컴퍼스를 이용하여 선위를 구한다.

> **해설**
>
> 무중항해 시에는 레이더 활용 및 안전한 속력으로 항해하며, 무중신호를 이용하여 최대한 선박을 안전하게 항해하여야 한다.

21 **'복사안개'가 선박 운항에 미치는 영향에 대한 설명으로 옳지 않은 것은?**

갑. 복사안개는 밤에 지면의 열이 빠져나가면서 발생한다.

을. 복사안개는 낮에 기온이 상승할 때 발생하는 안개이다

병. 복사안개는 주로 밤이나 이른 아침에 발생하며, 선박 운항 시 시야를 제한할 수 있다.

정. 복사안개는 선박의 항로 변경이나 속도 조절이 필요할 정도로 큰 영향을 미칠 수 있다.

> **해설** **복사안개**
>
> • 밤에 기온이 낮아지면서 공기 중의 수증기가 응결해 형성되는 안개이다.
> • 낮에는 기온이 높아져 공기 중의 수증기가 증발하거나 공기가 건조해져 발생하지 않는다.
> • 시야를 제한하고 선박의 안전한 운항에 영향을 미칠 수 있다.

22 수상레저 활동에 가장 큰 영향을 미치는 기상요소로 가장 옳은 것은? 병

갑. 수온과 기압

을. 바람의 방향

병. 파고와 풍속

정. 수심과 기온

> **해설**
>
> 수상레저 활동에 가장 큰 영향을 미치는 기상 요소는 파고와 풍속이며 수상레저 활동에 직접적인 영향을 미친다. 파도가 높거나 바람이 강할 경우, 선박이 불안정해지거나 조종이 어려워져 사고가 발생할 위험이 크다. 수상레저 활동을 계획할 때는 예측되는 파고와 풍속을 주의 깊게 확인해야 한다.

23 구명뗏목에 승선 완료 후 즉시 취할 행동에 관한 지침으로 보기 쉬운 곳에 게시되어 있는 것은? 병

갑. 생존지침서

을. 의료설명서

병. 행동지침서

정. 구명신호 설명서

> **해설**
>
> • 생존지침서 : 구명뗏목 내에서 생존방법, 구명신호 송수신 해독 지도서
> • 구명신호 설명서 : 구명시설과 조난선박과의 통신에 필요한 신호 방법
> • 행동지침서 : 구명뗏목 승선 후 즉시 취할 행동 지침

24 구명뗏목이 바람에 떠내려가지 않도록 바닷속의 저항체 역할과 전복방지에 유용한 것은? 갑

갑. 해묘 을. 안전변 병. 구명줄 정. 바닥기실

> **해설**
>
> • 안전변 : 뗏목이 팽창한 경우 적정한 기실 압력을 유지하기 위해 가스를 배출시키는 장치
> • 구명줄 : 외주(수중 표류자)와 내주(뗏목 탑승자) 구명줄로 조난자가 붙잡기 위한 끈
> • 바닥기실 : 주기실의 하부면에 있고 비치된 충기펌프로 팽창시킬 수 있다.
> • 해묘(Sea anchor) : 구명뗏목이 바람에 떠내려 가거나 전복방지를 위해 유용하다.

25 구명뗏목의 의장품인 행동지침서의 기재사항으로 옳지 않은 것은? 을

갑. 다른 조난자가 없는지 확인할 것

을. 침몰하는 배 주변 가까이에 머무를 것

병. 다른 구명정 및 구명뗏목과 같이 행동할 것

정. 의장품 격납고를 열고 생존지침서를 읽을 것

> **해설**
>
> 침몰하는 배에서 신속하게 떨어질 것

26 조난신호 장비에 대한 설명 중 옳지 않은 것은? `을`

갑. 신호 홍염 – 손잡이를 잡고 불을 붙이면 1분 이상 붉은색의 불꽃을 낸다.

을. 발연부 신호 – 불을 붙여 손으로 잡거나 배 위에 올려놓으면 3분 이상 연기를 분출한다.

병. 자기 점화등 – 구명부환(Life Ring)에 연결되어 있어 야간에 수면에 투하되면 자동으로 점등된다.

정. 로켓 낙하산 화염 신호 – 공중에 발사되면 낙하산이 펴져 초당 5미터 이하로 떨어지면서 불꽃을 낸다.

> **해설**
> - 신호 홍염 : 손으로 잡고서 조난신호를 알리는 장비
> - 발연부 신호 : 방수 용기로 포장되어 있고 잔잔한 해면에 3분 이상 연기를 분출하는데, 발화동안 상당한 고온이므로 손으로 잡아선 안 되며 갑판 위에 두었을 때 화재 위험이 크므로 점화 후 물에 던져 해면 위에서 연기를 낸다.
> - 로켓 낙하산 화염 신호 : 수직으로 쏘아 올릴 때 고도 300미터 이상 올라가야 하며 40초 이상의 연소시간을 가져야 한다.

27 로프의 시험 하중의 범위 내에서 안전하게 사용할 수 있는 최대의 하중을 무엇이라고 하는가? `정`

갑. 시험 하중

을. 파단 하중

병. 충격 하중

정. 안전사용 하중

> **해설** `안전사용 하중`
> 로프의 시험 하중의 범위 내에서 안전하게 사용할 수 있는 최대의 하중으로, 파단력의 1/6로 본다.

28 수동 팽창식 구명조끼에 대한 설명 중 옳지 않은 설명은? `정`

갑. 부피가 작아서 관리, 취급, 운반이 간편하다.

을. CO_2 팽창기를 이용하여 부력을 얻는 구명조끼이다.

병. 협소한 장소나 더운 곳에서 착용 및 활동이 편리하다.

정. CO_2 팽창 후 부력 유지를 위한 공기 보충은 필요 없다.

> **해설**
> 수동 팽창식 구명조끼는 수중에서 장시간 부력 유지를 위해 입으로 공기를 불어 넣는 장치를 이용하여 수시로 빠진 공기를 보충시켜 주어야 한다.

29 자동 및 수동 겸용 팽창식 구명조끼 작동법에 대한 설명 중 옳지 않은 것은? 【정】

갑. 물 감지 센서(Bobbin)에 의해 익수 시 10초 이내에 자동으로 팽창한다.

을. 자동으로 팽창하지 않았을 경우, 작동 손잡이를 당겨 수동으로 팽창시킨다.

병. CO_2 가스 누설 또는 완전히 팽창되지 않았을 경우 입으로 직접 공기를 불어 넣는다.

정. 직접 공기를 불어 넣은 후에는 가스 누설을 막기 위해 마우스피스의 마개를 거꾸로 닫는다.

> **해설**
>
> 자동 및 수동 겸용 팽창식 구명조끼는 공기를 보충해야 할 경우에 사용하는 마우스피스는 공기를 뺄 때도 사용하게 되는데, 마우스피스 마개를 거꾸로 닫게 되면 에어백 내부의 공기가 빠지게 된다.

30 선박 화재 시 발생하는 유독가스로 인해 오염된 지역에서 탈출할 때 사용하며, 약 10분 사용할 수 있고 압축공기 또는 산소를 두건(안면보호마스크) 내로 공급해주는 장치를 무엇이라 하는가? 【을】

갑. 자장식 호흡구

을. 비상탈출용 호흡구

병. 소방원장구

정. 스프링클러 장치

> **해설**
>
> 비상탈출용 호흡구(EEBD)는 화재 발생시 위험한 장소로부터 탈출용으로만 사용되는 공기 또는 산소공급장치로, 10분 이상 지속적으로 사용 가능하며, 눈, 코, 입을 보호하기 위한 안면보호마스크가 있고, 휴대가 간편한 구조로 되어 있는 장비이다.

31 모터보트의 연료 계통에서 화재가 발생하였다. 가장 우선해야 할 대처 방법은? 【갑】

갑. 엔진을 끄고 연료 밸브를 차단 후 소화기를 분사한다.

을. 소화기를 분사한 후 엔진을 끄고 연료 밸브를 차단한다.

병. 구명장비를 즉시 착용하고 보트에서 벗어난다.

정. 모터보트를 빠르게 조종하여 넓은 바다로 이동시킨다.

> **해설**
>
> 모터보트의 연료 계통 화재는 매우 위험하며 화재가 확산될 수 있다. 엔진을 끄고, 화재의 근본이 되는 연료의 흐름을 차단한 후 소화기를 분사하여 진압하는 것이 가장 바람직하다.

32 생존수영의 방법으로 옳지 않은 것은? 〔갑〕

갑. 구조를 요청할 때는 누워서 고함을 치거나 두 손으로 구조를 요청한다.

을. 익수자가 여러 명일 경우 이탈되지 않도록 서로 껴안고 하체를 서로 압박하고 잡아준다.

병. 부력을 이용할 장비가 있으면 가슴에 밀착시켜 체온을 유지한다.

정. 온몸에 힘을 뺀 상태에서 몸을 뒤로 젖혀 하늘을 보는 자세를 취한다.

> **해설**
>
> 구조를 요청할 때에는 한 손으로 흔든다. 두 손으로 구조를 요청하게 되면 에너지 소모가 많고 부력장비를 놓치기 쉽다.

33 무동력보트를 이용한 구조술에 대한 설명 중 옳지 않은 것은? 〔정〕

갑. 익수자에게 접근해 노를 건네 구조할 수 있다.

을. 익수자를 끌어올릴 때 전복되지 않도록 주의한다.

병. 보트 위로 끌어올리지 못할 경우 뒷면에 매달리게 한 후 신속히 이동한다.

정. 보트는 선미보다 선수방향으로 익수자를 탈 수 있도록 유도하는 것이 효과적이다.

> **해설**
>
> 무동력보트의 경우 선미가 선수보다 낮으며 스크루가 없기 때문에 선미로 유도하여 끌어 올리는 것이 효과적이다.

34 보트가 전복되어 물에 빠졌을 경우 대처법으로 옳지 않은 것은? 〔정〕

갑. 구명조끼를 착용하고 주변을 살핀다.

을. 전복이 진행 중이라면 보트로부터 떨어진다.

병. 가능하다면 부유물 위로 올라가 구조를 기다린다.

정. 체온 유지를 위하여 물속에서 구조를 기다린다.

> **해설**
>
> 보트가 전복되어 물에 빠졌다면, 구명조끼를 착용하고 주변을 살피고, 전복이 진행 중이라면 보트로부터 떨어져야 한다. 가능한 불필요한 행동으로 에너지를 소모하지 않도록 하고, 부유물 등의 위로 올라가 체온 유지를 하면서 구조를 기다린다.

35 선박 충돌 시 조치사항으로 가장 옳지 않은 것은? 〔을〕

갑. 인명구조에 최선을 다한다.

을. 침수량이 배수량보다 많으면 배수를 중단한다.

병. 침몰할 염려가 있을 때에는 임의좌초 시킨다.

정. 퇴선할 때에는 구명조끼를 반드시 착용한다.

> **해설**
>
> 침수량이 배수량보다 많더라도 부력 상실 전까지 시간 확보를 위해 배수를 중단해서는 안 된다.

36 항해 중 가족이 바다에 빠진 경우 취해야 할 방법으로 가장 옳지 않은 것은? 을

갑. 구명부환을 던진다.　　　　　　　　을. 즉시 입수하여 가족을 구조한다.

병. 119에 신고한다.　　　　　　　　　정. 타력을 이용하여 미속으로 접근한다.

> **해설**
> 인명구조는 본인 안전의 확보가 최우선이다. 직접(맨몸)구조보다 물 밖에서 구조장비를 이용한 간접구조를 우선하여야 한다.

37 모터보트 운항 중에 기상특보가 발효되었다면 우선하여 취해야 할 조치로 옳은 것은? 을

갑. 최대 속도로 항해하여 구역을 빨리 벗어난다.

을. 파도의 크기에 따라 항로를 조정하며 속도를 낮춘다.

병. 원래 항로에서 벗어나지 않도록 유의하여 이동한다.

정. 승객과 화물을 최대한 빠르게 이동시킨다.

> **해설**
> 운항 중 기상특보가 발효되었다면, 속도를 줄이고 파도의 크기와 방향에 맞춰 항로를 조정하는 것이 중요하다. 가능한 속도를 낮추고 파도를 선수 쪽에서 받도록 조종함으로써 선박에 가하는 충격이 최소화되어 전복의 위험을 줄일 수 있다.

38 보트를 조종하여 익수자를 구조하는 방법으로 가장 옳지 않은 것은? 을

갑. 타력을 이용하여 미속으로 접근한다.

을. 익수자까지 최대 속력으로 접근한다.

병. 익수자 접근 후 레버를 중립에 둔다.

정. 여분의 노, 구명환 등을 이용하여 구조한다.

> **해설**
> 타력을 이용하여 미속 접근하고, 안전사고 방지를 위해 익수자 접근 후 레버를 중립에 두며, 여분의 노 또는 구명환 등을 이용하여 구조한다.

39 항행 중 비나 안개 등에 의해 시정이 나빠졌을 때 조치사항으로 옳지 않은 것은? 병

갑. 낮에도 항해등을 점등하고 속력을 줄인다.

을. 다른 선박의 무중신호 청취에 집중한다.

병. 주변의 무중신호 청취를 위해 기적이나 사이렌은 작동하지 않는다.

정. 시계가 좋아질 때를 기다린다.

> **해설**
> 비나 안개 등으로 시정이 좋지 않거나 악화될 것으로 예상된다면 출항하지 않는다. 또한, 제한된 시계로 인해 위치 확인이 불가할 경우 무리한 항해를 삼가고 투묘 또는 안전한 곳에서 대기한다. 저시정에서는 주·야간 항해등을 점등해야 하며 규정에 따라 기적, 사이렌 등의 무중신호를 작동하며, 동시에 주변의 다른 선박의 무중신호 청취에 집중한다.

40 파도가 높은 구역의 모터보트 운항에 대한 설명 중 옳지 않은 것은? 정

갑. 파도를 보트의 정면 쪽으로 받으면 롤링이 덜하여 안정적으로 항해할 수 있다.

을. 측면에서 파도를 받으면 모터보트가 크게 흔들려 전복될 위험이 있다.

병. 높은 파도에서는 모터보트의 속도를 줄여야 안전성이 높아진다.

정. 파도를 모터보트의 선미에서 빠르게 받으며 신속히 통과해야 안전하다.

> **해설**
>
> 파도가 높은 해역에서 모터보트를 운항할 때는 파도를 보트의 정면 쪽으로 마주하고 천천히 운항하는 것이 안전하다. 파도를 측면으로 받으면 모터보트가 크게 흔들리거나 전복될 위험이 있으며, 속도를 높이면 파도의 충격을 더 크게 받을 수 있다.

41 물때 변화에 따라 모터보트 운항 경로를 조정하는 가장 중요한 이유는? 병

갑. 파도의 크기 변화에 대비하기 위해

을. 수온 변화에 적응하기 위해

병. 얕은 수심으로 인한 사고를 예방하기 위해

정. 항로 내 물고기의 활동을 피하기 위해

> **해설**
>
> 간조 시 수심이 낮아져 장애물로 인한 예상치 못한 좌초 등 안전사고에 대비하여야 한다. 물때에 따른 수심의 변화는 모터보트의 좌초 또는 해저 생물 등의 충격이 있을 수 있으며, 조류의 흐름은 보트의 방향을 유지하여 조종하는 데 어려움이 발생할 수 있다.

42 폭풍우 시 대처방법으로 옳지 않은 것은? 을

갑. 파도의 충격과 동요를 최대로 줄이기 위해 속력을 줄이고 풍파를 선수 20°~30° 방향에서 받도록 조종한다.

을. 파도의 충격과 동요를 최대로 줄이기 위해 속력을 줄이고 풍파를 우현 90° 방향에서 받도록 조종한다.

병. 파도를 보트의 횡방향에서 받는 것은 대단히 위험하다.

정. 보트의 위치를 항상 파악하도록 노력한다.

> **해설**
>
> 파도의 충격과 동요를 최대로 줄이기 위해 속력을 줄이고 풍파를 선수 20~30° 방향에서 받도록 조종한다. 풍파를 우현 90° 방향에서 받도록 하는 것은 전복의 위험이 있다.

43 모터보트 운항 중 연료가 고갈되어 표류 중이다. 다음 중 우선 고려해야 할 조치로 옳은 것은?

갑. GPS로 위치를 확인하고 구조 요청을 보낸다.

을. 엔진을 계속 가동하면서 조금씩 이동을 시도한다.

병. 안전 장비를 착용하고 조류를 타고 이동한다.

정. 모든 전원을 끄고 연료를 절약한다.

> 🎯 **해설**
>
> 연료가 고갈되어 표류 중에 우선 해야 할 일은 GPS를 통해 정확한 현재 위치를 확인하고 구조 요청을 보내야 한다. 표류사고는 조류 또는 파도의 영향으로 원하지 않는 방향으로 이동할 위험이 있다. 빠른 구조를 받지 못하면 2차 사고로 이어질 수 있다.

44 〈보기〉는 구명 장비이다. (가), (나)에 해당하는 장비로 옳은 것은? 을

> **보기**
>
> (가)   (나)

갑. (가) 구명부기, (나) 구명조끼   을. (가) 구명부기, (나) 구명부환

병. (가) 구명뗏목, (나) 구명조끼   정. (가) 구명뗏목, (나) 구명부기

> 🎯 **해설**
>
> • 구명부기 : 부체 주위에 부착된 줄을 붙잡고 구조될 때까지 기다릴 때 사용되는 장비이다. 연안을 운항하는 여객선이나 낚시 어선 등에서 주로 사용한다.
> • 구명부환 : 물에 빠진 사람에게 던져서 붙잡게 하여 구조하는 부력 용구를 구명부환이라 한다. 일정한 길이의 구명줄 및 야간에 빛을 반사할 수 있는 역반사재가 부착되어 있다.

45 화재 발생 시 유의 사항에 대한 설명으로 옳은 것은?

갑. 화재 발생원이 풍상측에 있도록 보트를 돌리고 엔진을 정지한다.

을. 엔진룸 화재와 같은 B급 유류화재에는 대부분의 소화기 사용이 가능하다.

병. 화재 예방을 위해 기름이나 페인트가 묻은 걸레는 공기가 잘 통하지 않는 곳에 보관한다.

정. C급 화재인 전기화재에 물이나 분말소화기는 부적합하여 포말소화기나 이산화탄소(CO_2) 소화기를 사용한다.

> 🎯 **해설**
>
> 화재 발생 시 발생원이 풍하측에 있도록 보트를 돌리고 엔진을 정지하여야 화재가 확산되는 것을 줄일 수 있다. 엔진룸 화재와 같은 B급 유류화재는 CO_2, 포말, 분말소화기 등 대부분의 소화기 사용이 가능하다. 기름이나 페인트가 묻은 걸레는 공기가 잘 통하는 곳에 보관한다. C급 전기화재는 누전에 대비하여 액체가 없는 분말 또는 이산화탄소(CO_2) 소화기를 사용하여야 한다.

46 임의좌주(임시좌주, Beaching)를 위해 적당한 해안을 선정할 때 유의사항으로 옳은 것은? 〔을〕

갑. 해저가 모래나 자갈로 구성된 곳은 피한다.

을. 경사가 완만하고 육지로 둘러싸인 곳을 선택한다.

병. 임의좌주 후 자력 이초를 고려하여 강한 조류가 있는 곳을 선택한다.

정. 임의좌주 후 자력 이초에 도움을 줄 수 있도록 갯벌로 된 곳을 선택한다.

> **해설**
> - 경사가 완만하고 육지로 둘러싸인 곳을 선택한다.
> - 임의좌주 시 해저가 모래, 자갈로 구성된 곳이 좋다.
> - 강한 조류가 없는 곳을 선택, 자력 이초를 고려하면 저질이 갯벌인 곳은 피해야 한다.

47 해양사고 대처에 있어 〈보기〉와 같은 판단들은 무엇을 시도하기 전에 고려할 사항인가? 〔정〕

> **보기**
> - 손상 부분으로부터 들어오는 침수량과 본선의 배수 능력을 비교하여 물에 뜰 수 있을 것인가
> - 해저의 저질, 수심을 측정하고 끌어낼 수 있는 시각과 기관의 후진 능력을 판단
> - 조류, 바람, 파도가 어떤 영향을 줄 것인가
> - 무게를 줄이기 위해 적재된 물품을 어느 정도 해상에 투하하면 물에 뜰 수 있겠는가

갑. 충돌   을. 접촉
병. 좌초   정. 이초

> **해설 좌초 또는 임의좌주 후 이초 시 고려사항**
> ① 즉시 기관을 정지
> ② 손상부 파악
> ③ 손상부 확대 가능성에 주의하여 후진 기관사용 여부 판단
> ④ 자력 이초 가능 여부 판단
> ⑤ 이초 결정 시 이초를 위한 방법을 선택
> ※ 이초 : 항해 중 암초에 걸린 배를 다시 띄우는 것

48 해상에서 선박 간 충돌 또는 장애물과의 접촉 사고 시에 조치하여야 할 사항으로 가장 옳지 않은 것은? 〔을〕

갑. 충돌을 피하지 못할 상황이라면 타력을 줄인다.

을. 충돌이나 접촉 직후에는 기관을 전속으로 후진하여 충돌 대상과 안전거리 확보가 우선이다.

병. 파공이 크고 침수가 심하면 격실 밀폐와 수밀문을 닫아서 충돌 또는 접촉된 구획만 침수되도록 한다.

정. 충돌 후 침몰이 예상되는 상황이면 해상으로 탈출을 대비하여야 하며, 수심이 낮은 곳에 임의좌주를 고려한다.

충돌로 발생되는 수면하 파공부는 두 선체가 떨어질 때 파공부 노출로 해수 유입량이 최대가 되어, 침몰 위험도 높아지므로 손상부가 파악될 때까지 충돌상태를 유지하는 것이 더 안전할 수 있다.

49 **좌초 후 자력으로 이초할 때 유의사항으로 가장 옳은 것은?** 정

갑. 암초 위에 얹힌 경우, 구조가 될 때까지 무작정 기다린다.

을. 저조가 되기 직전에 시도하고 바람, 파도, 조류 등을 이용한다.

병. 선체 중량을 경감 할 필요가 있을 땐 이초 시작 직후에 실시한다.

정. 갯벌에 얹혔을 때에는 선체를 좌우로 흔들면서 기관을 사용하면 효과적이다.

갯벌에 좌초 시 선체를 좌우로 흔들면서 기관을 사용하면 효과적이다. 암초에 얹힌 시점이 저조 진행 중이라면 기울기가 커져 전복 위험이 있다. 고조가 되기 전부터 이초를 시도하며, 이초를 위하여 선체의 중량을 줄여야 한다면 이초 시작 직전 중량을 경감시킨다.

50 **수상오토바이를 타고 이동 중 물에 빠졌을 때 올바른 대처법은?** 을

갑. 물에 빠진 후 즉시 구명조끼를 착용한다.

을. 수상오토바이 뒤쪽으로 이동하여 다시 탑승한다.

병. 수상오토바이를 잡고 물에 떠서 구조를 기다린다.

정. 다른 사람에게 도움을 요청하기 위해 수신호를 보낸다.

수상오토바이에서 떨어졌을 때는 침착하게 수상오토바이 뒤쪽으로 이동하여 올라타서 시동 후 이동한다. 수상오토바이가 뒤집힌 경우라면 선미 부분에 표기된 화살표 방향으로 복원시킨다.

51 **좁은 수로에서 보트 운항자가 주의하여야 할 것으로 옳은 것은?** 정

갑. 속력이 너무 빠르면 조류영향을 크게 받으며, 타의 효력도 나빠져서 조종이 곤란할 수 있다.

을. 야간에는 보트의 조종실 등화를 밝게 점등하여 타 선박이 나의 존재를 확인하기 쉽도록 한다.

병. 음력 보름 만월인 야간에는 해면에 파랑이 있고 달이 후방에 있을 때가 전방 경계에 용이하다.

정. 일시에 대각도 변침을 피하고, 조류방향과 직각되는 방향으로 선체가 가로 놓이게 되면 조류영향을 크게 받는다.

• 속력이 너무 느리면 조류영향이 크고, 타효가 저하된다.

• 야간 경계 강화를 위해 조타실은 어두워야 하며 야간에 선박 존재 확인은 항해등 또는 정박등(법정등화)으로 확인한다.

• 음력 보름 야간에는 달이 후방에 있는 경우 전방 경계에 불리하다.

• 일시에 대각도 변침하여 선체가 조류방향으로 가로 놓이게 되면 조류영향을 크게 받아 위험하다.

52 수상오토바이를 타고 주행 중 파도가 높아 전복하려 한다. 대처법으로 적절한 것은?   병

갑. 파도가 높은 쪽으로 방향을 틀어준다.

을. 빠르게 주행하여 파도를 지나간다.

병. 속도를 낮추고 파도를 비스듬히 맞으며 지나간다.

정. 파도를 뒤로 받으며 이동한다.

> **해설**
>
> 파도가 높을 때 정면으로 파도와 맞서 주행하면 큰 파도에 묻혀 탑승자가 수상오토바이에서 이탈될 가능성이 크며, 파도를 측면에서 받을 경우, 균형을 잃고 전복 가능성이 크다. 파도를 정면 비스듬히 맞으며 주행하는 것이 가장 부드럽게 넘을 수 있다. 과도한 속도나 무리한 주행은 사고를 일으킬 수 있어 적절한 속도 조절과 상황 판단이 중요하다.

53 1해리를 미터 단위로 환산한 것으로 올바른 것은?   병

갑. 1,582m   을. 1,000m

병. 1,852m   정. 1,500m

> **해설**
>
> 1해리 = 1,852m

54 조류가 빠른 협수로 같은 곳에서 일어나는 조류의 상태는?   을

갑. 급조   을. 와류

병. 반류   정. 격조

> **해설** **와류(Eddy Current)**
>
> 와류는 조류가 빠른 협수로에서 물이 소용돌이 치면서 흐르는 것으로, 조류가 좁은 수로 등을 지날 때 주의하여야 한다.

55 해도에서 수심이 같은 장소를 연결한 선을 무엇이라 하는가?   정

갑. 경계선   을. 등고선

병. 등압선   정. 등심선

> **해설** **등심선**
>
> 해도에서 수심이 같은 장소를 연결한 선. 해도에 수심 2m, 5m 기준으로 등심선이 그려져 있으며, 이후 10m, 20m, 30m와 같이 등심선과 선 중간에 숫자(10, 20, 30)와 함께 등심선이 표기되기도 한다.

56 해안선을 나타내는 경계선의 기준은? 정

갑. 약최저저조면

을. 기본수준면

병. 평균수면

정. 약최고고조면

> **해설 약최고고조면(Approximate Highest High Water)**
>
> 조석으로 인해 가장 높아진 해수면 높이로, 이 높이를 해안선의 경계로 사용한다.

57 해도에 나타나지 않는 것은? 정

갑. 조류속도   을. 조류방향

병. 수심   정. 풍향

> **해설**
>
> 해도에는 해안의 지형, 조류의 성질, 수심 등을 표시하며, 풍향은 표시하지 않는다.

58 동력수상레저기구 운항 중 수중의 암초를 피하기 위한 가장 좋은 방법은? 갑

갑. 수중 암초가 있는 지역을 미리 확인하고, 그 지역을 피해서 주행한다.

을. 암초가 있을 수 있는 지역에서 속도를 더 높여 빠르게 지나간다.

병. 암초 지역에서 빠른 속도로 회전을 하여 피한다.

정. 수중 암초를 발견하면 바로 엔진을 끄고 수심을 체크한다.

> **해설**
>
> 수중 암초는 수면 아래의 매우 위험한 장애물이다. 운항 전 운항 계획을 세우고 물때와 암초 지역을 확인해야 한다.

59 수상레저기구 이용 중 갑자기 물속에서 저항감을 느꼈다면 무엇을 확인해야 하는가? 갑

갑. 기구의 손상 여부를 확인한다.

을. 탑승자를 확인한다.

병. 수심을 확인한다.

정. 유속을 확인한다.

> **해설**
>
> 수상레저기구 운항 중 갑자기 저항감을 느꼈다면 기구의 손상 여부를 확인하여 사고를 예방해야 한다.

60 침실에서 석유난로를 사용하던 중 담뱃불에서 인화되어 유류화재가 발생하였다. 이 화재의 종류는? 을

갑. A급 화재
을. B급 화재
병. C급 화재
정. D급 화재

> **해설**
> • A급 화재(일반화재, 보통화재) : 목재, 섬유류, 종이, 고무 등 일반 가연성 물질에 의한 화재이며, 타고 난 후 재를 남김
> • C급 화재(전기) : 전기스파크, 단락, 과부하 등 전기에너지가 불로 전이되는 것
> • D급 화재(금속) : 철분, 마그네슘, 칼슘, 나트륨, 지르코늄 등 금속물질에 의한 화재

61 밀물과 썰물의 차가 가장 작을 때를 무엇이라고 하는가? 을

갑. 사리
을. 조금
병. 상현
정. 간조

> **해설** **조금(Neap Tide)**
> 상현과 하현 때 달과 태양이 직각을 이루고 있어 달과 태양의 기조력이 나뉘어져 상쇄되므로 밀물과 썰물의 조차가 가장 작으며 이때를 조금(소조)이라고 한다.
>
>

62 휴대용 CO_2 소화기의 최대 유효거리는? 을

갑. 4.5~5m
을. 1.5~2m
병. 2.5~3m
정. 3.5~4m

> **해설**
> 휴대식 CO_2 소화기는 B, C급 초기화재의 진화에 효과적이며 최대 유효거리는 1.5~2m이다.

63 창조 또는 낙조의 전후에 해면의 승강은 극히 느리고 정지하고 있는 것 같아 보이는 상태로 해면의 수직운동이 정지된 상태를 ( )라 한다. ( ) 안에 들어갈 용어로 옳은 것은? 을

갑. 계류
을. 정조
병. 평균수면
정. 전류

> **해설** **정조(Stand of tide)**
> 해면의 수직운동이 정지한 상태이다.
> ※ 계류(Slack water) : 창조 또는 낙조의 전후 조류가 바뀔 때, 해면의 승강이 극히 느려 정지상태에 이르는 바닷물의 흐름상태

64 저조 때가 되어도 수면 위에 잘 나타나지 않으며 특히, 항해에 위험을 주는 바위는? `을`

갑. 노출암 을. 암암

병. 세암 정. 간출암

> **해설**
> • 암암 : 저조 시가 되어도 수면 위에 잘 나타나지 않는다.
> • 세암 : 저조일 때 수면과 거의 같아서 해수에 봉오리가 씻기는 바위이다.
> • 간출암 : 저조 시에 수면 위에 나타나는 바위이다.

65 구명뗏목 의장품 중, 사람의 체온 유지를 위해 열전도율이 낮은 방수 물질로 만들어진 포대기 형태의 물품은? `갑`

갑. 보온구

을. 구명조끼

병. 방수복

정. 구명부환

> **해설** `보온구(Thermal protective aids)`
> 사람의 체온 유지를 위해 열전도율이 낮은 방수 물질로 만들어진 포대기 형태로 된 구명장치이다.

66 팽창식 구명뗏목 수동진수 순서로 올바른 것은? `병`

갑. 연결줄 당김 – 안전핀 제거 – 투하용 손잡이 당김

을. 투하용 손잡이 당김 – 연결줄 당김 – 안전핀 제거

병. 안전핀 제거 – 투하용 손잡이 당김 – 연결줄 당김

정. 안전핀 제거 – 연결줄 당김 – 투하용 손잡이 당김

> **해설**
> 구명뗏목 수동진수의 경우 연결줄이 선박에 묶여 있는지 확인한 후 투하 위치 주변에 장애물이 있는지 확인하고 안전핀을 제거한 뒤 투하용 손잡이를 몸 쪽으로 당긴다. 그 다음 구명뗏목이 펼쳐질 때까지 연결줄을 끝까지 잡아당겨 준다.

67 구명뗏목의 구성품 중, 수심 2~4m의 수압을 받으면 자동으로 구명뗏목 지지대(Cradle)에서 컨테이너(Container)를 분리시켜 주는 역할을 하는 것은? `갑`

갑. 수압이탈장치

을. 고박줄

병. 위크링크

정. 작동줄

> **해설** `수압이탈장치(Hydraulic release unit)`
> 본선 침몰 시에 구명뗏목을 본선으로부터 자동으로 이탈시키는 장치로 수심 4m 이내의 수압에서 작동하여 본선으로부터 자동 이탈되어 수면으로 부상하도록 설계되어 있다.

68 구명뗏목이 뒤집혔을 때, 이를 바로 세우기 위해 구명뗏목 하부에 설치된 줄을 무엇이라 하는가? 병

갑. Painter
을. Boat skate
병. Righting rein
정. Weak link

> **해설 Righting rein(복정장치)**
> 구명뗏목 하부에 설치되어 있으며, 구명뗏목이 뒤집혔을 때 구명뗏목을 바로 세우기 위해 설치된 줄이다.

69 구명뗏목(Liferaft) 의장품 중, 구명뗏목을 바람에 쉽게 떠내려가지 않게 하며 전복 방지에 도움을 주는 품목은? 병

갑. 보트 훅(Boat hook)
을. 페인터(Painter)
병. 씨앵커(Sea anchor)
정. 구조 고리(Rescue quoit)

> **해설**
> • 보트 훅 : 다른 물체를 잡아당길 때 사용한다.
> • 페인터 : 구명뗏목의 고박, 예인 등에 사용한다.
> • 구조 고리 : 익수자 구조를 위한 줄과 고리이다.

70 조석 간만의 영향을 받는 항구에서 레저보트로 입출항 할 때, 오전 08시 14분 출항했을 때가 만조였다면, 아래 어느 시간대를 선택해야 만조 시의 입항이 가능한가? 병

갑. 당일 11시경(오전 11시경)
을. 당일 14시경(오후 2시경)
병. 당일 20시경(오후 8시경)
정. 다음날 02시경(오전 2시경)

> **해설**
> 달과 태양의 인력과 원심력에 의하여 발생되는 조석 간만의 차는 12시간 24분 간격의 차를 보이므로 출항 시간이 08시 14분이였다면 약 12시간 24분을 추가 계산하면 된다.

71 선박의 기관실 침수 방지대책에 대한 설명으로 옳지 않은 것은? 정

갑. 방수 기자재를 정비한다.
을. 해수관 계통의 파공에 유의한다.
병. 해수 윤활식 선미관에서의 누설량에 유의한다.
정. 기관실 선저밸브를 모두 폐쇄한다.

> **해설**
> 기관실의 선저에는 기관을 냉각시키기 위한 밸브 등이 있어, 평소 사용이 가능하여야 한다. 단, 선박이 침수 한다면 폐쇄가 필요하다.

72 항해 중 사람이 물에 빠졌을 때 가장 먼저 해야 할 조치사항으로 가장 옳은 것은? `병`

갑. 주변 사람에게 알린다.

을. 기관을 역회전시켜 전진 타력을 감소한다.

병. 키를 물에 빠진 쪽으로 최대한 전타한다.

정. 키를 물에 빠진 반대쪽으로 최대한 전타한다.

> **해설**
>
> 항해 중 사람이 물에 빠졌을 때에는 '익수자'라고 크게 외치고, 키를 물에 빠진 쪽으로 최대한 전타하여 익수자가 프로펠러에 빨려들어가지 않게 조종 후 기어레버를 중립위치에 두고, 구명부환 등의 부유물을 던져 구조 작업에 임한다.

73 용어의 정의가 옳지 않은 것은? `정`

갑. 조차란 만조와 간조의 수위차이를 말한다.

을. 사리란 조차가 가장 큰 때를 말한다.

병. 정조란 해면의 상승과 하강에 따른 조류의 멈춤상태를 말한다.

정. 조류란 달과 태양의 기조력에 의한 해수의 주기적인 수직운동을 말한다.

> **해설** **조류(Tidal Current)**
>
> 달과 태양의 기조력에 의한 해수의 주기적인 수평운동을 말한다.

74 해도에서 "RK"라 표시되는 저질은? `정`

갑. 펄   을. 자갈

병. 모래   정. 바위

> **해설**
>
> • 펄 : M   • 자갈 : G
> • 모래 : S   • 바위 : Rk

75 이안류의 특징으로 옳지 않은 것은? `정`

갑. 수영 미숙자는 흐름을 벗어나 옆으로 탈출한다.

을. 수영 숙련자는 육지를 향해 45도로 탈출한다.

병. 폭이 좁고 매우 빨라 육지에서 바다로 쉽게 헤엄쳐 나갈 수 있다.

정. 폭이 좁고 매우 빨라 바다에서 육지로 쉽게 헤엄쳐 나올 수 있다.

> **해설** **이안류**
>
> 폭이 좁고 매우 빨라 육지에서 바다로 쉽게 헤엄쳐 나갈 수 있지만, 바다에서 해안으로 들어오기는 어렵다.

76 조석의 간만에 따라 수면 위에 나타났다 수중에 잠겼다 하는 바위를 무엇이라 하는가? 을

갑. 노출암　　　　　　　　　　　　　을. 간출암

병. 돌출암　　　　　　　　　　　　　정. 수몰암

> **해설** 간출암
>
> 저조 시에만 노출되는 바위로 좌초 사고가 빈번히 발생한다.

77 수상레저 활동 시 수온에 대한 설명으로 옳은 것을 모두 고르시오. 병

> **보기**
>
> ① 우리나라 연안의 평균 수온 중 동해안이 가장 수온이 높다.
> ② 우리나라 서해가 계절에 따른 수온 변화가 가장 심한 편이다.
> ③ 남해는 쿠로시오 난류의 영향으로 계절에 따른 수온 변화가 심하지 않다.
> ④ 조난 시 체온 유지를 고려할 때, 동력수상레저의 경우에는 2℃ 미만의 수온도 적합하다.

갑. ①, ③　　　　　　　　　　　　　을. ①, ④

병. ②, ③　　　　　　　　　　　　　정. ③, ④

> **해설**
>
> ① 우리나라 연안의 평균 수온 중 동해안이 가장 수온이 낮다.
> ④ 조난 시 체온 유지를 고려할 때, 10℃ 이상이 적합하다.

78 따뜻한 해면의 공기가 찬 해면으로 이동할 때 해면 부근의 공기가 냉각되어 생기는 것을 무엇이라 하는가? 갑

갑. 해무　　　　　　　　　　　　　　을. 구름

병. 이슬　　　　　　　　　　　　　　정. 기압

> **해설** 해상 안개(해무, 이류무)
>
> 따뜻한 해면의 공기가 찬 해면으로 이동할 때 공기가 냉각되어 생긴다. 이류무는 해상 안개의 80%를 차지하며 범위가 넓고, 계속 시간이 6시간 정도에서 며칠씩 지속될 때도 있다.
> ※ 증발 안개(증기무) : 건조하고 찬 공기가 따뜻하고 습한 표면으로 이동하는 동안 표면으로부터 증발에 의한 수증기 포화로 발생한다.

79 계절풍에 대한 설명으로 옳지 않은 것은? 정

갑. 반년 주기로 바람의 방향이 바뀐다.

을. 계절풍을 의미하는 몬순은 아랍어의 계절을 의미한다.

병. 겨울에는 해양에 저기압이 생성되어 대륙으로부터 해양 쪽으로 바람이 불게 된다.

정. 여름계절풍이 겨울계절풍보다 강하다.

> **해설**
>
> 겨울계절풍이 여름계절풍보다 강하다.

80 편서풍대 내에서 서쪽에서 동쪽으로 이동하는 고기압을 (   )이라 하고, (   )의 동쪽부분에는 날씨가 비교적 맑고, 서쪽에는 날씨가 비교적 흐린 것이 보통이다. 위 (   ) 안에 공통으로 들어갈 말은?　　　　정

갑. 장마전선

을. 저기압

병. 이동성저기압

정. 이동성고기압

> **해설** 이동성고기압
>
> 편서풍대 내에서 서쪽에서 동쪽으로 이동하는 고기압이다.

81 협수로 통과 시나 입출항 통과 시에 준비된 위험 예방선은?　　　　갑

갑. 피험선　　　　　　　　　　　　을. 중시선

병. 경계선　　　　　　　　　　　　정. 위치선

> **해설**
>
> 피험선이란 협수로 통과 시나 입출항 통과 시에 준비된 위험 예방선을 말한다.

82 계절풍의 설명으로 옳지 않은 것은?　　　　정

갑. 계절풍은 대륙과 해양의 온도차에 의해 발생된다.

을. 겨울에는 육지에서 대양으로 흐르는 한랭한 기류인 북서풍이 분다.

병. 여름에는 바다는 큰 고기압이 발생하고 육지는 높은 온도로 저압부가 되어 남동풍이 불게 된다.

정. 겨울에는 대양에서 육지로 흐르는 한랭한 기류인 남동풍이 분다.

> **해설**
>
> 겨울에는 육지에서 대양으로 흐르는 한랭 기류인 북서풍이 분다.

83 바람에 대한 설명 중 옳지 않은 것은?　　　　병

갑. 해륙풍은 낮에 바다에서 육지로 해풍이 불고, 밤에는 육지에서 바다로 육풍이 분다.

을. 같은 고도에서도 장소와 시각에 따라 기압이 달라지고 이러한 기압차에 의해 바람이 분다.

병. 북서풍이란 남동쪽에서 북서쪽으로 바람이 부는 것을 뜻한다.

정. 하루 동안 낮과 밤의 바람 방향이 거의 반대가 되는 바람의 종류를 해륙풍이라 한다.

> **해설**
>
> 북서풍이란 북서쪽에서 남동쪽으로 부는 바람이다.
> ※ 풍향은 불어나가는 방향이 아닌, 불어오는 방향으로 표기한다.

84 **해도에 표기된 조류에 대한 설명으로 옳은 것은?** 병

갑. 해도에 표기된 조류의 방향 및 속도는 측정치의 최대방향과 최소속도이다.

을. 해도에 표기된 조류의 방향 및 속도는 측정치의 최대방향과 최대속도이다.

병. 해도에 표기된 조류의 방향 및 속도는 측정치의 평균방향과 평균속도이다.

정. 해도에 표기된 조류의 방향 및 속도는 측정치의 최소방향과 최소속도이다.

> **해설**
>
> 해도에 표기된 조류의 방향 및 속도는 측정치의 평균방향과 평균속도를 나타내고 있다. 해도상의 조류 표기는 유향과 유속이 표기된 창조류와 낙조류가 있는데 이것은 평균방향과 평균속도를 나타내고 있을 뿐 실제 항해 시에는 기재된 유향 및 유속과 다를 수 있음에 주의가 필요하다.

85 **하루 동안 발생되는 해륙풍에 대한 설명으로 옳지 않은 것은?** 정

갑. 해풍은 일반적으로 육풍보다 강한 편이다.

을. 해륙풍의 원인은 맑은 날 일사가 강하여 해면보다 육지 쪽이 고온이 되기 때문이다.

병. 낮과 밤에 바람의 영향이 거의 반대가 되는 현상은 해륙풍의 영향이다.

정. 밤에는 육지에서 바다로 해풍이 분다.

> **해설**
>
> 낮에 바다에서 육지로 부는 바람을 해풍, 밤에 육지에서 바다로 부는 바람을 육풍이라 한다.

86 **해상 안개인 해무(이류무)의 설명으로 옳은 것은?** 병

갑. 밤에 지표면의 강한 복사냉각으로 발생된다.

을. 전선을 경계로 하여 찬 공기와 따뜻한 공기의 온도차가 클 때 발생하기 쉽다.

병. 안개의 범위가 넓고 지속시간도 길어서 때로는 며칠씩 계속될 때도 있다.

정. 안개가 국지적인 좁은 범위의 안개이다.

> **해설** 해무(이류무)
>
> 따뜻한 해면의 공기가 찬 해면으로 이동할 때 해면의 공기가 냉각되어 생기며, 안개의 범위가 넓고 지속시간이 길어 며칠씩 계속될 때도 있다.

87 **우리나라 기상청 특보 중 해양기상 특보에 해당하는 것을 모두 고르시오.** 정

갑. 강풍, 지진해일, 태풍 (주의보 · 경보)

을. 강풍, 폭풍해일, 태풍 (주의보 · 경보)

병. 강풍, 폭풍해일, 지진해일, 태풍 (주의보 · 경보)

정. 풍랑, 폭풍해일, 지진해일, 태풍 (주의보 · 경보)

① 풍랑 주의보 : 해상 풍속 14m/s 이상이 3시간 이상 지속 또는 유의파고 3m 이상 예상될 때
　 풍랑 경보 : 해상 풍속 21m/s 이상이 3시간 이상 지속 또는 유의파고 5m 이상 예상될 때
② 폭풍해일 주의보·경보 : 지진 이외의 현상(천문조, 태풍, 폭풍, 저기압 등)으로 해안 해일파고가 지역별
　 기준값 이상 예상될 때
　※ 지역기준값 : 주의보는 해일파고가 평균만조해면으로부터 3m 이상, 경보는 5m 이상
③ 지진해일 주의보 : 지진으로 해안에서 규모 7.0 이상에서 해일파고 0.5m 이상일 때
　 지진해일 경보 : 규모 7.5 이상에서 1m 이상 내습이 예상될 때
④ 태풍 주의보 : 강풍, 풍랑, 호우, 폭풍해일 주의보의 기준이 될 때
　 태풍 경보 : 강풍경보 또는 풍랑경보 기준이 되거나 총강수량 200mm 이상이 예상될 때 또는 폭풍해일
　 경보 기준이 될 때

88 **해양의 기상이 나빠진다는 징조로 옳지 않은 것은?**　　　　　　　　　　　　　갑

갑. 뭉게구름이 나타난다.
을. 기압이 내려간다.
병. 바람방향이 변한다.
정. 소나기가 때때로 닥쳐온다.

🏮 해설

뭉게구름(적운)은 기상이 좋아진다는 징조이다.

89 **〈보기〉의 (　　) 안에 들어갈 용어로 옳은 것은?**　　　　　　　　　　　　　　정

> 보기
>
> 선박에 비치해야 하는 닻과 닻줄, 계류색을 굵기 등은 선박 설비 규정에서 정해져 있는 (　　)
> 에 따라 결정된다.

갑. 선형계수　　　　　　　　　　　　　을. 프루드 수
병. 비척계수　　　　　　　　　　　　　정. 의장수

⚓ 구급 및 응급처치 ⚓

90 **개방성 상처의 응급처치 방법으로 가장 옳지 않은 것은?**　　　　　　　　　　　병

갑. 상처주위에 관통된 이물질이 보이더라도 현장에서 제거하지 않는다.
을. 손상 부위를 부목을 이용하여 고정한다.
병. 무리가 가더라도 손상 부위를 움직여 정확히 고정하는 것이 중요하다.
정. 상처부위에 소독거즈를 대고 압박하여 지혈시킨다.

🏮 해설

손상 부위를 무리하게 움직이면 통증과 2차 손상을 유발할 수 있으므로 최소한으로 움직인다.

91 골절 시 나타나는 증상과 징후로 가장 옳지 않은 것은?　정

갑. 손상 부위를 누르면 심한 통증을 호소한다.

을. 손상 부위의 움직임이 제한될 수 있다.

병. 골절 부위의 골격끼리 마찰되는 느낌이 있을 수 있다.

정. 관절이 아닌 부위에서 골격의 움직임은 관찰되지 않는다.

> **해설**
> 골절이 발생하면 관절이 아닌 부위에서 골격의 움직임이 관찰될 수 있다.

92 〈보기〉의 화상의 정도는?　을

> **보기**
> 피부 표피와 진피 일부의 화상으로 수포가 형성되고 통증이 심하며 일반적으로 2주에서 3주 안으로 치유된다.

갑. 1도 화상　　　　　　　　　　　을. 2도 화상

병. 3도 화상　　　　　　　　　　　정. 4도 화상

> **해설**
> • 1도 화상 : 피부 표피층만 손상된 상태로 동통이 있으며 피부가 붉게 변하나 수포는 생기지 않는다.
> • 2도 화상 : 뜨거운 물, 증기, 기름, 불 등에 의해서 손상을 받고 수포가 생기며 통증을 동반한다.
> • 3도 화상 : 진피의 전층이나 진피 아래의 피부밑지방까지 손상된 화상이다.

93 저체온증은 일반적으로 체온이 몇 도 이하로 떨어졌을 때를 말하는가?　갑

갑. 35℃ 이하

을. 34℃ 이하

병. 33℃ 이하

정. 37℃ 이하

94 지혈대 사용에 대한 설명 중 가장 옳지 않은 것은?　을

갑. 다른 지혈방법을 사용하여도 외부 출혈이 조절 불가능할 때 사용을 고려할 수 있다.

을. 팔, 다리관절 부위에도 사용이 가능하다.

병. 지혈대 적용 후 반드시 착용시간을 기록한다.

정. 지혈대를 적용했다면 가능한 신속히 병원으로 이송한다.

> **해설**
> 지혈대는 팔, 다리의 관절 부위는 피해서 적용해야 한다.

95 상처를 드레싱 하는 목적으로 가장 옳지 않은 것은?　갑

갑. 드레싱은 지혈에 도움이 되지 않는다.

을. 드레싱은 상처 오염을 예방하기 위함이다.

병. 드레싱이란 상처부위를 소독거즈나 붕대로 감는 것도 포함된다.

정. 상처부위를 고정하기 전 드레싱이 필요하다.

> **해설**
>
> 드레싱은 출혈을 방지(지혈효과)하고, 상처가 더욱 악화되는 것을 방지, 창상이 오염되는 것을 방지한다.

96 심폐소생술을 시작한 후에는 불필요하게 중단해서는 안 된다. 불가피하게 중단할 경우 얼마를 넘지 말아야 하는가?　갑

갑. 10초　　　　　　　　　　　을. 15초

병. 20초　　　　　　　　　　　정. 30초

> **해설**
>
> 심폐소생술은 가슴압박의 중단이 불가피한 경우에도 10초 이상을 넘지 않아야 한다.

97 외부 출혈을 조절하는 방법 중 가장 효과적인 방법으로 옳지 않은 것은?　정

갑. 국소 압박법　　　　　　　　을. 선택적 동맥점 압박법

병. 지혈대 사용법　　　　　　　정. 냉찜질을 통한 지혈법

> **해설**
>
> • 국소 압박법 : 상처가 작거나 출혈 양상이 빠르지 않을 경우 출혈 부위를 국소 압박 지혈
> • 선택적 동맥점 압박법 : 상처의 근위부에 위치한 동맥을 압박하는 것이 출혈을 줄이는 데 효과적
> • 지혈대 사용법 : 출혈을 멈추기 위한 지혈대를 사용
> • 냉찜질을 통한 지혈법 : 상처부위의 혈관을 수축시켜 지혈 효과를 보지만 완전한 지혈이 어려움

98 심폐소생술 시행 중 인공호흡에 대한 설명으로 가장 옳지 않은 것은?　병

갑. 가슴 상승이 눈으로 확인될 정도의 호흡량으로 불어 넣는다.

을. 기도를 개방한 상태에서 인공호흡을 실시한다.

병. 인공호흡양이 많고 강하게 불어 넣을수록 환자에게 도움이 된다.

정. 너무 많은 양의 인공호흡은 위팽창과 그 결과로 역류, 흡인 같은 합병증을 유발할 수 있다.

> **해설**
>
> 인공호흡양을 과도하게 많고 강하게 불어 넣는 것은 흉강의 내압을 상승시키고 정맥 환류의 흐름을 저하시킴으로써 환자의 생존율이 감소될 수 있다.

99 성인 심정지 환자에게 심폐소생술을 시행할 때 적절한 가슴압박 속도는 얼마인가? 〈정〉

갑. 분당 60~80회
을. 분당 70~90회
병. 분당 120~140회
정. 분당 100~120회

100 흡입화상에 대한 설명으로 옳지 않은 것은? 〈을〉

갑. 흡입화상은 화염이나 화학물질을 흡입하여 발생하며 짧은 시간 내에 호흡기능상실로 진행될 수 있다.
을. 초기에 호흡곤란 증상이 없었더라면 정상으로 볼 수 있다.
병. 흡입화상으로 인두와 후두에 부종이 발생될 수 있다.
정. 흡입화상 시 안면 또는 코털 그을림이 관찰될 수 있다.

> **해설** 〔흡입화상〕
> 초기에 호흡곤란 증상이 없었더라도 시간이 진행함에 따라 호흡곤란이 발생할 수 있는 심각한 화상이다.

101 현장 응급처치에 대한 설명 중 옳지 않은 것은? 〈을〉

갑. 동상부위는 건조하고 멸균거즈로 손상 부위를 덮어주고 느슨하게 붕대를 감는다.
을. 콘텍트렌즈를 착용한 모든 안구손상 환자는 현장에서 즉시 렌즈를 제거한다.
병. 현장에서 화상으로 인한 수포는 터트리지 않는다.
정. 의식이 없는 환자에게 물 등을 먹이는 것은 기도로 넘어갈 수 있으므로 피한다.

> **해설**
> 현장에서 렌즈 조작으로 눈 손상이 악화될 가능성이 높으므로 병원으로 이송하며 의료진에게 렌즈 착용 사실을 전달한다.

102 자동심장충격기에서 '분석 중'이라는 음성지시가 나올 때 대처하는 방법으로 가장 옳은 것은? 〈을〉

갑. 귀로 숨소리를 들어본다.
을. 가슴압박을 중단한다.
병. 가슴압박을 실시한다.
정. 인공호흡을 실시한다.

> **해설**
> 가슴압박을 중단하고 환자에게서 떨어진다.

103 전기손상에 대한 설명 및 응급처치 방법으로 옳지 않은 것은? `갑`

갑. 전기가 신체에 접촉 시 일반적으로 들어가는 입구의 상처가 출구보다 깊고 심하다.

을. 높은 전압의 전류는 몸을 통과하면서 심장의 정상전기리듬을 파괴하여 부정맥을 유발함으로써 심정지를 일으킨다.

병. 강한 전류는 심한 근육수축을 유발하여 골절을 유발하기도 한다.

정. 사고발생 시 안전을 확인 후 환자에게 접근하여야 한다.

> **해설**
> 전기가 신체에 접촉 시 일반적으로 들어가는 입구의 상처는 작고 출구의 상처는 깊고 심하다.

104 자동심장충격기 패드 부착 위치로 올바르게 짝지어진 것은? `을`

> **보기**
> ㉠ 왼쪽 쇄골뼈 아래　　　　　　　　㉡ 오른쪽 쇄골뼈 아래
> ㉢ 왼쪽 젖꼭지 아래의 중간겨드랑선　　㉣ 오른쪽 젖꼭지 아래의 중간겨드랑선

갑. ㉠-㉡　　　　　　　　　　　　을. ㉡-㉢

병. ㉡-㉣　　　　　　　　　　　　정. ㉠-㉣

> **해설**
> 패드 하나는 오른쪽 쇄골뼈 아래에 부착하고, 다른 패드는 왼쪽 젖꼭지 아래의 중간겨드랑선에 부착한다.

105 심정지 환자 응급처치에 대한 설명 중 가장 옳지 않은 것은?

갑. 인공호흡 하는 방법을 모르거나 인공호흡을 꺼리는 일반인 구조자는 가슴압박소생술을 하도록 권장한다.

을. 인공호흡을 할 수 있는 구조자는 인공호흡이 포함된 심폐소생술을 시행할 수 있는데 방법은 가슴압박 30회 한 후 인공호흡 2회 연속하는 과정이다.

병. 인공호흡을 할 시 약 2~3초에 걸쳐 가능한 빠르게 많이 불어 넣는다.

정. 인공호흡을 불어 넣을 때에는 눈으로 환자의 가슴이 부풀어 오르는지를 확인한다.

> **해설**
> 인공호흡을 할 시 평상시의 호흡과 같은 양의 호흡으로 1초에 걸쳐 숨을 불어 넣는다.

106 일반인 구조자에 의한 기본소생술 순서로 옳은 것은? 〔정〕

갑. 반응확인–도움요청–맥박확인–심폐소생술

을. 맥박확인–호흡확인–도움요청–심폐소생술

병. 호흡확인–맥박확인–도움요청–심폐소생술

정. 반응확인–도움요청–호흡확인–심폐소생술

> **해설**
>
> 일반인은 호흡 상태를 정확히 평가하기 어렵기 때문에 쓰러진 사람에게 반응확인 후 반응이 없으면 즉시 주변사람에게 도움요청(혹은 119 등에 직접 신고)하고 호흡확인(정상적인 호흡이 있는지)을 한다. 환자가 반응이 없고, 호흡이 없거나 심정지 호흡처럼 비정상적인 호흡을 보인다면 심정지 상태로 판단하고 심폐소생술을 실시한다.

107 동상에 대한 설명으로 가장 옳지 않은 것은? 〔을〕

갑. 동상의 가장 흔한 증상은 손상 부위 감각저하이다.

을. 동상부위를 녹이기 위해 문지르거나 마사지 행동은 하지 않으며 열을 직접 가하는 것이 도움이 된다.

병. 현장에서 수포(물집)는 터트리지 않는다.

정. 동상으로 인해 다리가 붓고 물집이 있을 시 가능하면 누워서 이송하도록 한다.

> **해설**
>
> 동상부위를 녹이기 위해 문지르면 얼음 결정이 세포를 파괴할 수 있으며 직접 열을 가하는 것은 추가적인 조직손상을 일으킨다.

108 저체온증 응급처치에 대한 설명으로 옳지 않은 것은? 〔갑〕

갑. 신체 말단부위부터 따뜻하게 한다.

을. 작은 충격에도 심실세동과 같은 부정맥이 쉽게 발생하므로 최소한의 자극으로 환자를 다룬다.

병. 체온보호를 위하여 젖은 옷은 벗기고 마른 담요로 감싸준다.

정. 노약자, 영아에게 저체온증이 발생할 가능성이 높다.

> **해설**
>
> 신체 말단부위부터 가온을 시키면 중심체온이 더 저하되는 합병증을 가져올 수 있으므로 복부, 흉부 등의 중심부를 가온한다.

109 열로 인한 질환에 대한 설명 및 응급처치에 대한 설명으로 옳지 않은 것은?

갑. 열경련은 열손상 중 가장 경미한 유형이다.

을. 일사병은 열손상 중 가장 흔히 발생하며 어지러움, 두통, 경련, 일시적으로 쓰러지는 등의 증상을 나타낸다.

병. 열사병은 열손상 중 가장 위험한 상태로 땀을 많이 흘려 피부가 축축하다.

정. 일사병 환자 응급처치로 시원한 장소로 옮긴 후 의식이 있으면 이온음료 또는 물을 공급한다.

> **해설**
>
> 열사병은 가장 중증인 유형으로 대개 땀을 분비하는 기전이 억제되어 땀을 흘리지 않으며, 피부가 뜨겁고 건조하며 붉은색으로 변한다. 열사병은 생명을 위협하는 응급상황으로 신속히 병원으로 이송하여 치료받아야 한다.

110 쓰러진 환자의 호흡을 확인하는 방법으로 가장 옳은 것은?

갑. 동공의 움직임을 보고 판단한다.

을. 환자를 흔들어본다.

병. 얼굴과 가슴을 10초 정도 관찰하여 호흡이 있는지 확인한다.

정. 맥박을 확인하여 맥박유무를 확인한다.

> **해설**
>
> 쓰러진 사람의 얼굴과 가슴을 10초 정도 관찰하여 호흡이 있는지 확인한다. 호흡이 없거나 호흡이 비정상적이면 심장마비가 발생한 것으로 판단한다.

111 외상환자 응급처치로 옳지 않은 것은? 을

갑. 탄력붕대 적용 시 과하게 압박하지 않도록 한다.

을. 생명을 위협하는 심한 출혈로(지혈이 안 되는) 지혈대 적용 시 최대한 가는 줄이나 철사를 사용한다.

병. 복부 장기 노출 시 환자의 노출된 장기는 다시 복강 내로 밀어 넣어서는 안 된다.

정. 폐쇄성 연부조직 손상 시 상처부위를 심장보다 높이 올려준다.

> **해설**
>
> 지혈을 위하여 가는 줄이나 철사를 사용하면 피부나 혈관을 상하게 하므로 사용해서는 안 된다. 지혈대는 폭 5cm가량의 천을 사용한다.

112 근골격계 손상 응급처치로 옳지 않은 것은? 갑

갑. 붕대를 감을 때에는 중심부위에서 신체의 말단부위 쪽으로 감는다.

을. 부목고정 시 손상된 골격은 위쪽과 아래쪽의 관절을 모두 고정한다.

병. 부목 고정 시 손상된 관절은 위쪽과 아래쪽에 위치한 골격을 함께 고정한다.

정. 고관절탈구 시 현장에서 정복술을 시행하지 않는다.

> **해설**
>
> 붕대를 감을 때에는 신체의 말단부위에서 중심부위 쪽으로 감아서 정맥혈의 순환을 돕는다.

113 상처 처치 드레싱에 대한 설명 중 옳지 않은 것은? 정

갑. 드레싱은 상처가 오염되는 것을 방지한다.

을. 드레싱의 기능, 목적으로 출혈을 방지하기도 한다.

병. 거즈로 드레싱 후에도 출혈이 계속되면 기존 드레싱한 거즈를 제거하지 않고 그 위에 다시 거즈를 덮어주면서 압박한다.

정. 개방성 상처 세척용액으로 알코올이 가장 효과적이다.

> **해설**
>
> 개방성 상처 세척용액으로 생리식염수를 사용한다. 알코올은 상처부위 세척에 사용 시 통증, 자극을 유발하여 적합하지 않다.

114 구명환과 로프를 이용한 구조 방법으로 옳지 않은 것은? 병

갑. 익수자와의 거리를 목측하고 로프의 길이를 여유롭게 조정한다.

을. 한손으로 구명환을 쥐고 반대 손으로 로프를 잡으며 발을 어깨 넓이만큼 앞으로 내밀고 로프 끝을 고정한 후 투척한다.

병. 구명환을 던질 때에는 풍향, 풍속을 고려하여야 하며 일반적으로 바람을 정면으로 맞으며 던지는 것이 용이하다.

정. 익수자가 구명환을 손으로 잡고 있을 때에 빨리 끌어낼 욕심으로 너무 강하게 잡아당기면 놓칠 수 있으므로 속도를 잘 조절해야 한다.

> **해설**
>
> 구명환을 던질 때에는 풍향, 풍속을 고려하여야 하며 가능한 한 바람을 등지고 던지는 것이 용이하다.

115 심폐소생술 중 가슴압박에 대한 설명으로 옳지 않은 것은? 병

갑. 가슴압박은 심장과 뇌로 충분한 혈류를 전달하기 위한 필수적 요소이다.

을. 소아, 영아의 가슴압박 깊이는 적어도 가슴 두께의 1/3 깊이이다.

병. 소아, 영아 가슴압박 위치는 젖꼭지 연결선 바로 아래의 가슴뼈이다.

정. 성인 가슴압박 위치는 가슴뼈 아래쪽 1/2이다.

• 소아, 성인 : 가슴뼈 아래쪽 1/2
• 영아 : 젖꼭지 연결선 바로 아래 가슴뼈

116 기도폐쇄 치료 방법으로 옳지 않은 것은? 병

갑. 임신, 비만 등으로 인해 복부를 감싸 안을 수 없는 경우에는 가슴밀어내기를 사용할 수 있다.

을. 기도가 부분적으로 막힌 경우에는 기침을 하면 이물질이 배출될 수 있기 때문에 환자가 기침을 하도록 둔다.

병. 1세 미만 영아는 복부 밀어내기를 한다.

정. 기도폐쇄 환자가 의식을 잃으면 구조자는 환자를 바닥에 눕히고 즉시 심폐소생술을 시행한다.

해설

1세 미만 영아는 복부 밀어내기를 할 경우 강한 압박으로 인해 복강 내 장기손상이 우려되기 때문에 구조자는 영아의 머리를 아래로 한 후 가슴누르기와 등 두드리기를 각 5회씩 반복한다.

117 절단 환자 응급처치 방법으로 가장 옳은 것은? 병

갑. 절단물은 바로 얼음이 담긴 통에 넣어서 병원으로 간다.

을. 절단물은 바로 시원한 물이 담긴 통에 넣어서 병원으로 간다.

병. 절단된 부위는 깨끗한 거즈나 천으로 감싸고 비닐주머니에 밀폐하여 얼음이 닿지 않도록 얼음이 채워진 비닐에 보관한다.

정. 절단부위 지혈을 위하여 지혈제를 뿌린다.

해설

절단된 부위를 얼음에 직접 담그면 조직의 손상을 증가시킨다. 지혈제는 재접합 수술 등을 고려할 때 방해가 될 수 있다.

118 인명구조 장비 중 부력을 가지고 먼 곳에 있는 익수자를 구조하기 위한 구조 장비가 아닌 것은? 을

갑. 구명환   을. 레스큐튜브   병. 레스큐 링   정. 드로우 백

해설 **레스큐 튜브**

직선형태의 부력재로 인명구조원이 수영으로 근거리에 빠진 사람을 구조하기 위한 기구

119 의도하지 않은 사고로 저체온에 빠지게 되면 심각한 문제가 발생할 수 있다. 물에 빠져 저체온증을 호소하는 익수자를 구조하였다. 이송 도중 체온 손실을 막기 위한 응급처치로 가장 옳은 것은? `병`

갑. 전신을 마사지 해준다.

을. 젖은 옷 위에 담요를 덮어 보온을 해준다.

병. 젖은 의류를 벗기고 담요를 덮어 보온을 해준다.

정. 젖은 옷 속에 핫 팩을 넣어 보온을 해준다.

120 심정지 환자 응급처치에 대한 설명 중 옳지 않은 것은? `정`

갑. 쓰러진 사람에게 접근하기 전 현장의 안전을 확인하고 접근한다.

을. 쓰러진 사람의 호흡 확인 시 얼굴과 가슴을 10초 정도 관찰하여 호흡이 있는지 확인한다.

병. 가슴압박 시 다른 구조자가 있는 경우 2분마다 교대한다.

정. 자동심장충격기는 도착해도 5주기 가슴압박 완료 후 사용하여야 한다.

> **해설**
> 자동심장충격기는 준비되는 즉시 사용한다. 심장전기충격 치료가 1분 지연될 때마다 심실세동의 치료율이 7~10% 감소하므로 심장마비 환자를 치료할 때에는 신속하게 자동심장충격기를 사용하여야 한다.

121 화학화상에 대한 응급처치 중 옳지 않은 것은? `병`

갑. 화학화상은 화학반응을 일으키는 물질이 피부와 접촉할 때 발생한다.

을. 연무 형태의 강한 화학물질로 인하여도 기도, 눈에 화상이 발생하기도 한다.

병. 중화제를 사용하여 제거할 수 있도록 한다.

정. 눈에 노출 시 부드러운 물줄기를 이용하여 손상된 눈이 아래쪽을 향하게 하여 세척한다.

> **해설**
> 중화제를 사용할 경우 원인물질과의 화학반응으로 인해 조직손상이 더욱 악화될 수 있으므로 사용하지 않는다.

122 익수 환자에 대한 자동심장충격기(AED) 사용 절차에 대한 설명으로 가장 옳은 것은? `을`

갑. 전원을 켠다 → 전극 패드를 부착한다 → 심전도를 분석한다 → 심실세동이 감지되면 쇼크 스위치를 누른다 → 바로 가슴압박 실시

을. 전원을 켠다 → 패드 부착 부위에 물기를 제거한 후 패드를 붙인다 → 심전도를 분석한다 → 심실세동이 감지되면 쇼크 스위치를 누른다 → 바로 가슴압박 실시

병. 전극 패드를 부착한다 → 전원을 켠다 → 심전도를 분석한다 → 심실세동이 감지되면 쇼크 스위치를 누른다 → 바로 가슴압박 실시

정. 전원을 켠다 → 패드 부착 부위에 물기를 제거한 후 패드를 붙인다 → 심전도를 분석한다 → 심실세동이 감지되면 쇼크 스위치를 누른다 → 119가 올 때까지 기다린다.

123 구명환보다 부력은 적으나 가장 멀리 던질 수 있는 구조 장비로 부피가 적어 휴대하기 편리하며, 로프를 봉지 안에 넣어두기 때문에 줄 꼬임이 없고 구명환보다 멀리 던질 수 있는 구조 장비는 무엇인가? 〔정〕

갑. 구명환

을. 레스큐 캔

병. 레스큐 링

정. 드로우 백

124 기도폐쇄 응급처치방법 중 하임리히법의 순서를 바르게 연결한 것은? 〔을〕

> ㉠ 환자의 뒤에 서서 환자의 허리를 팔로 감싸고 한쪽 다리를 환자의 다리 사이에 지지한다.
> ㉡ 이물질이 밖으로 나오거나 환자가 의식을 잃을 때까지 계속한다.
> ㉢ 다른 한 손으로 주먹 쥔 손을 감싸고, 빠르게 후상방으로 밀쳐 올린다.
> ㉣ 주먹 쥔 손의 엄지를 배꼽과 명치 중간에 위치한다.

갑. ㉠-㉡-㉢-㉣

을. ㉠-㉣-㉢-㉡

병. ㉡-㉢-㉣-㉠

정. ㉠-㉡-㉣-㉢

125 경련 시 응급처치 방법에 대한 설명으로 옳은 것은? 〔정〕

갑. 경련하는 환자 손상을 최소화하기 위하여 경련 시 붙잡거나 움직임을 멈추게 한다.

을. 경련하는 환자를 발견 시 기도유지를 위해 손가락으로 입을 열어 손가락을 넣고 기도유지를 한다.

병. 경련 중 호흡곤란을 예방하기 위해 입-입 인공호흡을 한다.

정. 경련 후 기면상태가 되면 환자의 몸을 한쪽 방향으로 기울이고 기도가 막히지 않도록 한다.

> **해설**
>
> 환자의 몸을 한쪽 방향으로 기울이고 기도가 막히지 않도록 기도유지를 위한 관찰이 필요하다. 또한 경련하는 환자 주변에 손상을 줄 수 있는 물건은 치우고 환자를 강제로 잡거나 입을 벌리지 않는다.

126 심정지 환자에게 자동심장충격기 사용 시 전기충격 후 바로 이어서 시행해야 할 응급처치는 무엇인가? 〔갑〕

갑. 가슴압박

을. 심전도 리듬분석

병. 맥박확인

정. 패드 제거

> **해설**
>
> 가슴압박은 가능한 한 중지하지 않도록 한다. 자동심장충격기의 음성지시에 따르며, 전기충격을 시행한 뒤에는 지체없이 가슴압박을 즉시 시작해야 한다.

127 **심폐소생술에 대한 설명 중 옳지 않은 것은?** 병

갑. 성인 가슴압박 깊이는 약 5cm이다.

을. 소아와 영아의 가슴압박은 적어도 가슴 두께의 1/3 깊이로 압박하여야 한다.

병. 소아의 가슴압박 깊이는 4cm, 영아는 3cm이다.

정. 심정지 확인 시 10초 이내 확인된 무맥박은 의료제공자만 해당된다.

> **해설**
>
> 가슴압박 깊이는 성인 5cm, 소아 4~5cm(가슴두께의 1/3), 영아 4cm(가슴두께의 1/3) 깊이로 압박해야 한다.

128 **뇌졸중 환자에 대한 주의사항으로 옳지 않은 것은?** 병

갑. 입안 및 인후 근육이 마비될 수 있으므로 구강을 통하여 음식물 섭취에 주의한다.

을. 의식을 잃었을 시 혀가 기도를 막을 수 있으므로 기도유지에 주의한다.

병. 뇌졸중 증상 발현 시간은 중요하지 않다.

정. 뇌졸중 대표 조기증상은 편측마비, 언어장애, 시각장애, 어지럼증, 심한 두통 등이 있다.

> **해설**
>
> 뇌졸중 환자의 상태에 따라 혈관재개통 치료 가능 시간이 달라질 수 있어 치료가 가능한 병원에 빨리 도착하는 것이 매우 중요하므로 의심 증상 발견 시 신속히 의료진을 찾아 증상 발현 시간을 전달하여야 한다. 혈관재개통 치료 가능 시간은 대개 3~6시간 이내이며 혈류공급 중단 시간이 길어질수록 환자의 회복이 점점 어려워지고 심한 합병증도 남게 된다.

129 **해파리에 쏘였을 때 대처요령으로 옳지 않은 것은?** 정

갑. 쏘인 즉시 환자를 물 밖으로 나오게 한다.

을. 증상으로는 발진, 통증, 가려움증이 나타나며 심한 경우 혈압저하, 호흡곤란, 의식불명 등이 나타날 수 있다.

병. 남아있는 촉수를 제거해주고 바닷물로 세척해 준다.

정. 해파리에 쏘인 모든 환자는 식초를 이용하여 세척해 준다.

> **해설**
>
> 해파리에 쏘였을 시 즉시 물 밖에서 나오게 하고, 남아있는 촉수는 제거해주고 바닷물로 세척해 준다. 알코올 종류의 세척제는 독액의 방출을 증가시킬 수 있어서 금하며 작은 부레관 해파리의 쏘임 시 식초가 독액의 방출을 증가시킬 수 있어서 식초를 이용한 세척을 금한다.

130 **구명조끼 착용 방법으로 올바르지 않은 것은?** 갑

갑. 사이즈 상관없이 마음에 드는 구명조끼를 선택한다.

을. 가슴조임줄을 풀어 몸에 걸치고 가슴 단추를 채운다.

병. 가슴조임줄을 당겨 몸에 꽉 조이게 착용한다.

정. 다리 사이로 다리 끈을 채워 고정한다.

> **해설**
>
> 구명조끼를 선택할 때에는 자기 몸에 맞는 구명조끼를 선택한다.

131 **부목고정의 일반원칙에 대한 설명으로 옳지 않은 것은?** 병

갑. 상처는 부목을 적용하기 전에 소독된 거즈로 덮어준다.

을. 골절부위를 포함하여 몸쪽 부분과 먼 쪽 부분의 관절을 모두 고정해야 한다.

병. 골절이 확실하지 않을 때에는 손상이 의심되더라도 부목은 적용하지 않는다.

정. 붕대로 압박 후 상처보다 말단부위의 통증, 창백함 등 순환·감각·운동상태를 확인한다.

> **해설** **부목고정의 일반원칙**
>
> • 상처는 부목을 적용하기 전에 소독된 거즈로 덮어준다.
> • 손상 부위 위치변화를 최소화하고, 고정될 때까지 손상 부위를 양손으로 잘 받친다.
> • 골절이 확실하지 않더라도 손상이 의심될 때에는 부목으로 고정한다.

132 **응급처치 방법으로 옳지 않은 것은?** 을

갑. 머리 다친 환자가 의식을 잃었을 때 깨우기 위해 환자 머리를 잡고 흔들지 않도록 한다.

을. 복부를 강하게 부딪힌 환자는 대부분 검사에서 금식이 필요할 수 있으므로 음식물 섭취는 금하고 진통제는 필수로 먹을 수 있도록 한다.

병. 척추를 다친 환자에게 잘못된 응급처치는 사지마비 등의 심한 후유증을 남길 수 있으므로 조심스럽게 접근해야 한다.

정. 흉부 관통상 후 이물질이 제거되어 상처로부터 바람 새는 소리가 나거나 거품 섞인 혈액이 관찰되는 폐손상 시 3면 드레싱을 하여 호흡을 할 수 있도록 도와주어야 한다.

> **해설**
>
> 복부를 부딪힌 경우 내부 장기의 손상이 있을 수 있고, 증상이 뒤늦게 발현될 수도 있다. 검사에서 금식이 필요할 수 있으므로 음식물 섭취를 금하는 것이 좋으며, 진통제는 진찰 때 혼란이 생길 수 있으므로 금하는 것이 좋다.

133 가슴압박과 인공호흡에 대한 설명 중 옳지 않은 것은? 정

갑. 인공호흡 하는 방법을 모르거나 인공호흡을 꺼리는 구조자는 가슴압박소생술을 하도록 권장한다.

을. 가슴압박소생술이란 인공호흡은 하지 않고 가슴압박만을 시행하는 소생술 방법이다.

병. 인공호흡을 할 수 있는 구조자는 인공호흡이 포함된 심폐소생술을 시행할 수 있는데 가슴압박 30회, 인공호흡 2회 연속하는 과정을 반복한다.

정. 옆에 다른 구조자가 있는 경우 3분마다 가슴압박을 교대한다.

> **해설**
>
> 인공호흡 하는 방법을 모르거나 인공호흡을 꺼리는 구조자는 가슴압박소생술을 하도록 권장한다. 인공호흡을 할 수 있는 구조자는 인공호흡이 포함된 심폐소생술을 시행할 수 있다. 심폐소생술 시작 1.5~3분 사이부터 처치자의 피로도로 인하여 가슴압박의 깊이가 얕아지기 때문에 매 2분마다 가슴압박을 교대해주는 것이 구조자의 피로도를 줄이고 고품질의 심폐소생술을 제공하는 데 도움이 될 수 있다.

134 심정지 환자의 가슴압박 설명 중 옳지 않은 것은? 갑

갑. 불충분한 이완은 흉강 내부 압력을 증가시켜 뇌동맥으로 가는 혈류를 증가시킨다.

을. 불충분한 이완은 심박출량 감소로 이어진다.

병. 매 가슴압박 후에는 흉부가 완전히 이완되도록 한다.

정. 2명 이상의 구조자가 있으면 가슴압박 역할을 2분마다 교대한다. 가슴압박 교대는 가능한 빨리 수행하여 가슴압박 중단을 최소화해야 한다.

> **해설**
>
> 불충분한 이완은 흉강 내부 압력을 증가시켜 관상동맥과 뇌동맥으로 가는 혈류를 감소시킨다.

135 기본소생술의 주요 설명 중 옳지 않은 것은? 병

갑. 심장전기충격이 1분 지연될 때마다 심실세동의 치료율이 7~10%씩 감소한다.

을. 압박깊이는 성인 약 5cm, 소아 4~5cm이다.

병. 만 10세 이상은 성인, 만 10세 미만은 소아에 준하여 심폐소생술 한다.

정. 인공호흡을 할 때는 평상시 호흡과 같은 양으로 1초에 걸쳐서 숨을 불어넣는다.

> **해설** **심폐소생술에서 나이의 정의**
>
> • 신생아 : 출산 후 4주까지
> • 영아 : 만 1세 미만
> • 소아 : 만 1세부터 만 8세 미만까지
> • 성인 : 만 8세부터

136 30대 한 남자가 목을 쥐고 기침을 하고 있다. 환자에게 청색증은 없었고, 목격자는 환자가 떡을 먹다가 기침을 하기 시작하였다고 한다. 당신이 해야 할 응급처치 중 가장 옳은 것은? 〔정〕

갑. 복부 밀어내기를 실시한다.

을. 환자를 거꾸로 들고 등을 두드린다.

병. 손가락으로 이물질을 꺼내기 위한 시도를 한다.

정. 등을 두드려 기침을 유도한다.

> **해설**
> - 기침을 못하는 완전 기도폐쇄 환자에게 복부밀어내기를 실시한다.
> - 소아의 경우 거꾸로 들고 등을 두드린다.
> - 환자가 의식이 있을 때는 처치자의 손가락을 물 가능성이 높기에 손가락을 넣어서는 안 된다.

137 계류장에 계류를 시도하는 중 50세 가량의 남자가 쓰러져 있으며, 주위는 구경꾼으로 둘러싸여 있다. 심폐소생술은 시행되고 있지 않다. 당신은 심폐소생술을 배운 적이 있다. 이 환자에게 어떤 절차에 의해서 응급처치를 실시할 것인가? 가장 옳은 것은? 〔갑〕

갑. 119 신고 및 자동심장충격기 요청 → 의식 확인 및 호흡 확인 → 심폐소생술 시작(가슴압박 30 : 인공호흡 2) → 자동심장충격기 사용 → 119가 올 때까지 심폐소생술 실시

을. 119 신고 → 의식 확인 및 호흡 확인 → 심폐소생술 시작(가슴압박 30 : 인공호흡 2) → 자동심장충격기 요청 → 119가 올 때까지 심폐소생술 실시

병. 자동심장충격기 요청 → 의식 확인 및 호흡 확인 → 심폐소생술 시작(가슴압박 30 : 인공호흡 2) → 자동심장충격기 사용 → 심폐소생술 계속 실시

정. 119 신고 및 자동심장충격기 요청 → 의식 확인 및 호흡 확인 → 인공호흡 2회 실시 → 가슴압박 30회 실시 → 자동심장충격기 사용 → 119가 올 때까지 심폐소생술 실시

138 자동심장충격기 등 심폐소생술을 행할 수 있는 응급장비를 갖추어야 하는 기관으로 옳지 않은 곳은? 〔을〕

갑. 공공보건의료에 관한 법률에 따른 공공보건의료기관

을. 선박법에 따른 선박 중 총톤수 10톤 이상 선박

병. 철도산업발전 기본법에 따른 철도차량 중 객차

정. 항공안전법에 따른 항공기 중 항공운송사업에 사용되는 여객 항공기

> **해설** 응급의료에 관한 법률에 따른 "심폐소생술을 위한 응급장비의 구비 등의 의무"
>
> 공공보건의료기관, 구급대와 의료기관에서 운용 중인 구급차, 항공운송사업에 사용되는 여객항공기 및 공항, 철도차량 중 객차, 선박 중 총톤수 20톤 이상인 선박, 건축법에 따른 공동주택, 대통령령으로 정하는 다중이용시설 등의 소유자·점유자, 관리자는 자동심장충격기 등 심폐소생술을 할 수 있는 응급장비를 갖추어야 한다.

139 조난 신호용구 중, 물 위에 부유하면서 오렌지색의 연기를 15분 이상 연속하여 발할 수 있는 것은? 〔을〕

갑. 자기점화등

을. 자기발연신호

병. 신호홍염

정. 발연부신호

> **해설**
>
> • 자기점화등 : 야간에 구명부환의 위치를 알려주는 등으로, 구명부환과 함께 수면에 투하되면 자동으로 점등
> • 신호홍염 : 야간용 신호장비로서 사람이 손에 들고 사용하면 붉은색 화염을 1분 이상 연속하여 발생
> • 발연부신호 : 주간용 신호장비로서 점화하여 물 위에 투하하면 수면에 떠서 오렌지색의 연기를 3분 이상 연속하여 발생

140 로켓낙하산신호의 발사체가 올라갈 수 있는 높이와 발광 지속 시간으로 옳은 것은? 〔병〕

갑. 200m 이상, 40초 이상

을. 200m 이상, 120초 이상

병. 300m 이상, 40초 이상

정. 300m 이상, 120초 이상

> **해설** 〔로켓낙하산신호〕
>
> 구명뗏목에 4개가 비치되어 있으며, 발사체는 300m 이상 올라가고, 40초 이상 점화된 상태에서 3만 칸델라 이상의 적색성화를 발할 수 있다.

운항 및 운용

141 입항을 위해 이동 중 항·포구까지의 거리가 5해리 남았음을 알았다면, 레저기구의 속력이 10노트로 이동하면 입항까지 소요되는 시간은 얼마인가? 〔병〕

갑. 10분 을. 20분

병. 30분 정. 40분

> **해설**
>
> • 속력은 단위 시간 동안 물체가 이동한 거리이다.
> • 걸린 시간(hour) $= \dfrac{\text{이동거리}}{\text{속력}} \cdot \dfrac{5}{10} = 0.5 \times 60 = 30분\,(1h = 60min)$

142 침로에 대한 설명 중 옳은 것은? 을

갑. 진침로와 자침로 사이에는 자차만큼의 차이가 있다.

을. 선수미선과 선박을 지나는 자오선이 이루는 각이다.

병. 자침로와 나침로 사이에는 편차만큼의 차이가 있다.

정. 보통 북을 000°로 하여 반시계 방향으로 360°까지 측정한다.

> **해설**
>
> - 침로 : 선수미선과 선박을 지나는 자오선이 이루는 각을 말한다. 즉, 선박이 항주해가거나 진행시키려는 방향을 의미한다.
> - 진침로와 자침로 사이에는 편차만큼의 차이가 있고, 자침로와 나침로 사이에는 자차만큼의 차이가 있다.
> - 북을 000°로 하여 시계 방향으로 360°까지 측정한다.

143 수상레저안전법상 (   )에 들어갈 내용으로 적합한 것은? 정

> 기상특보 중 풍랑·폭풍해일·호우·대설·강풍 (A)가 발효된 구역에서 파도 또는 바람만을 이용하여 활동이 가능한 수상레저기구를 운항할 경우 관할 해양경찰서장 또는 시장·군수·구청장에게 (B)를 제출해야 한다.

갑. 주의보, 운항신고서

을. 경보, 기상특보활동신고서

병. 경보, 운항신고서

정. 주의보, 기상특보활동신고서

> **해설** **수상레저활동 제한의 예외**
>
> 기상특보 중 풍랑·폭풍해일·호우·대설·강풍 주의보가 발효된 구역에서 파도 또는 바람만을 이용하여 활동이 가능한 수상레저기구를 운항할 경우 관할 해양경찰서장 또는 시장·군수·구청장에게 기상특보활동신고서를 제출해야 한다.

144 (   )에 적합한 것은? 정

> 타(舵)는 선박에 (   )과 (   )을 제공하는 장치이다.
> A. 감항성 B. 보침성 C. 복원성 D. 선회성

갑. A.감항성, C.복원성

을. A.감항성, D.선회성

병. B.보침성, C.복원성

정. B.보침성, D.선회성

> **해설**
>
> 타는 선박에 보침성과 선회성을 주는 장치이며, 보통 유속이 가장 빠른 프로펠러의 뒤에 설치하지만, 보조로 선수에 설치하는 선수타도 있다.
> - 보침성 : 직진성을 유지하려는 성질
> - 선회성 : 타각을 주었을 때 선박이 선회하려는 각속도
> - 감항성 : 안전성을 확보하기 위하여 갖추어야 할 능력
> - 복원성 : 선박이 어떠한 힘에 의해 기울어지려 할 때 대항하여 제자리로 돌아오려는 성질

145 복원력 감소의 원인이 아닌 것은? 정

갑. 선박의 무게를 줄이기 위하여 건현의 높이를 낮춤

을. 연료유 탱크가 가득차 있지 않아 유동수가 발생

병. 갑판 화물이 빗물이나 해수에 의해 물을 흡수

정. 상갑판의 중량물을 갑판 아래 창고로 이동

> **해설**
>
> 중량물이 선박의 아래 부분에 적재되거나 이동되었을 때 중심위치가 내려가면서 복원력이 증가한다.

146 구명부환의 사양에 대한 설명으로 옳은 것은? 을

갑. 5kg 이상의 무게를 가질 것

을. 고유의 부양성을 가진 물질로 제작될 것

병. 외경은 500mm 이하이고 내경은 500mm 이상일 것

정. 14.5kg 이상의 철편을 담수중에서 12시간 동안 지지할 수 있을 것

> **해설**
>
> • 2.5kg 이상의 무게를 가질 것
> • 14.5kg 이상의 철편을 담수중에서 24시간 동안 지지할 수 있을 것
> • 외경은 800mm 이하이고 내경은 400mm 이상일 것

147 선박의 주요 치수로 옳지 않은 것은? 정

갑. 폭 을. 길이

병. 깊이 정. 높이

> **해설**
>
> 선박의 길이, 폭, 깊이는 그 선박의 크기, 규모 등을 측정 혹은 결정하는 주요 치수가 된다. 적량의 측정, 선박의 등록, 만재 흘수선 및 수밀 구획의 결정 등에도 사용된다.

148 해조류를 선수에서 3노트로 받으며 운항 중인 레저기구의 대지속력이 10노트일 때 대수속력은? 정

갑. 3노트 을. 7노트

병. 10노트 정. 13노트

> **해설**
>
> 대수속력 ± 해조류유속 = 대지속력(순류 : +, 역류 : −)
> 10 = X − 3
> X = 10 + 3
> ∴ X = 13

149 해저 저질의 종류 중 자갈로 옳은 것은? 갑

갑. G 을. M

병. R 정. S

> **해설**
> • G : 자갈 • M : 뻘
> • R : 암반 • S : 모래

150 프로펠러가 한번 회전할 때 선박이 나아가는 거리로 옳은 것은? 병

갑. ahead 을. kick

병. pitch 정. teach

> **해설** **pitch**
> 프로펠러가 한 번 회전할 때 선박이 나아가는 거리, 프로펠러에서의 피치는 다른 의미로 프로펠러 날개의 기울어진 정도라고도 할 수 있다.
>
>
> pitch

151 제한 시계의 원인으로 가장 거리가 먼 것은? 정

갑. 눈 을. 안개

병. 모래바람 정. 야간항해

> **해설** **제한된 시계**
> 안개·연기·눈·비·모래바람 및 그 밖에 이와 비슷한 사유로 시계가 제한되어 있는 상태를 말한다.

152 수상레저 활동자가 지켜야 할 운항규칙에 대한 설명으로 옳지 않은 것은? 정

갑. 다른 수상레저기구와 정면으로 충돌할 위험이 있을 때에는 음성신호, 수신호 등 적당한 방법으로 상대에게 이를 알리고 우현 쪽으로 진로를 피해야 한다.

을. 다른 수상레저기구의 진로를 횡단하는 경우에 충돌의 위험이 있을 때에는 다른 수상레저기구를 오른쪽에 두고 있는 수상레저기구가 진로를 피해야 한다.

병. 다른 수상레저기구와 같은 방향으로 운항하는 경우에는 2미터 이내로 근접하여 운항해서는 안 된다.

정. 안개 등으로 가시거리가 0.5마일 이내로 제한되는 경우에는 수상레저기구를 운항해서는 안 된다.

> **해설** **기상에 따른 수상레저활동의 제한**
> 안개 등으로 가시거리가 0.5킬로미터 이내로 제한되는 경우에는 수상레저기구를 운항해서는 안 된다.

153 안전한 속력을 결정할 때에 고려하여야 할 사항과 가장 거리가 먼 것은? 〔병〕

갑. 시계의 상태

을. 해상교통량의 밀도

병. 선박의 승선원과 수심과의 관계

정. 선박의 정지거리·선회성능, 그 밖의 조종성능

> **🔊 해설** 〔안전한 속력을 결정할 때의 고려사항〕
>
> - 시계의 상태
> - 해상교통량의 밀도
> - 선박의 정지거리·선회성능, 그 밖의 조종성능
> - 야간의 경우에는 항해에 지장을 주는 불빛의 유무
> - 바람·해면 및 조류의 상태와 항행장애물의 근접상태
> - 선박의 흘수와 수심과의 관계
> - 레이더의 특성 및 성능
> - 해면상태·기상, 그 밖의 장애요인이 레이더 탐지에 미치는 영향
> - 레이더로 탐지한 선박의 수·위치 및 동향

154 우리나라의 우현표지의 표지 몸체색깔은? 〔을〕

갑. 녹색 을. 홍색

병. 황색 정. 흑색

> **🔊 해설** 〔IALA 해상부표식〕
>
> A지역(중국, 북한), B지역(아메리카, 한국, 일본, 필리핀)을 구분, 다르게 사용한다.
> - A지역 : 좌현표지는 홍색이며 두표는 원통형, Fl(2+1)R 이외의 리듬을 갖는다.
>   우현표지는 녹색이며 두표는 원추형, Fl(2+1)G 이외의 리듬을 갖는다.
> - B지역 : 좌현표지는 녹색이며 두표는 원통형, Fl(2+1)G 이외의 리듬을 갖는다.
>   우현표지는 홍색이며 두표는 원추형, Fl(2+1)R 이외의 리듬을 갖는다.
>
> 〔부록|그림 참조〕

155 중시선에 대한 설명 중 가장 옳지 않은 것은? 〔갑〕

갑. 중시선은 일정 시간에만 보인다.

을. 선박의 위치 편위를 중시선을 활용하여 손쉽게 알 수 있다.

병. 관측자는 2개의 식별 가능한 물표를 하나의 선으로 볼 수 있다.

정. 통항 계획의 수립 단계에서 찾아낸 자연적이고 명확하게 식별할 수 있는 물표로도 표시할
수 있다.

> **🔊 해설** 〔중시선〕
>
> 해도상에 그려지는 하나의 선으로, 선박의 위치 편위를 중시선을 활용하여 손쉽게 알 수 있다. 관측자는 2개의 식별 가능한 물표를 하나의 선으로 볼 수 있으며, 항해사가 그 위치를 신속히 식별할 수 있도록 하는 데 사용된다. 통항 계획의 수립 단계에서 찾아낸 자연적이고 명확하게 식별할 수 있는 물표로도 표시할 수 있다.

156 모터보트에서 사용하는 항해장비 중 레이더의 특징으로 옳지 않은 것은? 병

갑. 날씨에 영향을 받지 않는다.

을. 충돌방지에 큰 도움이 된다.

병. 탐지거리에 제한을 받지 않는다.

정. 자선 주의의 지형 및 물표가 영상으로 나타난다.

> **해설**
>
> 레이더는 성능이 아무리 좋아도 최대탐지거리와 최소탐지거리가 있어 측정거리에 제한을 받는다.

157 〈보기〉에서 설명하는 항로표지는 무엇인가? 갑

> **보기**
>
> • 두표 : 흑색 원뿔형 꼭짓점을 위쪽 방향으로 2개를 세로로 설치
> • 도색 : 상부 흑색, 하부 황색

갑. 북방위표지 　　　　　　　　　　을. 서방위표지

병. 동방위표지 　　　　　　　　　　정. 남방위표지

> **해설**
>
> • 북방위표지(BY) : 상부흑색, 하부황색　　　• 서방위표지(YBY) : 황색바탕, 흑색횡대
> • 남방위표지(YB) : 상부황색, 하부흑색　　　• 동방위표지(BYB) : 흑색바탕, 황색횡대
>
> **부록|그림 참조**

158 좁은 수로와 만곡부에서의 운용에 대한 설명으로 옳은 것은? 정

갑. 만곡의 외측에서 유속이 약하다.

을. 만곡의 내측에서는 유속이 강하다.

병. 통항 시기는 게류시나 조류가 약한 때를 피한다.

정. 조류는 역조 때에는 정침이 잘 되나 순조 때에는 정침이 어렵다.

> **해설**
>
> 만곡부의 외측에서 유속이 강하고, 내측에서는 약한 특징이 있으며, 통항 시기는 게류시나 조류가 약한 때를 택해야 한다. 조류가 역조 때에는 정침이 잘 되나 순조 때에는 정침이 어렵다.

159 GPS 수신기를 통해 얻을 수 있는 정보가 아닌 것은? 정

갑. 본선의 위치 　　　　　　　　　　을. 본선의 대지속력

병. 본선의 항적 　　　　　　　　　　정. 상대선과 충돌 위험성

> **해설**
>
> GPS는 본선의 위치, 시간, 대지침로(COG), 대지속력(SOG), 본선의 항적(GPS Plot 화면에서 가능) 등을 알 수 있다. 상대선과 충돌 위험은 AIS, 레이더에서 확인 가능하다.

160 위성으로부터 송신된 전파 신호가 지표면, 해면 및 각종 구조물 등에 부딪혔다가 수신될 때에 생기는 GPS 오차는? 을

갑. 고의 오차(S/A 오차)　　　　　　　을. 다중 경로 오차

병. 수신기 오차　　　　　　　　　　정. 전파 속도의 변동에 의한 오차

> **해설** **다중 경로 오차**
>
> 위성으로부터 송신된 전파 신호가 지표면, 해면 및 각종 구조물 등에 부딪혔다가 수신될 때에 생기는 오차이다.

161 DGPS 수신기에서 제거할 수 없는 오차는? 갑

갑. 다중 경로 오차　　　　　　　　　을. 고의 오차(S/A 오차)

병. 전리층 오차　　　　　　　　　　정. 대류권 오차

> **해설**
>
> DGPS는 GPS 시스템의 오차를 보정하기 위해 개발된 지상기반의 위치보정시스템(GBAS)으로 수신기 잡음으로 인한 오차, 다중 경로 오차는 제거할 수 없다.

162 〈보기〉의 (　) 안에 들어갈 말로 옳은 것을 고르시오. 정

> **보기**
>
> 선체가 수면 아래에 잠겨 있는 깊이를 나타내는 (　)는 선체의 선수부와 중앙부 및 선미부의 양쪽 현측에 표시되어 있다.

갑. 길이　　　　　을. 건현　　　　　병. 트림　　　　　정. 흘수

> **해설**
>
> • 흘수 : 선체가 수면 아래에 잠겨 있는 깊이를 나타내며, 선체의 선수부, 중앙부, 선미부의 양쪽 현측에 표시
> • 건현 : 선체 중앙부 상갑판의 선측상면에서 만재흘수선까지의 수직거리
> • 트림 : 선수흘수와 선미흘수의 차이

163 〈보기〉의 (　) 안에 들어갈 말로 옳은 것을 고르시오. 병

> **보기**
>
> 선체가 세로 길이 방향으로 경사져 있는 정도를 그 경사각으로써 표현하는 것보다 선수흘수와 선미흘수의 차이로써 나타내는 것이 미소한 경사 상태까지 더욱 정밀하게 표현할 수 있는 방법이다. 이와 같이 길이 방향의 선체 경사를 나타내는 것을 (　)이라 한다.

갑. 길이　　　　　을. 건현　　　　　병. 트림　　　　　정. 흘수

> **해설** **트림(Trim)**
>
> 선수흘수와 선미흘수의 차, 길이 방향의 선체 경사를 나타내는 것

164 〈보기〉의 ( ) 안에 들어갈 말로 옳은 것을 고르시오. 〈병〉

> **보기**
>
> (   )이란, 선박이 물 위에 떠 있는 상태에서 외부로부터 힘을 받아 경사하려고 할 때의 저항, 또는 경사한 상태에서 그 외력을 제거하였을 때 원래의 상태로 돌아오려고 하는 힘을 말한다.

갑. 감항성　　　　을. 만곡부　　　　병. 복원력　　　　정. 이븐킬

> **해설 복원력**
>
> 선박이 외부로부터 힘을 받아 경사하려고 할 때, 경사한 상태에서 그 외력을 제거하였을 때 원래의 상태로 돌아오려고 하는 힘이며, 선박의 안정 상태를 판단하는 기준이 된다.
>
>

165 〈보기〉의 ( ) 안에 들어갈 말로 옳은 것을 고르시오. 〈정〉

> **보기**
>
> 선체가 앞으로 나아가면서 물을 배제한 수면의 빈 공간을 주위의 물이 채우려고 유입하는 수류로 인하여, 주로 뒤쪽 선수미선상의 물이 앞쪽으로 따라 들어오는데 이것을 (   )라고 한다.

갑. 배출류　　　　을. 흡입류　　　　병. 횡압류　　　　정. 추적류(반류)

> **해설**
>
> 선체가 앞으로 추진되면서 주로 뒤쪽 선수미선상의 물이 수면의 빈 공간 주위로 물이 채워지면서 앞쪽으로 따라 들어오는 것을 반류 또는 추적류라고 한다.
> - 배출류 : 프로펠러의 뒤쪽으로 흘러나가는 수류
> - 흡입류 : 앞쪽에서 프로펠러에 빨려드는 수류
>
>

166 〈보기〉의 ( ) 안에 들어갈 말로 옳은 것을 고르시오. 〈정〉

> **보기**
>
> 스크루 프로펠러가 회전하면서 물을 뒤로 차 밀어 내면, 그 반작용으로 선체를 앞으로 미는 추진력이 발생하게 된다. 이와 같이 스크루 프로펠러가 360도 회전하면서 선체가 전진하는 거리를 (   )라 한다.

갑. 종거　　　　을. 횡거　　　　병. 리치　　　　정. 피치

> **해설**
>
> - 종거 : 전타위치에서 선수가 90도 회두했을 때까지의 원침로선상에서의 전진거리
> - 횡거 : 전타를 처음 시작한 위치에서 선체회두가 90도 된 곳까지의 원침로에서 직각방향으로 잰 거리
> - 리치 : 전타를 시작한 최초의 위치에서 최종선회지름의 중심까지의 거리를 원침로선상에서 잰 거리

167 〈보기〉의 (   ) 안에 들어갈 말로 옳은 것을 고르시오.　　　　　　　　　　　　　　`을`

> **보기**
>
> 직진 중인 선박이 전타를 행하면, 초기에 수면 상부의 선체는 (㉠)경사하며, 선회를 계속하
> 면 선체는 각속도로 정상 선회를 하며 (㉡)경사 하게 된다.

갑. ㉠ 내방, ㉡ 내방　　　　　　　　　　　　을. ㉠ 내방, ㉡ 외방

병. ㉠ 외방, ㉡ 내방　　　　　　　　　　　　정. ㉠ 외방, ㉡ 외방

> **해설**
>
> • 외방경사 : 선체가 회전할 때 무게중심이 회전방향의 반대쪽으로 기우는 현상
> • 내방경사 : 선체가 회전할 때 무게중심이 회전방향 쪽으로 기우는 현상

168 선박과 선박, 선박과 육상 기지국 간에 선명, 호출부호, 위치, 침로, 속력, 목적지, 적재 화물
등의 선박 정보 및 항해 관련 정보를 송수신할 수 있는 장비는?　　　　　　　`을`

갑. 전자해도표시장치(ECDIS)

을. 선박자동식별장치(AIS)

병. 위성항법장치(GPS)

정. VHF 무선전화

> **해설**
>
> • 전자해도표시장치(ECDIS) : 전자해도상에 본선의 위치 및 다른 선박의 정보를 표시해주는 장비이다.
> • 위성항법장치(GPS) : 선박의 위치, 침로, 속력을 표시한다.
> • VHF 무선전화 : 선박과 선박, 선박과 육상기지국 간에 교신을 위한 장비로, 자동으로 선박 정보를 전송하
> 지 않는다.

169 선박자동식별장치(AIS)에서 확인할 수 없는 정보는?　　　　　　　　　　　`정`

갑. 선명　　　　　　　　　　　　　　　을. 침로, 속력

병. 적재 화물의 종류　　　　　　　　　정. 선원의 국적

> **해설**
>
> 선원의 국적 정보는 AIS상에 나타나지 않는다.

170 선박자동식별장치(AIS)와 관련 없는 VHF 채널은?　　　　　　　　　　　　`갑`

갑. 채널 14　　　　　　　　　　　　　을. 채널 70

병. 채널 87　　　　　　　　　　　　　정. 채널 88

> **해설**
>
> 선박자동식별장치(AIS)는 VHF 채널 87, 88을 전용 주파수로 사용하며, 조난경보 등의 송수신을 위해 채널
> 70을 사용한다.

171 선박자동식별장치(AIS)의 정적정보(선명, 호출부호, 선박의 길이 등)의 갱신주기는 몇 분인가? 병

갑. 2분   을. 4분

병. 6분   정. 8분

> **해설**
>
> AIS의 정적정보(국제해사기구 번호, 호출부호와 선명, 선박의 길이와 폭, 선박의 종류, GNSS 안테나 설치위치)의 갱신은 매 6분마다 또는 데이터가 수정되거나 요구가 있을 때에 이루어진다.

172 동력수상레저기구의 야간 항해 시 주의사항으로 옳은 것은? 병

갑. 모든 등화는 밖으로 비치도록 한다.

을. 레이더에 의하여 관측한 위치를 가장 신뢰한다.

병. 다소 멀리 돌아가는 일이 있더라도 안전한 침로를 택하는 것이 좋다.

정. 등부표 등은 항해 물표로서 의심할 필요가 없다.

173 레저기구의 운항 전 연료유 확보에 대한 설명으로 옳지 않은 것은? 을

갑. 예비 연료도 추가로 확보해야 한다.

을. 일반적으로 1마일(mile) 당 연료 소모량은 속력에 비례한다.

병. 연료 소모량을 알면 필요한 연료량을 구할 수 있다.

정. 기존 운항 기록을 통하여 속력에 따른 연료 소모량을 알 수 있다.

> **해설**
>
> 레저기구 운항 전에 그동안 축적된 자선의 속력에 따른 연료 소비량을 확인하여 운항에 필요한 양의 연료를 확보하여야 하며, 예비 연료량은 총 소비량의 25% 정도 확보하는 것이 일반적이다.
> ※ 연료 소모량은 속력의 제곱에 비례하나 운항 당일 일기와 조류상태에 따라 다름에 주의하여야 한다.

174 "선체가 파도를 받으면 동요한다." 선박의 복원력과 가장 밀접한 관계가 있는 운동은? 갑

갑. 롤링(rolling)   을. 서지(surge)

병. 요잉(yawing)   정. 피칭(pitching)

> **해설** 롤링
>
> X축을 기준으로 좌우 교대로 회전하려는 운동으로, 복원력과 밀접한 관계에 있다.

175 모터보트가 전복될 위험이 가장 큰 경우는? 을

갑. 기관 공전이 생길 때

을. 횡요주기와 파랑의 주기가 일치할 때

병. 조류가 빠른 수역을 항해할 때

정. 선수 동요를 일으킬 때

> **해설**
>
> 횡요주기가 파랑의 주기와 일치하게 되면 횡요각이 점점 커지게 된다.

176 〈보기〉의 설명으로 옳은 것을 고르시오. 병

> **보기**
>
> 선수가 좌우 교대로 선회하려는 왕복 운동이며, 선박의 보침성과 깊은 관계가 있다.

갑. 롤링(rolling)   을. 서지(surge)

병. 요잉(yawing)   정. 피칭(pitching)

> **해설** **요잉**
>
> Z축을 기준으로 하여 선수가 좌우 교대로 선회하려는 왕복 운동으로, 선박의 보침성과 깊은 관계가 있다. 보침성이 불량한 선박은 협수로 통과나 다른 선박과의 근접 통과 시의 조종 등에 어려움이 많다.
>
>

177 〈보기〉의 설명으로 옳은 것을 고르시오. 을

> **보기**
>
> 선체가 횡동요 중에 옆에서 돌풍을 받든지 또는 파랑 중에서 대각도 조타를 하면 선체는 갑자기 큰 각도로 경사하게 된다.

갑. 동조 횡동요   을. 러칭

병. 브로칭   정. 슬래밍

> **해설** **러칭**
>
> 횡동요 중에 옆에서 돌풍을 받거나 또는 파랑 중 대각도 조타를 하여 선체가 갑자기 큰 각도로 경사되는 현상
> ※ 동조 횡동요 : 선체의 횡동요 주기가 파도의 주기와 일치하여 횡동요각이 점점 커지는 현상
> ※ 슬래밍 : 거친 파랑 중을 항행하는 선박이 길이 방향으로 크게 동요하게 되어 선저가 수면 상으로 올라와서 떨어지면서 수면과의 충돌로 인해 선수 선저의 평평한 부분에 충격 작용하는 현상을 말한다.

178 자기컴퍼스를 사용할 때에는 해당 해역의 편차(Variation)는 어디에서 확인할 수 있는가? 정

갑. 조석표　　　　　을. 등대표　　　　　병. 천측력　　　　　정. 해도

🔊 해설

해당 지역의 편차(Variation)는 항해용 해도상의 나침도에서 확인할 수 있다.

179 황천 항해 중 선박조종법으로 옳지 않은 것은? 정

갑. 라이 투(Lie to)　　　　　　　　을. 히브 투(Heave to)

병. 스커딩(Scudding)　　　　　　　정. 브로칭(Broaching)

🔊 해설 **브로칭(Broaching)**

선박이 파도를 선미로부터 받으면서 항주할 때에 선체 중앙이 파도의 파정이나 파저에 위치하면 급격한 선수 동요에 의해 선체는 파도와 평행하게 놓이는 수가 있으며, 이런 현상을 브로칭(broaching)이라 부른다. 이때에는 파도가 갑판을 덮치고 선체의 대각도 횡경사가 유발되어 전복될 위험이 높다.

180 우회전 프로펠러로 운행하는 선박이 계류 시 우현계류보다 좌현계류가 더 유리한 이유는? 갑

갑. 후진 시 배출류의 측압작용으로 선미가 좌선회하는 것을 이용한다.

을. 후진 시 횡압력의 작용으로 선미가 좌선회하는 것을 이용한다.

병. 후진 시 반류의 작용으로 선미가 좌선회하는 것을 이용한다.

정. 후진 시 흡수류의 작용으로 선수가 우회두하는 것을 이용한다.

🔊 해설

입항 시, 계류 시에는 배출류의 측압작용과 횡압력의 작용으로 후진을 하면 선수가 우회두, 선미는 좌회두하므로 타를 이용하지 않아도 쉽게 접안을 할 수 있다. 접안 시 좌현계류가 쉬운 것은 전진 시 횡압력이 작용하고, 후진 시 측압작용 때문이다.

181 〈보기〉의 설명으로 옳은 것을 고르시오. 병

보기

황천으로 항행이 곤란할 때, 풍랑을 선미 쿼터(quarter)에서 받으며, 파에 쫓기는 자세로 항주하는 방법이며, 이 방법은 선체가 받는 충격 작용이 현저히 감소하고, 상당한 속력을 유지할 수 있으나, 보침성이 저하되어 브로칭 현상이 일어날 수도 있다.

갑. 라이 투　　　　을. 빔 엔드　　　　병. 스커딩　　　　정. 히브 투

🔊 해설

• 라이 투(Lie to) : 기관을 정지하고 선체를 풍하로 표류하도록 하는 방법(대형선에서만 사용)
• 스커딩(Scudding) : 풍랑을 선미 쿼터(quarter)에서 받으며, 파에 쫓기는 자세로 항주하는 방법이며, 선체가 받는 충격 작용이 현저히 감소하고, 상당한 속력을 유지할 수 있으나, 보침성이 저하되어 브로칭 현상이 일어날 수도 있다. ※브로칭 : 선박이 파도를 선미로부터 받으며 항주할 때 선체 중앙이 파도의 마루나 오르막에 위치함으로써 선체가 파도와 평행하게 놓이는 현상으로 전복의 위험이 있다.
• 히브 투(Heave to) : 선수를 풍랑 쪽으로 향하게 하여 조타가 가능한 최소의 속력으로 전진하는 방법

182 〈보기〉의 기류신호 방법으로 옳은 것은? 병

> **보기**
>
> 본선은 조난 중이다. 즉시 지원을 바란다.

갑. AC   을. DC   병. NC   정. UC

> **해설** 조난신호
>
> 무선전화로 '메이데이'라고 3회, 약 1분 간격 1회의 발포, 기타의 폭발에 의한 신호, 무중신호기에 의한 연속 음향의 신호, 적색의 불꽃을 내는 로켓 또는 유탄에 의한 신호, 무선전신, 모스부호인 '··· ― ― ― ···'의 신호, 선박 위의 발염에 의한 신호, 낙하산이 달린 적색의 염화 로켓, 오렌지색 연기의 발연신호, 좌우로 편 팔을 반복하여 천천히 올리고 내리는 신호

183 킥(Kick) 현상에 대한 설명으로 옳지 않은 것은? 정

갑. 원침로에서 횡 방향으로 무게중심이 이동한 거리로 선미 킥은 배 길이의 1/4~1/7 정도이다.
을. 장애물을 피할 때나 인명구조 시 유용하게 사용한다.
병. 선속이 빠른 선박과 타효가 좋은 선박은 커지며, 전타 초기에 현저하게 나타난다.
정. 선회 초기 선체는 원침로보다 안쪽으로 밀리면서 선회한다.

> **해설**
>
> 선회 초기 선체는 원침로보다 바깥으로 밀리면서 선회를 한다.

184 선박에 설치된 레이더의 기능으로 볼 수 없는 것은? 을

갑. 거리측정   을. 풍속측정
병. 방위측정   정. 물표탐지

> **해설** 레이더(Radio Detection and Raging)
>
> 전자파를 발사하여 그 반사파를 측정함으로써 물표를 탐지하고, 물표까지의 거리 및 방향을 파악하는 계기이다.

185 〈보기〉의 기류신호 방법으로 옳은 것은? 갑

> **보기**
>
> 피하라 : 본선은 조종이 자유롭지 않다.

갑. D   을. E   병. F   정. G

> **해설**
>
> D : 본선은 조종이 자유롭지 않다(피하라).
> E : 본선은 우현으로 변침하고 있다.
> F : 본선을 조종할 수 없다. 통신을 원한다.
> G : 본선은 도선사가 필요하다(어선의 경우, 본선은 어망을 올리고 있다).

186 〈보기〉의 기류신호 방법으로 옳은 것은? 〔갑〕

> **보기**
>
> 본선에 불이 나고, 위험 화물을 적재하고 있다. 본선을 충분히 피하라.

갑. J   을. K
병. L   정. M

> **해설**
>
> J : 본선에 불이 났다. 위험 화물을 적재하고 있다. 본선을 충분히 피하라.
> K : 귀선과 통신하고자 한다.
> L : 귀선은 즉시 정지하라.
> M : 본선은 정지하고 있다. 대수속력은 없다.

187 〈보기〉의 기류신호 방법으로 옳은 것은? 〔을〕

> **보기**
>
> 본선의 기관은 후진중이다.

갑. T   을. S
병. V   정. W

> **해설**
>
> T : 본선은 2척 1쌍의 트롤 어로 작업중이다. 본선을 피하라.
> S : 본선의 기관은 후진중이다.
> V : 본선은 지원을 바란다.
> W : 본선은 의료지원을 바란다.

188 운항 중 보트가 얕은 모래톱에 올라앉은 경우 제일 먼저 취해야 하는 조치는? 〔정〕
갑. 선체의 파손 확인
을. 조수간만 확인
병. 배의 위치를 확인
정. 기관(엔진)을 정지

> **해설**
>
> 보트가 모래톱에 좌주 시 냉각 시스템과 추진장치(프로펠러, 프로펠러샤프트 등) 손상 원인이 되므로 기관
> (엔진)을 즉시 정지하여야 한다.

189 다음 교량표지 ③번의 이름과 기능을 가장 옳게 설명한 것은? 을

①   ②   ③

갑. 좌측단표, 교량 아래의 항로 좌측 끝을 표시하는 표지판

을. 우측단표, 교량 아래의 항로 우측 끝을 표시하는 표지판

병. 중앙표, 주위의 가항 수역이나 항로의 중앙을 표시하는 표지판

정. 교각표, 교각의 존재를 표시하는 표지판

> **해설**
>
> 교량표는 좌측단표, 우측단표, 중앙표가 있으며, 주간에 항로의 중앙과 항로의 좌/우측 끝을 표시한다.
> (갑:①번 그림에 대한 설명, 병:②번 그림에 대한 설명, 교각표(정)는 존재하지 않음)
>
> 부록 | 그림 참조

---

190 그림의 항로표지에 대한 설명으로 옳지 않은 것은? 정

갑. 수로도지에 등재되지 않은 새롭게 발견된 위험물들을 표시하기 위함

을. 침몰·좌초선박 등에 설치

병. 황색과 청색을 교차 점등

정. 준설, 발굴, 매립 등 해상공사 구역 표시

> **해설**
>
> 새로운 위험물표지(신 위험물표지)는 수로도지에 등재되지 않은 새롭게 발견된 위험물들을 표시하기 위해
> 설치하는 표지이다. 침몰 및 좌초선박이나 새롭게 발견된 모래톱, 암초 등에 설치한다. 표체 도색은 청색/황
> 색 수직 줄무늬, 등색은 황색 및 청색 등이 교차 점등한다.
>
> 부록 | 그림 참조

---

191 모터보트 상호 간의 흡인·배척 작용을 설명한 내용으로 옳지 않은 것은? 병

갑. 접근거리가 가까울수록 흡인력이 크다.   을. 추월시가 마주칠 때보다 크다.

병. 저속항주시가 크다.   정. 수심이 얕은 곳에서 뚜렷이 나타난다.

192 해도 상의 그림의 의미는?   을

갑. 대기 정박구역   을. 대형 흘수선용 정박구역
병. 일반 정박구역   정. 유조선 정박구역

해설
DW(Deep Water)는 '깊은 수심 정박구역' 또는 '대형 흘수선용 정박구역'을 의미한다.

193 해도 상의 그림의 의미는?   병

갑. 대기 정박구역   을. 대형 흘수선용 정박구역
병. 일반 정박구역   정. 유조선 정박구역

194 모터보트 운항 중 우현 쪽으로 사람이 빠졌을 때 가장 먼저 해야 할 일은?   을
갑. 좌현 변침   을. 우현 변침
병. 기관후진   정. 기관전진

해설
우현 쪽으로 사람이 빠졌다면 익수자가 프로펠러에 휘감기지 않도록 즉시 우현 변침 한다.

195 6분 동안 1.2마일(해리)을 항주한 선박의 속력은? 　　　　　　　　　　　　　　정

갑. 6노트　　　　　　　　　　　　　　　　을. 8노트

병. 10노트　　　　　　　　　　　　　　　정. 12노트

> **해설**
>
> 1노트는 1시간에 1마일(해리)를 항주했다는 의미이다. 6분 동안 1.2마일을 항주했다면 60분간 12마일을 항주할 수 있다. 따라서 선박의 속력은 12노트이다.

196 선박 'A호'는 20노트(knot)의 속력으로 3시간 30분 동안 항해하였다면, 선박 'A호'의 항주 거리는? 　　　　　　　　　　　　　　정

갑. 50해리　　　　　　　　　　　　　　　을. 60해리

병. 65해리　　　　　　　　　　　　　　　정. 70해리

> **해설**
>
> 선박의 속력의 단위는 노트(knot)로 나타내며, 1노트는 1시간에 1해리를 항주할 때의 속력과 같다. 그러므로 선박이 총 항주한 거리는 선박의 속력×시간이므로 20노트×3.5시간 = 70해리가 된다.

197 해도 및 수로서지의 소개정에 관한 내용을 제공하기 위한 것으로, 국립해양조사원에서 주 1회 발행하는 소책자는? 　　　　　　　　　　　　　　을

갑. 항로지

을. 항행통보

병. 해도도식

정. 수로도서지 목록

> **해설** 　항행통보
>
> 국립해양조사원에서 매주 1회 발행하는 소책자로, 암초나 침선 등의 위험물의 발견, 수심의 변화, 항로표지의 신설 및 폐지 등에 대한 정보가 수록되어 있다. 해도 및 수로서지를 정정할 목적으로 발행한다.

198 시계가 제한된 상황에서 항행 시 주의사항으로 옳지 않은 것은? 　　　　　　　　　　　　　　병

갑. 낮이라 할지라도 반드시 등화를 켠다.

을. 상황에 적절한 무중신호를 실시한다.

병. 기관을 정지하고 닻을 투하한다.

정. 엄중한 경계를 실시하고, 필요시 경계원을 증가 배치한다.

> **해설**
>
> 시계가 제한되면 규정된 등화를 켜고, 무중신호를 발하며, 안전한 속력으로 감속하고, 경계를 강화한다.

199 교차방위법을 실시하기 위해 물표를 선정할 때 주의사항으로 옳지 않은 것은?

갑. 위치가 정확하고 잘 보이는 목표를 선정한다.

을. 다수의 물표를 선정하는 것이 좋다.

병. 먼 목표보다 가까운 목표를 선정한다.

정. 두 물표 선정 시에는 교각이 30° 미만인 것을 피한다.

> **해설** 교차방위법
>
> 두 군데 이상의 물표의 방위를 재어 그 교차점을 현재의 위치로 추정하는 방법으로, 다수의 물표를 선정하는 것은 좋지 않다.

200 동력수상레저기구로 물에 빠진 사람을 구조할 경우 선수방향으로부터 풍파를 받으며 접근하는 이유로 가장 적당한 것은? 병

갑. 익수자가 수영하기 쉽다.

을. 익수자를 발견하기 쉽다.

병. 동력수상레저기구의 조종이 쉽다.

정. 구명부환을 던지기가 쉽다.

> **해설**
>
> 선수 방향으로부터 풍파를 받으며 접근하면 선박의 조종이 용이하다.

201 상대선박과 충돌위험이 가장 큰 경우는? 갑

갑. 방위가 변하지 않을 때   을. 거리가 변하지 않을 때

병. 방위가 빠르게 변할 때   정. 속력이 변하지 않을 때

> **해설**
>
> 방위가 변하지 않을 때 상대선박과 점점 거리가 가까워지면 충돌한다.

202 시계가 제한된 상황에서 정박 중인 동력레저기구 방향으로 접근하여 오는 선박이 있을 경우, 충돌의 가능성을 경고하기 위해 가장 올바른 타종 방법은? 병

갑. 3회 타종(3점타)

을. 5회 타종(5점타)

병. 1분을 넘지 않는 간격으로 5초 동안 빠르게 타종(5초간 연속 타종)

정. 1분을 넘지 않는 간격으로 5초 동안 빠르게 타종(5초간 연속 타종)에 이어 3회 타종(3점타)

> **해설**
>
> 제한 시계 내에서 정박 중인 선박(100미터 미만 선박) 방향으로 다른 선박이 접근하여 오는 경우에는 1분을 넘지 않는 간격으로 5초 동안 빠르게 타종한다.

203 서로 시계 안에 있는 상황에서 다른 선박이 동력레저기구 방향으로 접근하여 오는 경우, 탐조등(searchlight)을 이용하여 경고신호를 보내고자 할 때 가장 올바른 발광신호 방법은? 정

갑. 1회 섬광
을. 2회 섬광
병. 3회 섬광
정. 5회 이상의 짧고 빠른 섬광

🔦 해설

서로 상대의 시계 안에 있는 선박이 접근하고 있을 경우에는 하나의 선박이 다른 선박의 의도 또는 동작을 이해할 수 없거나 다른 선박이 충돌을 피하기 위하여 충분한 동작을 취하고 있는지 분명하지 아니한 경우에는 그 사실을 안 선박이 즉시 기적으로 단음을 5회 이상 재빨리 울려 그 사실을 표시하여야 한다. 이 경우 의문신호는 5회 이상의 짧고 빠르게 섬광을 발하는 발광신호로써 보충할 수 있다.

204 등대의 광달거리의 설명으로 가장 옳지 않은 것은? 정

갑. 관측안고가 높을수록 길어진다.
을. 등고가 높을수록 길어진다.
병. 광력이 클수록 길어진다.
정. 날씨와는 관계없다.

🔦 해설

등대의 광달거리는 날씨와 관계있다.

205 자기컴퍼스에서 자차가 생기는 원인이 아닌 것은? 을

갑. 선수 방위가 변할 때
을. 선수를 여러 방향으로 잠깐 두었을 때
병. 선체가 심한 충격을 받았을 때
정. 지방 자기의 영향을 받을 때

🔦 해설

자차는 선수를 동일한 방향으로 장시간 두었을 때 변화한다.

206 모터보트로 얕은 수로를 항해하기에 가장 적당한 선체 트림상태는? 병

갑. 선수트림
을. 선미트림
병. 선수미 등흘수
정. 약간의 선수트림

🔦 해설 선체트림

선수와 선미가 물에 잠긴 정도가 달라 선체가 앞이나 뒤로 기울어진 상태를 말한다. 수심이 얕은 구역을 항해할 경우, 등흘수(Even Keel)상태로 항해하는 것이 효율적이다.

207 동력수상레저기구를 조종할 때 확인해야 할 계기로 옳지 않은 것은? 정

갑. 엔진 회전속도(RPM) 게이지

을. 온도(TEMP) 게이지

병. 압력(PSI) 게이지

정. 축(SHAFT) 게이지

> 해설
>
> 축 게이지는 기관 내부의 회전력 전달 부속으로 조종할 때 확인이 곤란하다.

208 자기 컴퍼스(Magnetic compass)의 특징으로 옳지 않은 것은? 병

갑. 구조가 간단하고 관리가 용이하다.

을. 전원이 필요 없다.

병. 단독으로 작동이 불가능하다.

정. 오차를 지니고 있으므로 반드시 수정해야 한다.

> 해설
>
> 자석을 자유로이 회전할 수 있는 회전대 위에 놓아두면 지구 자기장이 방향을 가리키게 된다는 원리를 이용하여 만든 것으로 단독으로 작동이 가능하며, 전원이 필요 없다.

209 모터보트를 현측으로 접안하고자 한다. 선수미 방향을 기준으로 진입각도가 가장 적당한 것은? 을

갑. 계류장과 평행하게

을. 약 20°~30°

병. 약 45°~60°

정. 직각

> 해설
>
> 계류장의 측면과 선수미 방향이 약 20~30도 정도 진입 접안하는 것이 가장 적당하다.

210 모터보트 운항 시 속력을 낮추거나 정지해야 할 경우로 옳지 않은 것은? 을

갑. 농무에 의한 시정 제한

을. 다른 보트가 추월을 시도하는 경우

병. 좁은 수로에서 침로만을 변경하기 어려운 경우

정. 진행 침로 방향에 장애물이 있을 때

> 해설
>
> 다른 보트가 추월을 시도하는 경우 가급적 자신의 침로와 속력을 유지한다.

211 수심이 얕은 해역을 항해할 때 발생하는 현상으로 옳지 않은 것은? 〈정〉

갑. 조종성능 저하 을. 속력감소

병. 선체 침하 현상 정. 공기 저항 증가

> **해설**
>
> 공기 저항 증가는 고속으로 항해할수록 증가한다.

212 육상에 계선줄을 연결하여 계류할 경우, 계선줄의 길이를 결정하는데 우선 고려하여야 할 사항으로 가장 적당한 것은? 〈을〉

갑. 수심 을. 조수간만의 차

병. 흘수 정. 선체트림

> **해설**
>
> 계선줄을 연결하여 계류할 경우, 조수간만의 차를 우선 고려하여야 한다.

213 〈보기〉는 무엇에 관한 설명인가? 〈갑〉

> **보기**
>
> • 항행하는 수로의 좌우측 한계를 표시하기 위해 설치된 표지
> • B지역은 좌현 부표의 색깔이 녹색으로 표시됨
> • 좌현 부표는 이 부표의 위치가 항로의 왼쪽 한계에 있음을 의미하며 부표의 오른쪽이 가항 수역임을 의미함

갑. 측방표지 을. 방위표지

병. 특수표지 정. 고립장애표지

> **해설**
>
> • 방위표지: 장애물을 중심으로 주위를 4개 상한으로 나누어 설치한 표지로 방향에 따라 동, 서, 남, 북 방위 표지라 부른다.
> • 특수표지: 항행원조가 주목적이 아닌 다른 목적으로 계획된 것으로 특별한 구역 또는 지물을 표시하는 표지시설이다.
> • 고립 장애표지: 암초나 침선 등 고립된 장애물 위에 설치하는 표지이다.

214 레이더에서는 여러 주변 장치로부터 다양한 정보를 받아 화면상에 표시한다. 레이더에 연결되는 주변장치로 옳지 않은 것은? 〈정〉

갑. 자이로컴퍼스 을. GPS

병. 선속계 정. VHF

> **해설**
>
> VHF는 통신기기이다.

215 프로펠러가 수면 위로 노출되어 공회전하는 현상은? 을

갑. 피칭 을. 레이싱 병. 스웨잉 정. 롤링

> **해설**
>
> 레이싱(racing) 현상은 프로펠러가 공기 중에 무부하 상태에서 회전되는 것으로서 과부화로 인한 기관손상 및 프로펠러 자체 손상이 있을 수 있다.

 pitch roll heave

216 좁은 수로에서 선박 조종 시 주의해야 할 내용으로 옳지 않은 것은? 갑

갑. 회두시 대각도 변침
을. 인근 선박의 운항상태를 지속 확인
병. 닻 사용 준비상태를 계속 유지
정. 안전한 속력 유지

> **해설**
>
> 협수로에서는 수로의 폭이 좁아 선수미선과 조류의 방향을 일치시켜 조종하고, 회두 시 소각도로 여러 차례 변침해야 한다.

217 선박이 전진 중 횡방향에서 바람을 받으면 선수는 어느 방향으로 향하나? 병

갑. 변화 없이 지속유지
을. 바람이 불어가는 방향
병. 바람이 불어오는 방향
정. 풍하방향

> **해설**
>
> 선박이 전진 중 횡방향에서 바람을 받으면 선체는 선속과 바람의 힘을 합친 방향으로 진행하면서 선미가 풍하 쪽으로 밀림으로써 선수는 바람이 불어오는 방향으로 향한다.

218 이안 거리(해안으로부터 떨어진 거리)를 결정할 때 고려해야 할 사항으로 옳지 않은 것은? 정

갑. 선박의 크기 및 제반 상태
을. 항로의 교통량 및 항로 길이
병. 해상, 기상 및 시정의 영향
정. 해도의 수량 및 정확성

> **해설**
>
> 선위 측정 방법 및 정확성이 이안거리를 결정할 때 고려해야 할 사항이다.

219 모터보트를 조종할 때 주의할 사항으로 적당하지 않은 것은? 정

갑. 좌우를 살피며 안전속력을 유지한다.
을. 움직일 수 있는 물건은 고정한다.
병. 자동 정지줄은 항상 몸에 부착한다.
정. 교통량이 많은 해역은 최대한 신속하게 이탈한다.

> **해설**
>
> 교통량이 많은 해역에서는 주위를 세심히 살피고 안전한 속력을 유지해야 한다.

220 동력수상레저기구 두 대가 근접하여 나란히 고속으로 운항할 때 어떤 현상이 일어나는가? 병

갑. 수류의 배출작용 때문에 멀어진다.

을. 평행하게 운항을 계속하면 안전하다.

병. 흡인작용에 의해 서로 충돌할 위험이 있다.

정. 상대속도가 0에 가까워 안전하다.

> **해설**
> 나란히 근접 운항시 파도 등에 의한 서로 잡아당기는 '흡인작용'으로 충돌위험이 있다.

221 수상오토바이에 대한 설명으로 옳지 않은 것은? 을

갑. 핸들과 조종자의 체중이동으로 방향을 변경한다.

을. 선체의 안전성이 좋아 전복할 위험이 적다.

병. 후진장치가 없는 것도 있다.

정. 선외기 보트에 비해 낮은 수심에서 운항할 수 있다.

> **해설**
> 수상오토바이의 추진기는 물분사(water jet) 방식으로써 선체가 수중에 잠기는 깊이가 얕아 낮은 수심에서 운항할 수 있으나 이물질을 제트펌프로 흡입하여 기관이 정지되는 경우에 유의하여야 한다. 선체의 크기가 작아 조종이 숙달되지 않으면 쉽게 전복될 수도 있다.

222 레이더 플로팅을 통해 알 수 있는 타선 정보로 옳지 않은 것은? 갑

갑. 선박 형상   을. 진속력

병. 진침로   정. 최근접 거리

> **해설**
> 레이더 플로팅을 통해 레이더 화면상에서 수동, 또는 자동으로 포착한 물표 영상을 연속적으로 추적하여 상대 선박의 진방위, 진속력, 최근접 거리, 최근접 시간 등의 정보가 표시된다.

223 항해 중 선박이 충돌하였을 때의 조치로 옳지 않은 것은? 정

갑. 주기관을 정지시킨다.

을. 두 선박을 밀착시킨 상태로 밀리도록 한다.

병. 절박한 위험이 있을 때는 음향신호 등으로 구조를 요청한다.

정. 선박을 후진시켜 두 선박을 분리한다.

> **해설**
> 다른 선박의 현측에 자선의 선수가 충돌했을 때는 기관을 후진시키지 말고, 주기관을 정지시킨 후, 두 선박을 밀착시킨 상태로 밀리도록 한다. 만약 선박을 후진시켜 두 선박을 분리시키면, 대량의 침수로 인해 침몰의 위험이 더 커질 수 있다.

224 선박의 조난신호에 관한 사항으로 옳지 않은 것은? 〔정〕

갑. 조난을 당하여 구원을 요청하는 경우에 사용하는 신호이다.

을. 조난신호는 국제해사기구가 정하는 신호로 행하여야 한다.

병. 구원 요청 이외의 목적으로 사용해서는 안 된다.

정. 유사시를 대비하여 정기적으로 조난신호를 행하여야 한다.

> **해설**
>
> 조난신호는 국제해상충돌예방규칙에 의하며, 구원 요청 이외의 목적으로 사용해서는 안된다.

225 고무보트를 운항하기 전에 확인할 사항으로 옳지 않은 것은? 〔병〕

갑. 공기압을 점검한다.

을. 기관(엔진)부착 정도를 확인한다.

병. 흔들림을 방지하기 위해 중량물을 싣는다.

정. 연료를 점검한다.

> **해설**
>
> 중량물로 인해 고무보트의 균형을 잃을 수 있다.

226 VHF 무선전화로 "선박이 긴박한 위험에 처해 즉각적인 구조를 바란다"는 통신을 보낼 때 사용하는 용어는? 〔갑〕

갑. MAYDAY(메이데이)

을. PAN PAN(팡팡)

병. SECURITE(시큐리티)

정. SOS(에스 오 에스)

> **해설** **MAYDAY(메이데이)**
>
> VHF 무선전화로 "선박이 긴박한 위험에 처해 즉각적인 구조를 바란다"는 통신을 보낼 때 사용하는 통신용어이다.

227 비상 상황에서 조난 통신의 원활한 전달을 위해 "모든 무선국은 지금 즉시 통신을 중지하라"는 의미의 무선통신 용어는? 〔갑〕

갑. SILENCE('시롱스'로 발음)　　　　을. MAYDAY('메이데이'로 발음)

병. PAN PAN('팡팡'으로 발음)　　　　정. SECURITE('씨큐리티'로 발음)

> **해설**
>
> SILENCE(SEE LONSS로 발음)은 비상 상황에서 조난 통신의 원활한 전달을 위해 다른 선박의 통신을 중지시키고자 할 때 사용하는 음성신호이다.

228 선박 침수 시 조치로 옳지 않은 것은? 〔갑〕

갑. 즉각적인 퇴선조치

을. 침수원인 확인 후 응급조치

병. 수밀문을 밀폐

정. 모든 수단을 이용하여 배수

> **해설**
>
> 선박이 침수하는 것만으로 즉각적 퇴선은 올바르지 않다. 침수의 원인과 침수량 등을 확인하여 응급조치하고, 수밀문을 밀폐시키고 모든 방법을 동원하여 배수한다.

229 시정이 제한된 상태에 대한 설명으로 옳지 않은 것은? 〔정〕

갑. 안개 속

을. 침로 전면에 안개덩이가 있는 때

병. 눈보라가 많이 내리는 때

정. 해안선이 복잡하여 시야가 막히는 경우

> **해설** 제한된 시계
>
> 안개·연기·눈·비·모래바람 등으로 시야 확보가 곤란한 상태를 말한다. 해안선이 복잡한 상태는 시정이 제한된 상태로 볼 수 없다.

230 유속 5노트의 해류를 뒤에서 받으며, GPS로 측정한 선속이 15노트라면, 대수속력(S)과 대지속력(V)은 얼마인가? 〔갑〕

갑. S=10노트, V=15노트   을. S=10노트, V=10노트

병. S=20노트, V=5노트   정. S=15노트, V=15노트

> **해설**
>
> 선박이 수면상을 지나는 속력을 대수속력이라고 하며, 선박이 외력 등의 영향으로 인하여 움직이지 않는 지면에 대하여 나타나는 속력을 대지속력이라 한다. GPS는 대지속력을 측정하므로, 15노트는 대지속력이 되며, 대지속력(15노트)에서 외력(5노트)을 빼면 10노트는 대수속력이 된다.

231 보트나 부이에 국제신호서상 A기가 게양되어 있을 때, 깃발이 뜻하는 의미는? 〔갑〕

갑. 스쿠버 다이빙을 하고 있다.   을. 낚시를 하고 있다.

병. 수상스키를 타고 있다.   정. 모터보트 경기를 하고 있다.

> **해설**
>
> A(알파기)는 '본선은 잠수부를 내리고 있으니 저속으로 피하라'는 뜻이다.

232 선외기 등을 장착한 활주형 선박에서 운항 중 선회하는 경우 선체경사는? 〔정〕

갑. 외측경사
을. 내측경사
병. 외측경사 후 내측경사
정. 내측경사 후 외측경사

> **해설**
>
> 활주중인 선체는 타각을 준 쪽인 안쪽으로 경사(내방, 안쪽)되며, 선회를 계속하면 선체는 정상 선회(외방, 바깥쪽)한다.

233 모터보트를 계류장에 접안할 때 주의사항으로 옳지 않은 것은? 〔정〕

갑. 타선의 닻줄 방향에 유의한다.
을. 선측 돌출물을 걷어 들인다.
병. 외력의 영향이 작을 때 접안이 쉽다.
정. 선미접안을 먼저 한다.

> **해설**
>
> 선수를 먼저 접안한다.

234 모터보트의 조타설비에 대한 설명으로 맞는 것은? 〔병〕

갑. 무게를 측정하기 위한 설비
을. 크기를 측정하기 위한 설비
병. 운항 방향을 제어하는 설비
정. 강도를 측정하기 위한 설비

> **해설** **조타설비**
>
> 운항 방향을 제어하는 설비, 키를 이용하여 변침하거나 침로를 유지할 때 필요한 장치

235 모터보트의 현재 위치 측정방법으로 가장 정확한 방법은? 〔갑〕

갑. 위성항법장치(GPS)
을. 어군탐지기
병. 해안선
정. 수심측정기

> **해설**
>
> • 위성항법장치(GPS) : 현재의 위치 확인 측정에 이용되는 항해 장비이다.
> • 어군탐지기 : 선저에서 해저를 향해 초음파를 발사하고 어군에 부딪혀 반사되는 것으로 물고기의 존재와 수량을 파악하는 장치이다.
> • 수심측정기 : Tranduser를 통하여 발사한 음향이 해저에 부딪혀 돌아오는 속도로서 수심을 측정하는 장비이다.

236 선체의 가장 넓은 부분에 있어서 양현 외판의 외면에서 외면까지의 수평거리는? 〔갑〕

갑. 전폭
을. 전장
병. 건현
정. 수선장

> **해설** **구전폭(Extreme breadth)**
>
> 선박의 폭을 나타내는 것으로 선체의 가장 넓은 부분의 현측 바깥쪽 면에서 반대쪽 현의 바깥쪽까지의 수평거리를 말한다. 선박의 측정 시 선체의 길이, 폭, 깊이 등으로 제원이 결정된다.

237 항해 시 변침 목표물로서 옳지 않은 것은? `을`

갑. 등대

을. 부표

병. 입표

정. 산꼭대기

> **해설**
>
> 부표는 위치가 이동되기 때문에 부적당하다.
> - 등대(Lighthouse) : 선박에게 육상의 특정한 위치를 표시하기 위해 설치된 탑과 같이 생긴 구조물
> - 부표(Buoy) : 암초, 얕은 수심 등의 위험이나 항행금지 지점을 표시하기 위해 설치되는 구조물
> - 입표(Beacon) : 암초, 노출암 등의 위치를 표시하기 위해 설치하는 항로표지

238 시정이 제한된 상태에서 지켜야 할 것으로 옳은 것은? `갑`

갑. 안전속력

을. 최저속력

병. 안전묘박

정. 제한속력

> **해설** **안전속력**
>
> 충돌을 피하기 위하여 적절하고 효과적인 동작을 취하거나 당시의 상황에 알맞은 거리에서 선박을 멈출 수 있는 속력이다. 안전한 속력을 결정할 때에는 시계상태, 해상교통량의 밀도, 선박의 정지거리·선회성능 그 밖의 조종성능 등의 사항을 고려하여야 한다.

239 선박에서 상대방위란 무엇인가? `갑`

갑. 선수를 기준으로 한 방위

을. 물표와 물표사이의 방위각 차

병. 나북을 기준으로 한 방위

정. 진북을 기준으로 한 방위

> **해설**
>
> 선수 방향을 기준으로 한 방위로써, 선수를 기준으로 하여 시계 방향으로 360도까지 측정하거나 좌현 또는 우현쪽으로 각각 180도까지 측정한 방위이다.

240 안전한 항해를 하기 위해서는 변침 지점과 물표를 미리 선정해 두어야 한다. 이때 주의사항으로 옳지 않은 것은? `갑`

갑. 변침 후 침로와 거의 평행 방향에 있고 거리가 먼 것을 선정한다.

을. 변침하는 현측 정횡 부근의 뚜렷한 물표를 선정한다.

병. 곶, 등부표 등은 불가피한 경우가 아니면 이용하지 않는다.

정. 물표가 변침 후의 침로 방향에 있는 것이 좋다.

> **해설**
>
> 변침물표는 변침 시 자선의 위치를 파악하는 기준이 되며, 변침 후 물표가 침로 방향에 있으며, 거리가 가까운 것을 선정한다.

241 그림과 같이 선수 트림(Trim by the head)이 클 때, 나타나는 현상과 거리가 가장 먼 것은? 〔정〕

갑. 엔진을 가속할수록 선수가 들린다.

을. 잔잔한 물에서도 선수가 위아래로 흔들린다.

병. 활주 상태에서 보트가 급격히 좌우로 흔들린다.

정. 선수부에서 항주파가 형성된다.

> 🎓 **해설**
>
> 트림(Trim)이 과하면 선수가 들려, 항주파가 선미부에서 형성된다. 잔잔한 물에서도 선수가 위아래로 흔들리며, 활주 상태에서 갑자기 보트가 좌우로 흔들린다. 선수부에서 항주파(ship's wake)가 형성되거나 물을 밀고 나가는 것 같이 보이는 현상은 트림이 작을 때 또는 Negative(−) 트림일 때 나타나는 현상이다.

242 기상, 해류, 조류 등의 자연 환경과 도선사, 검역, 항로의 상황, 연안의 지형, 항만의 시설 등이 수록되어 있는 수로서지는? 〔정〕

갑. 조석표   을. 천측력

병. 등대표   정. 항로지

> 🎓 **해설** 〔항로지〕
>
> 선박의 항해 및 입출항에 필요한 정보를 수록하고 있다. 기상, 해류, 도선사, 검역, 항로, 연안의 지형, 항만 시설에 대한 정보가 기술되어 있다.

243 레이더 화면의 영상을 판독하는 방법에 대한 설명으로 가장 옳지 않은 것은? 〔갑〕

갑. 상대선의 침로와 속력 변경으로 인해 상대방위가 변화하고 있다면 충돌의 위험이 없다고 가정한다.

을. 다른 선박의 침로와 속력에 대한 정보는 일정한 시간 간격을 두고 계속적인 관측을 해야 한다.

병. 해상의 상태나 눈, 비로 인해 영상이 흐려지는 부분이 생길 수 있다는 것도 알고 있어야 한다.

정. 방위 변화가 거의 없고 거리가 가까워지고 있으면 상대선과 충돌의 위험성이 있다는 것이다.

> 🎓 **해설**
>
> 상대선의 침로와 속력 변경으로 인해 상대방위가 변화하고 있다면 충돌의 위험이 없다고 가정해서는 안 된다. 컴퍼스 방위와 거리를 서로 관련시켜서 판단해야 한다.

244 초단파(VHF) 통신설비를 갖춘 수상레저기구의 무선통신 방법으로 가장 옳은 것은? `병`

갑. 송신 전력은 가능한 최대 전력으로 사용해야 한다.

을. 중요한 단어나 문장을 반복해서 말하는 것이 좋다.

병. 채널 16은 조난, 긴급, 안전 호출용으로만 사용되어야 한다.

정. 조난 통신을 청수한 때에는 즉시 채널을 변경한다.

> **해설**
>
> 채널 16은 조난, 긴급, 안전 호출용으로만 사용되어야 하고, 조난 통신을 청수한 때에는 다른 모든 통신을 중단하고 계속 청수해야 한다. 송신 전에 그 채널이 사용 중인지 확인해야 하며, 수신국의 특별한 요청이 없는 한 단어나 구문을 반복하지 말아야 한다.

245 위성항법장치(GPS) 플로터에 대한 설명으로 가장 옳지 않은 것은? `갑`

갑. GPS 플로터의 모든 해도는 선위확인 등 안전한 항해를 위한 목적으로 사용할 수 있다.

을. GPS 위성으로부터 정보를 수신하여 자선의 위치, 시간, 속도 등이 표시된다.

병. 표시된 데이터로 선박항해에 필요한 정보를 제공한다.

정. 화면상에 각 항구의 해도와 경위도선, 항적 등을 표시할 수 있다.

> **해설**
>
> GPS 플로터의 전자해도는 간이 전자해도로서 항해 보조용으로 제작된 것이 많으며, 안전한 항해를 위해서는 반드시 국가기관의 승인을 받은 정규해도를 사용해야 한다.

246 모터보트가 저속으로 항해할 때 가장 크게 작용하는 선체저항은? `갑`

갑. 마찰저항

을. 조파저항

병. 조와저항

정. 공기저항

> **해설**
>
> • 마찰저항 : 선체가 물에 부딪혀 선박의 진행을 방해하는 힘을 말하며, 선체 표면의 거칠기와 오손의 영향을 받는다. 마찰저항은 선체 전 저항의 70~80% 정도에 이르며, 선저를 깨끗하게 해주면 마찰저항을 줄일 수 있다.
> • 조파저항 : 선체 표면의 수직방향으로 작용하는 저항으로 선박의 운항으로 발생하는 파도의 영향으로 선체 주변 압력분포가 바뀌게 되는 것에 기인한다. 조파저항을 감소시키기 위해 구상선수를 채택한다.
> • 조와저항 : 선체로부터 떨어져나가 형성된 소용돌이로 인해 발생한 저항이다. 즉, 속도차에 의해 선미 부근에서 와류가 생겨 선체는 전방으로부터 후방으로 힘을 받게 되는 저항이다.
> • 공기저항 : 선박의 구조물이 공기의 흐름과 부딪혀서 생기는 저항이다.

247 모터보트에 승선 및 하선을 할 때 주의사항으로 옳지 않은 것은? 을

갑. 부두에 있는 사람이 모터보트를 붙잡아 선체가 움직이지 않도록 한 후 승선한다.

을. 모터보트의 선미쪽 부근에서 1명씩 자세를 낮추어 조심스럽게 타고 내려야 한다.

병. 승선할 때에는 모터보트와 부두 사이의 간격이 안전하게 승선할 수 있는지 확인한다.

정. 승선 위치는 전후좌우의 균형을 유지하도록 가능한 낮은 자세를 취한다.

> **해설**
> 모터보트의 중앙부 부근에서 1명씩 자세를 낮추어 조심스럽게 타고 내려야 한다.

248 소형 모터보트의 중, 고속에서의 직진과 정지에 대한 설명으로 가장 옳지 않은 것은? 을

갑. 키는 사용한 만큼 반드시 되돌려야 하고, 침로 수정은 침로선을 벗어나기 전에 한다.

을. 침로유지를 위한 목표물은 가능한 가까운 쪽에 있는 목표물을 선정한다.

병. 키를 너무 큰 각도로 돌려서 사용하는 것보다 필요한 만큼 사용한다.

정. 긴급 시를 제외하고는 급격한 감속을 해서는 안 된다.

> **해설**
> 침로유지를 위한 목표물은 가능한 한 먼 쪽에 있는 목표물을 설정하고 그 목표물과 선수가 계속 일직선이 되도록 조정해야 한다.

249 모터보트의 선회 성능에 대한 설명으로 가장 옳지 않은 것은? 정

갑. 속력이 느릴 때 선회 반경이 작고 빠를 때 크다.

을. 선회 시는 선체 저항의 증가로 속력은 떨어진다.

병. 타각이 클 때보다 작을 때 선회 반경이 크다.

정. 프로펠러가 1개인 경우 좌우의 선회권의 크기는 차이가 없다.

> **해설**
> 추진 장치가 1개인 프로펠러는 우회전이 일반적이다. 따라서 우현 선회 시 선회권이 작고, 좌현 선회 시 선회권의 반경은 크다.

250 모터보트에서 사람이 물에 빠졌을 때 인명구조 방법으로 가장 옳지 않은 것은? 갑

갑. 익수자 발생 반대 현측으로 선수를 돌린다.

을. 익수자 쪽으로 계속 선회 접근하되 미리 정지하여 타력으로 접근한다.

병. 익수자가 선수에 부딪히지 않아야 하고 발생 현측 1미터 이내에서 구조할 수 있도록 조정한다.

정. 선체 좌우가 불안정할 경우 익수자를 선수 또는 선미에서 끌어올리는 것이 안전하다.

> **해설**
> 익수자 발생 현측으로 선수를 돌려야 한다.

251 모터보트를 조종할 때 활주 상태에 대한 설명으로 가장 옳은 것은? 병

갑. 정지된 상태에서 속도전환 레버를 조작하여 전진 또는 후진하는 것

을. 속력을 증가시키면 양력이 증가되어 가벼운 선수 쪽에 힘이 미치게 되어 선수가 들리는 상태

병. 모터보트의 속력과 양력이 증가되어 선수 및 선미가 수면과 평행상태가 되는 것

정. 선회 초기에 선미는 타를 작동하는 반대 방향으로 밀려나는 것

> **해설**
> • 활주상태 : 속력과 양력이 증가되어 선수미가 수면과 평행을 이루며 물 위를 질주하는 상태
> • 반활주상태 : 모터보트가 출발할 때 양력이 증가되면서 가벼운 선수가 들리는 상태

252 〈보기〉의 그림이 의미하는 것은? 갑

> **보기**
>
>

갑. 비상집합장소   을. 강하식탑승장치

병. 비상구조선   정. 구명뗏목

> **해설** **비상집합장소(muster station)**
> 선박의 비상 상황 발생 시 탈출이 용이한 곳으로 지정된 집합장소이다. 이곳에서 안전장구를 착용하고 구조를 받거나 선박에서 탈출이 용이한 곳이다.

253 여객이나 화물을 운송하기 위하여 쓰이는 용적을 나타내는 톤수는? 을

갑. 총톤수   을. 순톤수

병. 배수톤수   정. 재화중량톤수

> **해설** **순톤수(Net Tonnage)**
> 순수하게 여객이나 화물의 운송을 위하여 제공되는 실제의 용적을 나타내기 위하여 사용되는 지표로서, 항만 시설 사용료 등의 산정 기준이며, 화물 적재 장소의 용적에 대한 톤수와 여객 정원수에 따른 톤수의 합으로 나타낼 수 있다.

254 바람이나 조류가 모터보트의 움직임에 미치는 영향에 관한 설명 중 가장 올바른 것은? 을

갑. 바람과 조류는 모두 모터보트를 이동만 시킨다.

을. 바람은 회두를 일으키고 조류는 모터보트를 이동시킨다.

병. 바람은 모터보트를 이동시키고 조류는 회두를 일으킨다.

정. 바람과 조류는 모두 회두만을 일으킨다.

255 모터보트를 조종할 때 조류의 영향을 설명한 것 중 가장 옳지 않은 것은? 〔병〕

갑. 선수 방향의 조류는 타효가 좋다.

을. 선수 방향의 조류는 속도를 저하시킨다.

병. 선미 방향의 조류는 조종 성능이 향상된다.

정. 강조류로 인한 보트 압류를 주의해야 한다.

256 다른 동력수상레저기구 또는 선박을 추월하려는 경우에는 추월당하는 기구의 진로를 방해하여서는 안 된다. 이때 두 선박 간의 관계에 대한 설명으로 가장 옳지 않은 것은? 〔정〕

갑. 운항규칙상 2미터 이내로 근접하여 운항하면 안 된다.

을. 가까이 항해 시 두 선박 간에 당김, 밀어냄, 회두 현상이 일어난다.

병. 선박의 상호간섭작용이 충돌 사고의 원인이 된다.

정. 선박 크기가 다를 경우 큰 선박이 훨씬 큰 영향을 받는다.

257 평수구역을 항해하는 총톤수 2톤 이상의 소형선박에 반드시 설치해야 하는 무선통신 설비는? 〔갑〕

갑. 초단파대 무선설비

을. 중단파(MF/HF) 무선설비

병. 위성통신설비

정. 수색구조용 레이더 트렌스폰더(SART)

258 황천으로 항해가 곤란할 때 바람을 선수 좌·우현 25~35도로 받으며 타효가 있는 최소한의 속력으로 전진하는 것을 무엇이라고 하는가? 〔갑〕

갑. 히브 투(heave to)

을. 스커딩(scudding)

병. 라이 투(lie to)

정. 브로칭 투(broaching to)

259 야간에 항해 시 주의사항으로 가장 옳지 않은 것은? 을

갑. 양 선박이 정면으로 마주치면 서로 오른쪽으로 변침하여 피한다.

을. 다른 선박을 피할 때에는 소각도로 변침한다.

병. 기본적인 항법 규칙을 철저히 이행한다.

정. 적법한 항해등을 점등한다.

> **해설**
>
> 야간에는 등화만으로 다른 선박이나 물표를 확인해야 하므로 적법한 항해등을 점등하고, 기본적인 항법 규칙을 철저히 이행하여야 한다. 항법의 적용에 있어 다른 선박을 피할 때에는 대각도로 변침한다.

260 풍랑을 선미 좌·우현 25~35도에서 받으며, 파에 쫓기는 자세로 항주하는 것을 무엇이라고 하는가? 을

갑. 히브 투   을. 스커딩

병. 라이 투   정. 러칭

> **해설 스커딩**
>
> 풍랑을 선미로 받으며 파에 쫓기는 자세로 항주하는 것으로서 선체가 받는 충격이 현저히 감소되어, 상당한 속력을 유지할 수 있으나 선미 추파에 의하여 해수가 갑판을 덮칠 수 있다.

261 계류 중인 동력수상레저기구 인근을 통항하는 선박 또는 동력수상레저기구가 유의하여야 할 내용으로 옳지 않은 것은? 병

갑. 통항 중인 레저기구는 가급적 저속으로 통항한다.

을. 계류 중인 레저기구는 계선줄 등을 단단히 고정한다.

병. 통항 중인 레저기구는 가능한 접안선 가까이 통항한다.

정. 계류 중인 레저기구는 펜더 등을 보강한다.

> **해설**
>
> 통항 중인 레저기구는 가능한 한 접안선으로부터 멀리 떨어져서 저속으로 통항한다.

262 동력수상레저기구 화재 시 소화 작업을 하기 위한 조종방법으로 가장 옳지 않은 것은? 정

갑. 선수부 화재 시 선미에서 바람을 받도록 조종한다.

을. 상대 풍속이 0이 되도록 조종한다.

병. 선미 화재 시 선수에서 바람을 받도록 조종한다.

정. 중앙부 화재 시 선수에서 바람을 받도록 조종한다.

> **해설**
>
> 화재가 확산되지 않도록, 상대풍속이 0이 되도록 선박을 조종해야 한다. 따라서, 선수 화재 시 선미에서, 선미 화재 시 선수에서, 중앙부 화재 시 정횡에서 바람을 받도록 조종해야 한다.

263 동력수상레저기구는 위험물 운반선 부근을 통항 시 멀리 떨어져서 운항하여야 한다. 위험물 운반선의 국제 문자 신호기로 옳은 것은? `을`

갑. A기(왼쪽 흰색 바탕 | 오른쪽 파랑색 바탕 〈 모양)

을. B기(빨간색 바탕 기류, 오른쪽 〈 모양)

병. Q기(노란색 바탕 사각형 기류)

정. H기(왼쪽 흰색 바탕 | 오른쪽 빨간색 바탕 사각형 기류)

> **해설**
> - A기 : 잠수부를 내림
> - B기 : 위험물 운반선
> - Q기 : 검역허가 요청
> - H기 : 도선사 승선 중

264 해양사고가 발생하였을 경우 수상레저기구를 구조정으로 활용한 인명구조 방법으로 가장 옳지 않은 것은? `갑`

갑. 가능한 조난선의 풍상쪽 선미 또는 선수로 접근한다.

을. 접근할 때 충분한 거리를 유지하며 계선줄을 잡는다.

병. 구조선의 풍하 현측으로 이동하여 요구조자를 옮겨 태운다.

정. 조난선에 접근 시 바람에 의해 압류되는 것을 주의한다.

> **해설**
> 구조정은 조난선의 풍하쪽 선미 또는 선수에 접근하여 충분한 거리를 유지하면서 계선줄을 잡은 다음, 구명튜브 등을 활용하여 조난선의 풍하 현측으로 이동하여 요구조자를 옮겨 태운다. 조난선 접근 시 바람에 의해 압류되는 것을 주의하여야 한다.

265 바다에 사람이 빠져 수색 중인 선박을 발견하였다. 이 선박에 게양되어 있는 국제 기류 신호는 무엇인가? `정`

갑. F기(흰색 바탕에 마름모꼴 빨간색 모양 기류)

을. H기(왼쪽 흰색 바탕 | 오른쪽 빨간색 바탕 사각형 기류)

병. L기(왼쪽 위 노란색, 아래 검정색 | 오른쪽 상단 검정색, 아래 노란색)

정. O기(왼쪽 아래 노란색, 오른쪽 위 빨간색 사선 모양 기류)

> **해설**
> - F : 본선은 조종할 수 없다.
> - H : 수로 안내인이 승선하고 있다.
> - L : 귀선은 즉시 정선하라.
> - O : 바다에 사람이 빠졌다.

266 동력수상레저기구 운항 중 전방의 선박에서 단음 1회의 음향신호 또는 단신호 1회의 발광신호를 인식하였다. 이에 대한 설명으로 가장 옳은 것은? 　　갑

갑. 우현 변침 중이라는 의미

을. 좌현 변침 중이라는 의미

병. 후진 중이라는 의미

정. 정지 중이라는 의미

> **해설**
> • 우현 변침 중 : 단음 1회(기류 E기)
> • 좌현 변침 중 : 단음 2회(기류 I기)
> • 후진 중 : 단음 3회(기류 S기)
> ※ 단음 1회를 인식한 선박은 우현으로 변침 협조 동작을 취해준다.

267 동력수상레저기구 운항 중 조난을 당하였다. 조난 신호로 가장 옳지 않은 것은? 　　정

갑. 야간에 손전등을 이용한 모르스 부호(SOS) 신호

을. 인근 선박에 좌우로 벌린 팔을 상하로 천천히 흔드는 신호

병. 초단파(VHF) 통신 설비가 있을 때 메이데이라는 말의 신호

정. 백색 등화의 수직 운동에 의한 신체 동작 신호

> **해설**
> • 백색 등화의 수직 운동에 의한 신체 동작 신호 : 이곳은 상륙하기에 좋은 장소이다.
> • 백색 등화의 수평 운동에 의한 신체 동작 신호 : 이곳은 상륙하기 위험한 장소이다.

268 해상에서 선박이 항해한 거리를 나타낼 때 사용하는 단위는? 　　병

갑. 노트　　　　　　　　　　　을. 미터

병. 해리　　　　　　　　　　　정. 피트

> **해설**
> 해상에서 거리를 나타내는 단위를 해리라 하며, 속도의 단위를 노트로 사용한다. 흔히 선체의 길이를 피트로 부르는 경우가 많다.

269 연안항해에서 선위를 측정할 때 가장 부정확한 방법은? 　　정

갑. 한 목표물의 레이더 방위와 거리에 의한 방법

을. 레이더 거리와 실측 방위에 의한 방법

병. 둘 이상 목표물의 레이더 거리에 의한 방법

정. 둘 이상 목표물의 레이더 방위에 의한 방법

> **해설**
> 둘 이상 목표물의 레이더 방위에 의한 선위 측정은 정확도가 떨어진다.

270 선박이 우현 쪽으로 둑에 접근할 때 선수가 받는 영향은?　병

갑. 우회두한다.　　　　　　　　　　을. 흡인된다.

병. 반발한다.　　　　　　　　　　　정. 영향이 없다.

271 전타 선회 시 제일 먼저 생기는 현상은?　갑

갑. 킥(Kick)　　　을. 종거　　　　병. 선회경　　　정. 횡거

> **해설**
>
> 킥 현상은 전타 선회 시 무게중심이 횡방향으로 이동하면서 선미가 밀리는 현상으로 선회 시작과 동시 제일 먼저 발생하고 이후 원 침로를 유지한다.

272 조석과 조류에 대한 설명으로 옳지 않은 것은?　병

갑. 조석으로 인한 해수의 주기적인 수평운동을 조류라 한다.

을. 조류가 암초나 반대 방향의 수류에 부딪혀 생기는 파도를 급조라 한다.

병. 좁은 수로 등에서 조류가 격렬하게 흐르면서 물이 빙빙 도는 것을 반류라 한다.

정. 같은 날의 조석이 그 높이와 간격이 같지 않은 현상을 일조부등이라 한다.

> **해설**
>
> 조류가 격렬하게 흐르면서 물이 빙빙 도는 것을 와류라 한다.

273 음향표지 또는 무중신호에 대한 설명으로 옳지 않은 것은?　갑

갑. 밤에만 작동한다.

을. 사이렌이 많이 쓰인다.

병. 공중음신호와 수중음신호가 있다.

정. 일반적으로 등대나 다른 항로표지에 부설되어 있다.

> **해설**
>
> 음향표지 또는 무중신호는 낮과 밤, 모두 작동한다.

274 우리나라의 우현표지에 대한 설명으로 옳은 것은?　정

갑. 우측항로가 일반적인 항로임을 나타낸다.

을. 공사구역 등 특별한 시설이 있음을 나타낸다.

병. 고립된 장애물 위에 설치하여 장애물이 있음을 나타낸다.

정. 항행하는 수로의 우측 한계를 표시함으로, 표지 좌측으로 항행해야 안전하다.

> **해설 우현표지**
>
> 수로의 우측 한계를 표시한다. 표지 좌측으로 항행해야 안전하다. 우현표지는 홍색이며 두표는 원추형, Fl(2+1)R 이외의 리듬을 갖는다.

275 두 지점 사이의 실제 거리와 해도에서 이에 대응하는 두 지점 사이의 거리의 비는? 〔갑〕

갑. 축척 을. 지명

병. 위도 정. 경도

276 점장도에 대한 설명으로 옳지 않은 것은? 〔병〕

갑. 항정선이 직선으로 표시된다.

을. 침로를 구하기에 편리하다.

병. 두 지점간의 최단거리를 구하기에 편리하다.

정. 자오선과 거등권은 직선으로 나타낸다.

> **해설 점장도**
>
> 직선으로 그어진 항정선을 따라 달리는 항법을 점장위도항법이라 한다. 먼 거리를 항해할 때 연료의 절감과 항해 거리를 단축하는 경제적인 운항 방법이다. 자오선과 거등권은 직선으로 나타내며, 침로와 두 지점 사이의 최단 거리를 구하기에 편리하지 않다.

277 그림과 같이 보트 용골(Keel)에서 프로펠러까지의 높이(H)가 길 때, 나타나는 현상은? 〔정〕

*H : 용골 ~ 프로펠러 높이

갑. 벤틸레이션(Ventilation) 현상이 나타난다.

을. 엔진 하부의 취수구에서 충분한 물이 흡입되지 않는다.

병. 물과 공기가 접촉되기 쉽다.

정. 불필요한 항력이 발생하고 트랜섬(엔진거치대)에 무리를 준다.

> **해설**
>
> 벤틸레이션은 수면의 공기나 배기가스가 회전하는 프로펠러의 날로 빨려들어가 보트의 속도와 RPM을 급상승 시키는 현상을 말한다. 벤틸레이션 현상과 취수구에서 물의 흡입 상태 불량, 물과 공기의 접촉은 H(용골~프로펠러까지 높이)가 짧을 때 나타나는 현상이다. 불필요한 항력에 의한 보트 성능 및 연비 저하, 트랜섬(엔진거치대)에 무리를 주는 현상은 H가 지나치게 길 때 나타나는 현상이다.

278 비상위치지시용 무선표지설비(EPIRB)에 대한 설명으로 옳지 않은 것은? 〔병〕

갑. 선박이 침몰할 때 떠올라서 조난신호를 발신한다.

을. 위성으로 조난신호를 발신한다.

병. 조타실 안에 설치되어 있어야 한다.

정. 자동작동 또는 수동작동 모두 가능하다.

279 복원력이 증가함에 따라 나타나는 영향에 대한 설명으로 옳지 않은 것은? [정]

갑. 화물이 이동할 위험이 있다.　　　　　을. 승무원의 작업능률을 저하시킬 수 있다.

병. 선체나 기관 등이 손상될 우려가 있다.　　정. 횡요 주기가 길어진다.

해설

복원력이 증가함에 따라 횡요 주기가 짧아진다.

280 좁은 수로나 항만의 입구 등에 2~3개의 등화를 앞뒤로 설치하여 그 중시선에 의해 선박을 인도하도록 하는 것은? [을]

갑. 부등　　　　　을. 도등　　　　　병. 임시등　　　　　정. 가등

해설

• 부등 : 등표의 설치가 필요한 위험한 지역이지만 설치가 불가하거나 설치를 하여도 보수하기 어려운 위험한 구역에 그곳으로부터 가까운 곳의 등대에 강력한 투광기를 설치하여 위험 구역을 비추는 등화
• 임시등 : 보통 선박의 출입이 많지 않은 항만이나 하구 등에 출입항선이 있을 때 또는 어로기 등 선박의 출입이 일시적으로 많아질 때 임시로 점등되는 등화
• 가등 : 등대를 개축할 때 긴급조치로 가설되는 등화

281 다음 중 가솔린기관에서 전자제어 연료 분사 장치의 연료공급 계통에 포함되지 않는 요소로 가장 옳은 것은? [정]

갑. 연료 탱크　　　　　　　　　을. 연료 여과기

병. 연료 펌프　　　　　　　　　정. 전자제어 유닛

해설

가솔린기관에서 전자제어 연료 분사 장치의 연료공급 계통은 연료 탱크에서 연료 인젝터(injector) 또는 분사 밸브(injection valve)로 연료를 공급하는 계통으로 연료 펌프, 연료 여과기, 압력 조절기로 구성된다.

282 내연기관의 열효율을 높이기 위한 조건으로 옳지 않은 것은?

갑. 배기로 배출되는 열량을 적게 한다.　　을. 압축압력을 낮춘다.

병. 용적효율을 좋게 한다.　　　　　　　정. 연료분사를 좋게 한다.

해설 **내연기간의 열효율을 높이기 위한 조건**

• 연소 전에 압축압력을 높인다.　　　　• 연소기간을 짧게 한다.
• 연소가 상사점에서 일어나게 한다.　　• 공연비를 좋게 한다.
• 연료분사 상태를 좋게 한다.　　　　　• 용적효율을 좋게 한다.

283 다음 중 가솔린기관에서 배기가스 정화 장치의 종류로 가장 옳지 않은 것은? `병`

갑. 블로바이 가스 환원 장치

을. 연료 증발 가스 처리 장치

병. 서지 탱크 장치

정. 배기가스 재순환 장치

> **해설**
>
> 가솔린기관에서 배출 가스 정화 장치는 배기가스, 블로바이 가스, 연료 증발 가스 등에 들어 있는 유해 물질을 정화 또는 재순환하는 장치를 말한다.

284 다음 중 가솔린기관에서 〈보기〉가 설명하는 윤활장치의 구성요소로 가장 옳은 것은? `을`

> **보기**
>
> • 캠축 또는 크랭크축에 의해 구동된다.
> • 오일을 각 윤활부에 압송하는 기능을 수행한다.

갑. 오일 팬(oil pan)   을. 오일펌프(oil pump)

병. 오일 여과기(oil filter)   정. 오일 스트레이너(oil strainer)

> **해설**
>
> 오일펌프는 캠축 또는 크랭크축에 의해 구동되며, 오일 팬 내의 오일을 흡입·가압하여 각 윤활부에 압송하는 기능을 수행한다.

285 엔진의 냉각수 계통에서 수온 조절기(thermostat)의 역할 중 가장 옳지 않은 것은? `정`

갑. 과열 및 과냉각을 방지한다.

을. 오일의 열화방지 및 엔진의 수명을 연장시킨다.

병. 냉각수의 소모를 방지한다.

정. 냉각수의 녹 발생을 방지한다.

> **해설**
>
> 수온 조절기(thermostat)는 기관의 효율을 높이고 과냉과 과열로 인한 기관의 손상 및 예방을 위한 센서로서 엔진의 수명을 연장시키는 역할을 한다. 녹 발생 방지와는 관계 없다.

286 다음 중 가솔린기관에서 〈보기〉가 설명하는 냉각 장치의 구성요소로 가장 옳은 것은? `갑`

> **보기**
>
> • 기관 내부의 냉각수 온도 변화에 따라 자동으로 밸브를 개폐한다.
> • 냉각수의 적정온도를 유지시켜 주는 일종의 개폐장치이다.

갑. 수온 조절기(thermostat)   을. 워터 재킷(water jacket)

병. 라디에이터(radiator)   정. 냉각 핀(cooling fin)

> **해설** 수온 조절기

기관 내부의 냉각수 온도 변화에 따라 밸브가 자동적으로 개폐하여 라디에이터로 흐르는 유량을 조절함으로써 냉각수의 적정온도를 유지시켜 주는 일종의 개폐장치이다.

287 다음 중 가솔린기관에서 〈보기〉가 설명하는 점화 장치의 구성요소로 가장 옳은 것은? 갑

> **보기**
>
> • 가혹한 조건에 견딜 수 있도록 전기적 절연성, 내열성, 기밀성 기계적 강도가 필요하다.
> • 구조가 간단하고 작지만, 기관의 성능에 직접적인 영향을 끼치는 부품이다.

갑. 점화 플러그(spark plug) 을. 점화 코일(ignition coil)
병. 배전기(distributer) 정. 차단기(NFB, no fuse breaker)

> **해설**
>
> 차단기(NFB, no fuse breaker)는 가솔린기관에서 점화 장치를 구성하는 요소가 아니다.

288 멀티테스터기로 직접 측정할 수 없는 것은? 정

갑. 직류전압 을. 직류전류 병. 교류전압 정. 유효전력

> **해설** 멀티테스터
>
> 멀티테스터로 직류전압, 직류전류, 저항 등 전기량을 측정할 수 있다.

289 추진기 날개면이 거칠어졌을 때 추진기 성능에 미치는 영향으로 옳지 않은 것은? 갑

갑. 추력이 증가한다. 을. 소요 토크가 증가한다.
병. 날개면에 대한 마찰력이 증가한다. 정. 캐비테이션을 유발한다.

> **해설**
>
> 추진기의 날개면이 거칠어지면 추력이 감소한다.

290 다음 중 왕복 운동형 내연기관의 시동 장치에 대한 설명으로 가장 옳지 않은 것은? 을

갑. 기관을 시동시키기 위해서는 외부로부터 회전력을 공급해주어야 한다.
을. 시동 전동기(starting motor)는 기계적 에너지를 전기적 에너지로 바꾸어 회전력을 발생시킨다.
병. 축전지, 시동 전동기, 시동 스위치, 마그네틱 스위치, 배선 등으로 구성된다.
정. 솔레노이드 스위치(solenoid switch)는 피니언을 링 기어에 물려주는 역할을 한다.

> **해설**
>
> 시동 전동기(starting motor)는 전기적 에너지를 기계적 에너지로 바꾸어 회전력을 발생시키는 전기 기기로서 시동 토크가 큰 직류 직권 전동기가 주로 사용된다.

291 다음 중 〈보기〉의 현상에 대한 가솔린기관의 고장원인과 대책으로 가장 옳지 않은 것은? 〔병〕

> **보기**
>
> (a) 연료가 제대로 공급되지 않는다.
> (b) 축전지가 방전되었다.

갑. (a)의 고장원인은 연료 파이프나 연료 여과기의 막힘이며, 대책은 연료 파이프나 연료 여과기를 청소하고 필요시 교환하는 것이다.

을. (a)의 고장원인은 인젝터 작동 불량이며, 대책은 연료 분사 계통을 점검하고 인젝터를 교환하는 것이다.

병. (b)의 고장원인은 축전지 수명이 다했거나 접지 불량이며, 대책은 릴레이를 점검하고 필요시 교환하는 것이다.

정. (b)의 고장원인은 구동 벨트가 느슨하거나 전압 조정기의 결함이며, 대책은 구동 벨트의 장력 점검 및 발전기의 이상 유무를 점검하는 것이다.

> **해설**
>
> (b)의 고장원인 중 하나는 축전지 수명이 다했거나 접지 불량일 수 있는데 이에 대한 대책은 접지 상태를 확인하고, 수명이 다한 경우 교환하는 것이므로 릴레이 점검과 필요시 교환은 해당 사항이 없다.

292 다음 중 〈보기〉의 현상에 대한 가솔린기관의 고장원인과 대책으로 가장 옳지 않은 것은? 〔정〕

> **보기**
>
> (a) 기관의 진동이 너무 크다.
> (b) 시동 전동기가 제대로 작동되지 않는다.

갑. (a)의 고장원인은 기관 및 변속기의 브래킷이 풀린 것이며, 대책은 풀림 여부 확인 후 풀린 경우 다시 조이는 것이다.

을. (a)의 고장원인은 기관 변속기의 부품 파손이며, 대책은 파손 부품을 확인하고 교체하는 것이다.

병. (b)의 고장원인은 시동 릴레이 불량이며, 대책은 릴레이를 점검하고 필요하면 교환하는 것이다.

정. (b)의 고장원인은 축전지의 충전 상태가 불량한 것이며, 대책은 축전지 충전기를 점검 후 필요시 교환하는 것이다.

> **해설**
>
> (b)의 원인 중 하나로 시동 전동기 불량이 원인일 수 있는데, 이는 시동 전동기를 구동하기 위한 전기에너지를 공급하는 축전지 상태 불량보다는 시동 전동기 자체의 불량을 의심해 보는 것이 합리적이므로 시동 전동기를 점검 후 정비하고 필요하면 교환하는 것이 대책이다.

293 디젤기관에서 연료소비율이란? 병

갑. 기관이 1시간에 소비하는 연료량

을. 연료의 시간당 발열량

병. 기관이 1시간당 1마력을 얻기 위해 소비하는 연료량

정. 기관이 1실린더당 1시간에 소비하는 연료량

> **해설** **연료소비율**
>
> 일정한 일을 하기 위해 엔진이 얼마나 많은 연료를 사용해야 하는지 나타내는 수치이다. 즉, 기관이 1시간당 1마력을 얻기 위해 소비하는 연료량이다. (단위 : g/PS.h)

294 가솔린 기관에서 노크와 같이 연소화염이 매우 고속으로 전파하는 현상을 무엇이라 하는가? 갑

갑. 데토네이션(Detonation)　　　　을. 와일드 핑(Wild ping)

병. 럼블(Rumble)　　　　정. 케비테이션(Cavitation)

> **해설**
>
> • 와일드 핑(Wild ping) : 노킹과 과조 착화가 동시에 일어나는 현상
> • 럼블(Rumble) : 연소실이 깨끗하지 않을 때 생기는 것으로 노크음과 다르게 둔하고 강한 충격음이 발생한다.

295 다음 중 〈보기〉에 나열된 가솔린기관의 오일펌프 정비 수행 순서가 가장 옳은 것은? 정

> **보기**
>
> ① 오일펌프 팁 간극과 사이드 간극을 필러게이지로 측정하여 규정값 이내에 있는지 점검한다.
> ② 프런트 케이스 기어 접촉면 및 오일펌프 커버의 마멸을 점검하고, 필요하면 교환한다.
> ③ 오일펌프 덮개와 기어를 프런트 케이스에서 떼어낸다.
> ④ 프런트 케이스 오일 통로 및 오일펌프 덜개의 통로가 막혔는지 점검하고, 필요하면 청소한다.

갑. ③ → ④ → ① → ②　　　　을. ① → ③ → ② → ④

병. ④ → ① → ② → ③　　　　정. ③ → ② → ④ → ①

296 엔진 시동 중 회전수가 급격하게 높아질 때 점검할 사항으로 옳지 않은 것은? 정

갑. 거버너 위치 등을 점검

을. 한꺼번에 많은 연료가 공급되는지를 확인

병. 시동 전 가연성 가스를 배제했는지를 확인

정. 냉각수 펌프의 정상 작동여부를 점검

> **해설**
>
> 엔진회전수 증가와 냉각수는 관련이 없다. 엔진의 급속한 회전은 연료 분사량과 관련 있다.

297 과급(supercharging)이 기관의 성능에 미치는 영향에 대한 설명 중 옳은 것은 모두 몇 개인가? 〔병〕

> ① 평균 유효압력을 높여 기관의 출력을 증대시킨다.
> ② 연료소비율이 감소한다.
> ③ 단위 출력 당 기관의 무게와 설치 면적이 작아진다.
> ④ 미리 압축된 공기를 공급하므로 압축 초의 압력이 약간 높다.
> ⑤ 저질 연료를 사용하는 데 불리하다.

갑. 2개 　　　　 을. 3개 　　　　 병. 4개 　　　　 정. 5개

해설
⑤ 저질 연료를 사용하는 데 유리하다.

298 윤활유 소비량이 증가되는 원인으로 옳지 않은 것은? 〔갑〕
갑. 연료분사 밸브의 분사상태 불량
을. 펌핑 작용에 의한 연소실 내에서의 연소
병. 열에 의한 증발
정. 크랭크케이스 혹은 크랭크축 오일리테이너의 누설

해설
연료분사 밸브의 분사상태 불량은 윤활유 소모량과 관계없다.

299 연료유 연소성을 향상시키는 방법으로 옳지 않은 것은? 〔정〕
갑. 연료유를 미립화한다. 　　　　　　 을. 연료유를 가열한다.
병. 연소실을 보온한다. 　　　　　　　 정. 냉각수 온도를 낮춘다.

해설
냉각수 온도를 높여야 연소가 잘 되어 연소성이 향상된다.

300 플라이휠의 주된 설치목적은? 〔갑〕
갑. 크랭크축 회전속도의 변화를 감소시킨다.
을. 기관의 과속을 방지한다.
병. 기관의 부착된 부속장치를 구동한다.
정. 축력을 증가시킨다.

해설 플라이휠
크랭크축과 함께 회전하는 원형의 휠로서 크랭크축 회전속도의 변화를 감소시키는 역할을 한다. 회전 동력이 증감해도 일정한 속도로 회전하려는 관성을 축적해 두었다가 다음 회전력이 약해졌을 때 관성력으로 회전속도를 유지한다.

301 〈보기〉에 나열된 가솔린기관의 마그네틱 스위치 점검 수행 순서가 가장 옳은 것은? 정

> **보기**
>
> ① 축전지의 (−)단자를 M단자에, (+)단자를 S단자에 접속하여 풀인 코일을 점검한다.
> ② 홀딩 코일을 점검한다.
> ③ 축전지의 (+)단자와 (−)단자를 시동 전동기의 몸체에 접지시켜 플런저의 되돌림을 점검한다.
> ④ 전동기에 조립한 상태에서 틈새 게이지를 이용하여 피니언 갭을 점검한다.

갑. ④ → ① → ② → ③   을. ② → ③ → ④ → ①
병. ③ → ④ → ① → ②   정. ① → ② → ③ → ④

302 〈보기〉에서 설명하는 디젤기관의 구성요소로 가장 옳은 것은? 을

> **보기**
>
> • 실린더 내를 왕복 운동하여 새로운 공기를 흡입하고 압축한다.
> • 실린더와 함께 연소실을 형성한다.

갑. 커넥팅 로드(connecting rod)   을. 피스톤(piston)
병. 크로스헤드(crosshead)   정. 스커트(skirt)

> **해설** **플로트 스위치**
>
> 빌지의 유량에 따라 플로트가 작동하여 신호를 보내어 레벨을 검출한다.

303 릴리프 밸브(relief valve)의 설명 중 맞는 것은? 갑

갑. 압력을 일정치로 유지한다.   을. 압력을 일정치 이상으로 유지한다.
병. 유체의 방향을 제어한다.   정. 유량을 제어한다.

> **해설** **릴리프 밸브**
>
> 압력이 설정값에 도달하면 유체를 우회시켜 압력을 일정치로 유지한다.

304 프로펠러에 관한 설명 중 옳지 않은 것은? 을

갑. 프로펠러의 직경은 날개수가 증가함에 따라 작아진다.
을. 전개면적비가 작을수록 프로펠러 효율은 감소한다.
병. 프로펠러의 날개는 공동현상에 의하여 손상을 받을 수 있다.
정. 가변피치 프로펠러의 경우는 회전수 여유를 주지 않는다.

> **해설**
>
> 프로펠러 날개의 면적이 작아지면 추진기의 효율이 좋아지지만 너무 작아지면 공동 현상을 일으킬 우려가 있다.

305 기관(엔진) 시동 후 점검사항으로 옳지 않은 것은? 〔병〕

갑. 기관(엔진)의 상태를 점검하기 위해 모든 계기를 관찰한다.

을. 연료, 오일 등의 누출 여부를 점검한다.

병. 기관(엔진)의 시동모터를 점검한다.

정. 클러치 전·후진 및 스로틀레버 작동상태를 점검한다.

> **해설**
>
> 병의 내용은 시동 전 점검사항이다.

306 선외기 가솔린기관(엔진)이 시동되지 않아 연료계통을 점검하고자 한다. 유의사항으로 옳지 않은 것은? 〔갑〕

갑. 프라이머 밸브(primer valve)를 제거한다.

을. 연료필터(Fuel filter)에 불순물 또는 물이 차 있지 않은지 확인한다.

병. 연료계통 내에 누설되는 곳이 있는지 확인한다.

정. 연료탱크의 출구밸브 및 공기변(air vent)이 닫혀있는지 확인한다.

> **해설**
>
> 프라이머 밸브는 연료 탱크에서 엔진으로 공급되는 연료의 압력을 유지하고 연료를 기화기에 원활하게 공급해 주는 중요한 장치이다. 시동 전 초기 프라이머 밸브를 펌핑하여 연료 라인에 연료를 채워 준다.

307 〈보기〉에서 설명하는 디젤기관의 구성요소로 가장 옳은 것은? 〔병〕

> **보기**
>
> • 이 장치는 연료 분사 시기 및 분사량을 조정한다.
> • 이 장치의 작동상태는 기관의 성능에 직접 영향을 준다.

갑. 연료 분사 밸브(fuel injection valve)   을. 연료 분사 캠(fuel injection cam)

병. 연료 분사 펌프(fuel injection pump)   정. 연료 분사 노즐(fuel injection nozzle)

> **해설**
>
> 〈보기〉에서 설명하는 디젤기관의 구성요소는 연료의 분사 시기 및 분사량을 조정하고, 연료 분사에 필요한 고압을 만드는 연료 분사 펌프이다.

308 수상오토바이의 추진방식은? 〔을〕

갑. 원심펌프에 의한 추진방식   을. 임펠러 회전에 의한 워터제트 분사방식

병. 프로펠러 회전에 의한 공기분사방식   정. 임펠러 회전에 의한 공기분사방식

> **해설 워터제트 분사방식**
>
> 임펠러의 회전력으로 유도관으로 빨아들여 압축하여 노즐을 통하여 선미로 분출하여 추진하는 방식

309 전기기기의 절연상태가 나빠지는 경우로 옳지 않은 것은? 정

갑. 습기가 많을 때

을. 먼지가 많이 끼었을 때

병. 과전류가 흐를 때

정. 절연저항이 클 때

> **해설**
>
> 절연저항이 클 때 절연상태가 나빠지는 것은 아니다.

310 다음 중 디젤기관의 시동 방법에 대한 설명으로 가장 옳은 것은? 정

갑. 전동기에 의한 시동은 시동모터에서 발생한 전기를 이용한다.

을. 전동기에 의한 시동은 축전지를 이용하여 시동모터로 캠축을 회전시키는 시동 방법이다.

병. 압축 공기에 의한 시동은 각 피스톤에 압축 공기를 직접 분사할 때 생기는 힘을 이용한 것이다.

정. 압축 공기에 의한 시동 방법은 항상 피스톤이 작동 위치에 있을 때 시동 밸브가 열리도록 해야 한다.

311 선외기(outboard) 기관(엔진)의 시동 전 점검사항으로 옳지 않은 것은? 정

갑. 엔진오일의 윤활방식이 자동 혼합장치일 경우 잔량을 확인한다.

을. 연료탱크의 환기구가 열려있는가를 확인한다.

병. 비상정지스위치가 RUN에 있는지 확인한다.

정. 엔진내부의 냉각수를 확인한다.

> **해설**
>
> 선외기 기관(엔진)은 냉각수가 엔진 내부에 따로 없고 외부의 해수나 담수를 바로 흡입하여 냉각하는 시스템이다. 따라서 엔진 내부 냉각수가 없어 시동 후 냉각수 확인구를 통해 점검 가능하다.

312 가솔린 기관에서 윤활유 압력저하가 되는 원인으로 옳지 않은 것은? 정

갑. 오일팬 내의 오일량 부족

을. 오일여과기 오손

병. 오일에 물이나 가솔린의 유입

정. 오일온도 하강

> **해설**
>
> 오일온도가 하강하면 점도가 증가하여 압력이 상승한다.

313 〈보기〉에 열거된 시동 준비 항목을 절차에 따라 순서대로 가장 옳게 나열한 것은? `갑`

> **보기**
>
> ① 선저, 드라이브 유니트, 스크루 이상 유무를 확인한다.
> ② 기관실 빌지 배수 및 누수 개소를 확인한다.
> ③ 엔진 장착 상태, 각종 벨트, 엔진 및 엔진오일, 연료 계통 등을 확인한다.
> ④ 선외기(2행정일 경우) 연료는 가솔린과 오일을 일정 비율로 혼합하여 사용한다.
> ⑤ 연료 계통 밸브를 열고, 기관실 환기 후 기관을 시동한다.

갑. ① → ② → ③ → ④ → ⑤   을. ① → ③ → ② → ④ → ⑤
병. ⑤ → ② → ③ → ④ → ①   정. ⑤ → ③ → ② → ④ → ①

314 수상오토바이 운행 중 갑자기 출력이 떨어질 경우 점검해야 할 곳은? `병`

갑. 냉각수 압력을 점검한다.   을. 연료혼합비를 점검한다.
병. 물 흡입구에 이물질 부착을 점검한다.   정. 임펠러의 피치를 점검한다.

> **해설**
>
> 우선적으로 흡입구에 이물질이 있는지 확인해야 한다.

315 모터보트 운행 중 갑자기 선체가 심하게 떨림 현상이 나타날 때 즉시 점검해야 하는 곳으로 옳지 않은 것은? `갑`

갑. 크랭크축 균열 상태를 확인한다.
을. 프로펠러의 축계(shaft) 굴절여부를 확인한다.
병. 프로펠러의 파손상태를 점검한다.
정. 프로펠러에 로프가 감겼는지 확인한다.

> **해설**
>
> 크랭크축 균열 상태로 떨림을 감지하기 어려우며, 운항 중 즉시 점검이 곤란하다. 기관의 분해 수리 시 점검이 가능하다.

316 냉각수펌프로 주로 사용되는 원심펌프에서 호수(프라이밍)를 하는 목적은? `병`

갑. 흡입수량을 일정하게 유지시키기 위해서
을. 송출량을 증가시키기 위해서
병. 기동 시 흡입 측에 국부진공을 형성시키기 위해서
정. 송출측 압력의 맥동을 줄이기 위해서

원심펌프는 시동할 때에 먼저 펌프 내에 물을 채워야(호수) 한다. 따라서 펌프의 설치 위치가 흡입측 수면보다 낮은 경우에는 공기 빼기 콕(Air vent cock)만 있으면 되지만, 흡입측 수면보다 높으면 물을 채우기 위하여 풋밸브(foot valve), 호수밸브(priming valve) 및 공기 빼기 콕을 설치해야 한다.

317 〈보기〉에서 설명하는 가솔린기관 이상 현상으로 가장 옳은 것은? 을

보기

• 원인 : 오일팬 내 오일량 부족, 오일필터 오손, 오일 내 물이나 가솔린 유입, 오일 온도 상승
• 조치 : 오일 충유, 오일필터 교체 또는 계통검사 후 수리, 냉각계통 고장원인 확인 및 수리

갑. 윤활유 압력 상승   을. 윤활유 압력 저하
병. 냉각수 압력 상승   정. 냉각수 압력 저하

318 선외기(outboard) 엔진에서 주로 사용되는 냉각방식은? 정

갑. 냉매가스식   을. 공랭식
병. 부동액냉각식   정. 담수 또는 해수냉각식

해설

선외기 엔진의 냉각방식은 직접수냉식으로서 시동과 동시에 임펠러의 회전에 의하여 외부의 물(담수 또는 해수)을 흡입하여 기관을 냉각한 후 배출하는 방식이다.

319 수상오토바이 운항 중 기관(엔진)이 정지된 경우 즉시 점검해야 할 사항으로 옳지 않은 것은? 정

갑. 몸에 연결한 스톱스위치(비상정지)를 확인한다.
을. 연료잔량을 확인한다.
병. 임펠라가 로프나 기타부유물에 걸렸는지 확인한다.
정. 엔진의 노즐 분사량을 확인한다.

해설

엔진의 노즐 분사량은 엔진 회전수 변동이 심하거나 진동이 동반될 때 확인한다.

320 윤활유의 기본적인 역할로서 옳지 않은 것은? 병

갑. 감마작용   을. 냉각작용
병. 산화작용   정. 청정작용

해설 **윤활유의 역할**

감마, 냉각, 청정, 응력분산, 밀봉, 방식작용 등

321 스크루 용어에 대한 설명으로 가장 옳지 않은 것은? 〔정〕

갑. 날개 : 스크루의 날개를 말하며 3~5매 정도이다.

을. 보스 : 스크루의 중심부로 둥글게 생긴 부분이다.

병. 압력면 : 선박이 전진할 때 날개의 뒷면을 말한다.

정. 피치 : 스크루가 1회전 할 때 흡입되는 냉각수량을 말한다.

> 🎓 해설
>
> (스크루)피치는 스크루가 1회전 할 때 축 방향으로 전진한 거리를 말한다.

322 실린더 윤활의 목적으로 옳지 않은 것은? 〔정〕

갑. 연소가스의 누설을 방지하기 위하여

을. 과열을 방지하기 위하여

병. 마찰계수를 감소시키기 위하여

정. 연료펌프 고착을 방지하기 위하여

> 🎓 해설
>
> 실린더 윤활과 연료펌프 고착 방지는 관련이 없다.

323 클러치의 동력전달 방식에 따른 구분에 해당되지 않는 것은? 〔정〕

갑. 마찰클러치

을. 유체클러치

병. 전자클러치

정. 감속클러치

> 🎓 해설
>
> 클러치는 동력전달방식에 따라 마찰클러치, 유체클러치, 전자클러치 등으로 구분한다.

324 내연기관의 피스톤 링(Piston ring)이 고착되는 원인으로 옳지 않은 것은?

갑. 실린더 냉각수의 순환량이 과다할 때

을. 링과 링홈의 간격이 부적당할 때

병. 링의 장력이 부족할 때

정. 불순물이 많은 연료를 사용할 때

> 🎓 해설
>
> 냉각수의 순환량이 많으면 실린더의 온도는 낮아지므로 피스톤 링이 고착되는 원인과 거리가 멀다.

325 〈보기〉에 나열된 냉각수 계통 세정 방법을 순서대로 가장 옳게 나타낸 것은? `을`

> **보기**
>
> ① 물이 완전히 빠지도록 선외기 엔진을 세워 놓는다.
> ② 냉각수 흡입구에 세정기를 끼우고, 세정기에 수돗물이 공급될 수 있도록 호스를 연결한다.
> ③ 기어를 중립에 두고 엔진을 시동하여 검수구에 물이 나오고 있는지 확인한다.
> ④ 3~5분간 냉각수 계통을 세정하고, 엔진을 정지한다.

갑. ① → ② → ③ → ④
을. ② → ③ → ④ → ①
병. ③ → ④ → ① → ②
정. ④ → ① → ② → ③

---

326 선체의 형상이 유선형일수록 가장 적어지는 저항은? `을`

갑. 와류저항
을. 조와저항
병. 공기저항
정. 마찰저항

> **해설**
> 유선형일수록 선미에서 와류현상이 적게 발생하므로 조와저항이 가장 감소한다.

---

327 장기 보관에 대비한 가솔린기관 정비에 대한 설명으로 가장 옳지 않은 것은? `병`

갑. 냉각 계통에 청수를 연결하여 세척한다.
을. 엔진 내부의 연료를 완전히 제거한다.
병. 최소한의 전력공급을 위해 축전지를 완충한다.
정. 제작사의 취급설명서에서 요구하는 조치를 정확히 한다.

> **해설**
> 장기간 보관을 위해 축전지 단자를 엔진과 분리하는 것이 필요하다.

---

328 가솔린 기관(엔진)이 과열되는 원인으로서 옳지 않은 것은? `정`

갑. 냉각수 취입구 막힘
을. 냉각수 펌프 임펠러의 마모
병. 윤활유 부족
정. 점화시기가 너무 빠름

> **해설**
> 점화시기가 너무 빠르면 출력이 떨어지게 된다. 엔진이 과열되는 직접적인 원인으로 볼 수 없다.

329 수상오토바이 출항 전 반드시 점검하여야 할 사항으로 옳지 않은 것은?

갑. 선체 드레인 플러그가 잠겨 있는지 확인한다.

을. 예비 배터리가 있는 것을 확인한다.

병. 오일량을 점검한다.

정. 엔진룸 누수 여부를 확인한다.

> **해설**
> 출항 전에 배터리 충전상태 확인이 필요하나 예비 배터리 확보가 필요하진 않다.

330 〈보기〉에서 설명하는 것으로 가장 옳은 것은? 병

> **보기**
> • 연소 과정을 통해 열, 빛, 동력 에너지 등을 얻을 수 있는 물질을 말한다.
> • 고체, 액체, 기체 형태가 있다.

갑. 휘발유(gasoline)

을. 등유(kerosene)

병. 연료(fuel)

정. 윤활(lubrication)

331 선외기 4행정 기관(엔진) 진동 발생 원인으로 옳지 않은 것은? 정

갑. 점화플러그 작동이 불량할 때

을. 실린더 압축압력이 균일하지 않을 때

병. 연료분사밸브의 분사량이 균일하지 않을 때

정. 냉각수펌프 임펠러가 마모되었을 때

> **해설**
> 냉각수펌프 임펠러가 마모된 경우, 냉각수 공급 불량에 따른 엔진 과열이 발생하며, 진동과는 관계가 없다.

332 수상오토바이 배기냉각시스템의 플러싱(관내 청소) 절차로 맞는 것은? 을

갑. 냉각수 호스연결 → 냉각수 공급 → 엔진기동 → 엔진운전(약 5분) 후 정지 → 냉각수 차단

을. 냉각수 호스연결 → 엔진기동 → 냉각수 공급(약 5분) → 냉각수 차단 → 엔진정지

병. 냉각수 호스연결 → 엔진기동 → 냉각수 공급(약 5분) → 엔진정지 → 냉각수 차단

정. 엔진기동 → 냉각수 호스연결 → 냉각수 공급 → 엔진기동(약 5분) → 엔진정지 → 냉각수 차단

> **해설**
> 선외기 플러싱의 경우에는 냉각수 공급 후 엔진 가동이나, 수상오토바이의 경우에는 엔진 가동 후 냉각수 공급, 냉각수 차단 후 엔진 정지에 주의가 필요하다.

333 내연기관에서 피스톤(piston)의 주된 역할 중 가장 옳지 않은 것은? 정

갑. 새로운 공기(소기)를 실린더 내로 흡입 및 압축

을. 상사점과 하사점 사이의 직선 왕복운동

병. 고온고압의 폭발 가스압력을 받아 연접봉을 통해 크랭크샤프트에 회전력 발생

정. 회전운동을 통해 외부로 동력을 전달

> **해설**
> 연접봉(커넥팅로드)은 피스톤의 동력을 크랭크축에 전달하고, 크랭크축이 피스톤의 왕복운동을 크랭크축 회전운동으로 바꿔 동력을 외부로 전달한다.

334 선외기 가솔린엔진의 연료유에 해수가 유입되었을 때 엔진에 미치는 영향으로 옳지 않은 것은? 정

갑. 연료유 펌프 고장원인이 된다.

을. 시동이 잘 되지 않는다.

병. 해수 유입 초기에 진동과 엔진 꺼짐 현상이 발생한다.

정. 윤활유가 오손된다.

> **해설**
> 연료유에 해수가 유입되면 연료공급펌프 및 분사밸브가 고장나며, 윤활유 오손과는 관련이 없다.

335 모터보트 속력이 떨어지는 직접적인 원인으로 옳지 않은 것은? 정

갑. 수면 하선체에 조패류가 많이 붙어 있을 때

을. 선체가 수분을 흡수하여 무게가 증가했을 때

병. 선체 내부 격실에 빌지량이 많을 때

정. 냉각수 압력이 낮을 때

> **해설**
> 냉각수의 압력정도는 기관을 적정 온도로 유지시켜 보트가 정상 속도를 유지시키는 역할을 하지만, 보트 속력을 떨어트리는 직접적인 원인으로 보기에는 가장 거리가 멀다.

336 윤활유의 취급상 주의사항으로 옳지 않은 것은? 정

갑. 이물질이나 물이 섞이지 않도록 한다.

을. 점도가 적당한 윤활유를 사용한다.

병. 여름에는 점도가 높은 것, 겨울에는 점도가 낮은 것을 사용한다.

정. 고온부와 저온부에서 함께 쓰는 윤활유는 온도에 따른 점도 변화가 큰 것을 사용한다.

> **해설**
> 온도에 따른 점도 변화가 적은 것이 좋다. 즉, 윤활유의 점도지수가 커야 한다.

337 수상오토바이 출력저하 원인으로 옳지 않은 것은? 병

갑. Wear ring(웨어링) 과다 마모

을. Impeller(임펠러) 손상

병. 냉각수 자동온도조절밸브 고장

정. 피스톤링 과다마모

> 🛠 해설
>
> 냉각수 자동온도조절밸브 고장은 기관이 과열되는 것을 감지하지 못하여 기관이 과열 또는 과냉될 수 있다. 기관이 과열되면 알람센서가 경고음을 울리거나 한계온도까지 상승하면 기관이 스스로 정지되는 기능도 있다. 센서의 오작동이 있을 수 있으니 주의가 요구된다.

338 가솔린 기관의 연료가 구비해야 할 조건에 들지 않는 것은? 병

갑. 내부식성이 크고, 저장 시에 안정성이 있어야 한다.

을. 옥탄가가 높아야 한다.

병. 휘발성(기화성)이 작아야 한다.

정. 연소 시 발열량이 커야 한다.

> 🛠 해설
>
> 가솔린 기관에서 사용되는 연료는 옥탄가가 높아야 하며, 연소 시에 발열량이 크고, 기화성이 좋아야 하며, 내부식성이 크고 저장 시 안전성이 있어야 한다.

339 선외기 프로펠러에 손상을 주는 요인으로 옳지 않은 것은? 병

갑. 캐비테이션(공동현상)이 발생할 때

을. 프로펠러가 공회전할 때

병. 프로펠러가 기준보다 깊게 장착되어 있을 때

정. 전기화학적인 부식이 발생할 때

> 🛠 해설
>
> 프로펠러가 기준보다 깊게 장착되어 수면하에 충분히 잠겨 있으면 공회전이나 캐비테이션 발생 등의 손상 가능성이 낮다.

340 가솔린기관에 비해 디젤기관이 갖는 특성으로 옳은 것은? 병

갑. 시동이 용이하다.　　　　　　　　을. 운전이 정숙하다.

병. 압축비가 높다.　　　　　　　　　정. 마력당 연료소비율이 높다.

> 🛠 해설
>
> 디젤기관은 압축열에 의한 압축점화 방식을 취하기 때문에 가솔린기관에 비해 행정이 길어 압축비가 2배 이상 높다.

341 가솔린기관 진동발생 원인으로 가장 옳지 않은 것은? 갑

갑. 배기가스 온도가 높을 때

을. 기관이 노킹을 일으킬 때

병. 위험회전수로 운전하고 있을 때

정. 베어링 틈새가 너무 클 때

> **해설**
>
> 배기가스 온도가 높은 것은 불완전연소와 배기밸브 누설 등의 원인이다.

342 윤활유의 점도에 대한 설명으로 옳은 것은? 갑

갑. 윤활유의 온도가 올라가면 점도는 낮아진다.

을. 점도가 너무 높으면 유막이 얇아져 내부의 마찰이 감소한다.

병. 점도가 높으면 마찰이 적어 윤활계통의 순환이 개선된다.

정. 점도가 너무 낮으면 시동은 곤란해지나 출력이 올라간다.

> **해설**
>
> 윤활유의 온도가 올라가면 점도는 낮아지므로, 윤활유는 온도 변화에 따른 점도의 변화가 적은 것을 사용하여야 한다.

343 디젤기관에서 피스톤 링 플러터(Flutter) 현상의 영향으로 옳은 것은? 정

갑. 윤활유 소비가 감소한다.

을. 기관의 효율이 높아진다.

병. 압축압력이 높아진다.

정. 블로바이 현상이 나타난다.

> **해설 링 플러터**
>
> 기관의 회전수가 고속이 되면 관성력이 크게 되고 링이 링 홈에서 진동을 일으켜 실린더 벽 또는 홈의 상·하면으로부터 뜨는 현상으로 가스 누설이 급격이 증가한다.

344 프로펠러 축에 슬리브(sleeve)를 씌우는 주된 이유는? 정

갑. 윤활을 양호하게 하기 위하여

을. 진동을 방지하기 위하여

병. 회전을 원활하게 하기 위하여

정. 축의 부식과 마모를 방지하기 위하여

> **해설**
>
> 해수에 의한 부식이 발생되지 않도록 슬리브를 가열 끼우기 하거나, 축에 비틀림 진동이 생기지 않도록 하거나, 프로펠러의 보스 부분의 수밀을 완전히 하여 해수의 침입이 없도록 한다.

345 모터보트 기관(엔진) 시동불량 시 점검사항으로 옳지 않은 것은? 병

갑. 자동정지 스위치 확인   을. 연료유량 확인

병. 냉각수량 확인   정. 점화코일용 퓨즈(Fuse) 확인

> **해설**
>
> 냉각수량은 기관(엔진) 온도와 관련 있으며, 기관(엔진) 시동성과는 관련이 없다.

346 모터보트 시동 전 점검사항으로 옳지 않은 것은? 정

갑. 배터리 충전상태를 확인한다.   을. 연료탱크 에어벤트를 개방한다.

병. 엔진오일 및 연료유량 점검   정. 냉각수 검수구에서 냉각수 확인

> **해설**
>
> 냉각수 확인은 모터보트 시동 후 점검사항이다.

347 연료 소모량이 많아지고, 출력이 떨어지는 직접적인 원인으로 맞는 것은? 갑

갑. 피스톤 및 실린더 마모가 심할 때   을. 윤활유 온도가 높을 때

병. 냉각수 압력이 낮을 때   정. 연료유 공급압력이 높을 때

> **해설**
>
> 피스톤 및 실린더 마모가 심하면 출력이 약해지고 연료소모량이 증가한다.

348 모터보트의 전기설비 중에 설치되어 있는 퓨즈(Fuse)에 대한 설명 중 옳지 않은 것은? 정

갑. 전원을 과부하로부터 보호한다.

을. 부하를 과전류로부터 보호한다.

병. 과전류가 흐를 때 고온에서 녹아 전기회로를 차단한다.

정. 허용 용량 이상의 크기로 사용할 수 있다.

> **해설**
>
> 퓨즈는 전류의 허용 용량 이상의 크기로 사용할 경우 녹아서 전기회로를 차단한다.

349 〈보기〉에서 설명하는 연료유의 종류로 가장 옳은 것은? 갑

> **보기**
>
> • 기화하기 쉽고, 인화점이 낮아서 공기와 혼합되면 폭발성이 있다.
> • 비등점이 30℃~200℃ 정도이고, 비중은 0.69~0.77 정도이다.

갑. 휘발유(gasoline)   을. 등유(kerosene)

병. 경유(light oil)   정. 중유(heavy oil)

350 모터보트 선외기에 과부하 운전이 장시간 지속되었을 때 기관(엔진)에 미치는 영향으로 맞지 않는 것은? 갑

갑. 연료분사 압력이 낮아진다.

을. 피스톤 및 피스톤링의 마멸이 촉진된다.

병. 흡·배기밸브에 카본이 퇴적되어 소기효율이 떨어진다.

정. 배기가스가 배출량이 많아진다.

> **해설**
>
> 과부하 운전과 연료분사 압력은 관련이 없다.
> ※ 과부하 운전이 지속되면 기관(엔진)에 치명적인 손상을 입히므로 가능한 한 과부하 운전을 피한다.

⚓ 수상레저안전법 ⚓

351 〈보기〉는 수상레저기구등록법상 안전검사에 대한 설명이다. ( )에 순서대로 적합한 것은? 을

> **보기**
>
> 동력수상레저기구 중 「수상레저안전법」 제37조에 따른 수상레저사업에 이용되는 동력수상레저기구는 ( )년마다, 그 밖의 동력수상레저기구는 ( )년마다 정기검사를 받아야 한다.

갑. 1, 1 　　　　　　　　　　　　을. 1, 5

병. 5, 1 　　　　　　　　　　　　정. 5, 5

> **해설** 안전검사
>
> 안전검사의 대상 동력수상레저기구 중 수상레저사업에 이용되는 동력수상레저기구는 1년마다, 그 밖의 동력수상레저기구는 5년마다 정기검사를 받아야 한다.

352 수상레저안전법상 수상레저사업 등록 유효기간 내 갱신신청서 제출기간으로 맞는 것은? 을

갑. 등록의 유효기간 종료일 당일까지

을. 등록의 유효기간 종료일 5일 전까지

병. 등록의 유효기간 종료일 10일 전까지

정. 등록의 유효기간 종료일 1개월 전까지

> **해설**
>
> 등록을 갱신하려는 자는 등록의 유효기간 종료일 5일 전까지 수상레저사업 갱신 신청서를 관할해양경찰서장 또는 시장·군수·구청장에게 제출하여야 한다.

353 수상레저 일반조종면허시험 필기시험 중 법규과목과 관련 없는 것은? 〔갑〕

갑. 선박안전법

을. 해양환경관리법

병. 해상교통안전법

정. 선박의 입항 및 출항 등에 관한 법률

> **해설**
>
> 수상레저안전법, 수상레저기구의 등록 및 검사에 관한 법률(수상레저기구 등록법), 선박의 입항 및 출항 등에 관한 법률(선박입출항법), 해사안전기본법, 해상교통안전법, 해양환경관리법, 전파법이 있다. 선박안전법은 해당되지 않는다.

354 〈보기〉 중 수상레저안전법상 1년 이하의 징역 또는 1천만 원 이하의 벌금 처분 대상자로 옳은 것은 모두 몇 개인가? 〔정〕

> **보기**
>
> ㉠ 면허증을 빌리거나 빌려주거나 이를 알선한 사람
> ㉡ 조종면허를 받지 아니하고 동력수상레저기구를 조종한 사람
> ㉢ 술에 취한 상태에서 동력수상레저기구를 조종한 사람
> ㉣ 술에 취한 상태라고 인정할 만한 상당한 이유가 있는데도 관계공무원의 측정에 따르지 아니한 사람
> ㉤ 약물복용 등으로 인하여 정상적으로 조종하지 못할 우려가 있는 상태에서 동력수상레저기구를 조종한 사람
> ㉥ 등록 또는 변경등록을 하지 아니하고 수상레저사업을 한 사람
> ㉦ 수상레저사업 등록취소 후 또는 영업정지기간에 수상레저사업을 한 사람

갑. 3개   을. 4개   병. 5개   정. 7개

355 〈보기〉 중 수상레저안전법상 6개월 이하의 징역 또는 500만 원 이하의 벌금 처분 대상자로 옳은 것은 모두 몇 개인가? 〔병〕

> **보기**
>
> ㉠ 정비·원상복구의 명령을 위반한 수상레저사업자
> ㉡ 안전을 위하여 필요한 조치를 하지 아니하거나 금지된 행위를 한 수상레저사업자와 그 종사자
> ㉢ 영업구역이나 시간의 제한 또는 영업의 일시정지 명령을 위반한 수상레저사업자
> ㉣ 수상레저활동 금지구역에서 수상레저활동을 한 사람

갑. 1개   을. 2개   병. 3개   정. 4개

> **해설**
>
> ㉣의 경우 100만 원 이하의 과태료 부과 대상자이다.

356 수상레저안전법상 해양경찰청장의 권한을 위임받은 관청에 대한 연결이 옳지 않은 것은? [병]

갑. 해양경찰서장 : 면허증의 발급

을. 해양경찰서장 : 조종면허의 취소·정지처분

병. 지방해양경찰청장 : 조종면허를 받으려는 자의 수상안전교육

정. 지방해양경찰청장 : 수상레저안전관리의 시행계획의 수립·시행에 필요한 지도·감독

> **해설** **권한의 위임**
> • 지방해양경찰청장 : 수상레저안전관리의 시행계획의 수립·시행에 필요한 지도·감독
> • 해양경찰서장 : 면허증의 발급, 조종면허의 취소·정지처분, 과태료의 부과·징수
> • 시장·군수·구청장 : 과태료의 부과·징수

357 수상레저안전법상 다른 수상레저기구의 진로를 횡단하는 운항규칙으로 적절한 방법은? [정]

갑. 속력이 상대적으로 느린 기구가 진로를 피한다.

을. 속력이 상대적으로 빠른 기구가 진로를 피한다.

병. 다른 기구를 왼쪽에 두고 있는 기구가 진로를 피한다.

정. 다른 기구를 오른쪽에 두고 있는 기구가 진로를 피한다.

> **해설** **운항규칙**
> 진로를 횡단하는 경우 충돌의 위험이 있을 때에는 다른 수상레저기구를 오른쪽에 두고 있는 수상레저기구
> 가 진로를 피하여야 한다.

358 수상레저기구등록법상 동력수상레저기구 소유자가 수상레저기구를 등록해야 하는 기관은? [갑]

갑. 소유자 주소지를 관할하는 시장·군수·구청장

을. 기구를 주로 매어두는 장소를 관할하는 기초자치단체장

병. 소유자 주소지를 관할하는 해양경찰서장

정. 기구를 주로 매어두는 장소를 관할하는 해양경찰서장

> **해설** **등록**
> 동력수상레저기구를 취득한 주소지를 관할하는 시장·군수·구청장에게 동력수상레저기구를 취득한 날부터
> 1개월 이내에 등록신청을 하여야 한다.

359 수상레저기구등록법상 동력수상레저기구 안전검사가 면제되지 않는 경우는? `병`

갑. 시험운항허가를 받아 운항하는 동력수상레저기구

을. 검사대행기관에 안전검사를 신청한 후 입거, 상가 또는 거선의 목적으로 국내항 간을 운항하는 동력수상레저기구

병. 우수제조사업장으로 인증받은 사업장에서 제조된 동력수상레저기구로 안전검사를 신청하지 않고 운항하는 동력수상레저기구

정. 안전검사를 받는 기간 중에 시운전을 목적으로 운항하는 동력수상레저기구

> **해설 안전검사의 면제**
>
> 시험운항 허가를 받아 운항하는 경우, 안전검사 신청 후 입거, 상가, 거선의 목적으로 국내항 간을 운항하는 경우, 안전검사를 받는 기간 중에 시운전을 목적으로 운항하는 경우

360 수상레저안전법에 따라 조종면허의 효력을 1년 이내의 범위에서 정지시킬 수 있는 사유에 해당하는 것은? `을`

갑. 거짓이나 그 밖의 부정한 방법으로 조종면허를 받은 경우

을. 면허증을 다른 사람에게 빌려주어 조종하게 한 경우

병. 조종면허 효력정지 기간에 조종을 한 경우

정. 술에 취한 상태에서 조종을 한 경우

> **해설 조종면허의 취소·정지**
>
> • 면허취소 : 거짓이나 부정한 방법 면허취득, 정지기간 중 조종, 술에 취한 상태 조종
> • 면허정지 : 면허증을 빌려주어 조종한 경우 1차 적발 시 3개월 정지, 2차 적발 시 6개월 정지, 3차 적발 시 취소

361 수상레저안전법에 따른 수상의 정의로 가장 옳지 않은 것은? `정`

갑. 기수의 수류 또는 수면   을. 해수면과 내수면

병. 담수의 수류 또는 수면   정. 해수면의 수중

> **해설 정의**
>
> • 해수면 : 바다의 수류나 수면을 말한다.
> • 내수면 : 하천, 댐, 호수, 늪, 저수지, 그 밖에 인공으로 조성된 담수나 기수의 수류 또는 수면을 말한다.

362 다음 〈보기〉 중 수상레저안전법상 동력수상레저기구의 종류에 포함되는 것은? `정`

| ① 수상오토바이 | ② 스쿠터 | ③ 고무보트 | ④ 공기부양정(호버크라프트) |
| ⑤ 모터보트 | ⑥ 수륙양용기구 | ⑦ 세일링요트(돛과 기관이 설치된 것) | |

갑. 3개   을. 4개   병. 5개   정. 6개

363 수상레저안전법상 수상레저사업자 및 그 종사자의 고의 또는 과실로 사람을 사상한 경우 처분으로 가장 옳은 것은? 을

갑. 6월 이내의 기간을 정하여 영업의 전부 또는 일부의 정지를 명하여야 한다.

을. 수상레저사업의 등록을 취소하거나 3개월의 범위에서 영업의 전부 또는 일부의 정지를 명할 수 있다.

병. 수상레저사업의 등록을 취소하거나 6개월 이내의 기간을 정하여 영업의 전부 또는 일부의 정지를 명할 수 있다.

정. 수상레저사업의 등록을 취소하여야 한다.

> **해설** 수상레저사업의 등록취소 등
>
> 수상레저사업자 또는 그 종사자의 고의 또는 과실로 사상을 한 경우 해양경찰서장 또는 시장·군수·구청장은 수상레저사업의 등록을 취소하거나 3개월의 범위에서 영업의 전부 또는 일부의 정지를 명할 수 있다.

364 수상레저안전법상 외국인에 대한 조종면허의 특례 중 옳지 않은 것은? 정

갑. 수상레저활동을 하려는 외국인이 국내에서 개최되는 국제경기대회에 참가하여 수상레저기구를 조종하는 경우에는 조종면허를 받지 않아도 된다.

을. 국제경기대회 개최일 10일 전부터 국제경기대회 종료 후 10일까지 특례가 적용된다.

병. 국내 수역에만 특례가 적용된다.

정. 4개국 이상이 참여하는 국제경기대회에 특례가 적용된다.

> **해설** 외국인에 대한 조종면허의 특례
>
> 국제경기대회 종류 및 규모 : 2개국 이상이 참여하는 국제경기대회

365 수상레저안전법상 조종면허에 관한 설명 중 옳지 않은 것은? 정

갑. 조종면허를 받으려는 자는 해양경찰청장이 실시하는 면허시험에 합격하여야 한다.

을. 면허시험은 필기시험·실기시험으로 구분하여 실시한다.

병. 조종면허를 받으려는 자는 면허시험 응시원서를 접수한 후부터 해양경찰청장이 실시하는 수상안전교육을 받아야 한다.

정. 조종면허의 효력은 조종면허를 받으려는 자가 면허시험에 최종 합격할 날부터 발생한다.

> **해설** 면허증 발급
>
> 조종면허의 효력은 면허증을 본인이나 그 대리인에게 발급한 때부터 발생한다.

366 수상레저안전법상 주취 중 조종금지에 대한 설명 중 옳지 않은 것은? `병`

갑. 술에 취한 상태의 기준은 혈중알콜농도 0.03% 이상으로 한다.

을. 술에 취하였는지 여부를 측정한 결과에 불복하는 수상레저활동자에 대해서는 해당 수상레저 활동자의 동의를 받아 혈액채취 등의 방법으로 다시 측정할 수 있다.

병. 술에 취한 상태에서 동력수상레저기구를 조종한 자는 1년 이하의 징역 또는 1천만 원 이하의 벌금에 처하고, 조종면허의 효력을 정지할 수 있다.

정. 술에 취한 상태라고 인정할 만한 상당한 이유가 있는데도 관계공무원의 측정에 따르지 아니한 자는 1년 이하의 징역 또는 1천만 원 이하의 벌금에 처하고, 조종면허를 취소하여야 한다.

> **해설 주취 중 조종 금지**
>
> 술에 취한 상태에서 동력수상레저기구를 조종한 자는 1년 이하의 징역 또는 1천만 원 이하의 벌금에 처하고, 조종면허를 취소하여야 한다.

367 다음 중 수상레저안전법상 면허시험에 대한 설명으로 가장 옳지 않은 것은? `갑`

갑. 면허시험의 필기시험 시행일을 기준으로 조종면허 취득 결격사유에 해당하는 사람은 면허시험에 응시할 수 없다.

을. 면허시험은 필기시험·실기시험으로 구분하여 실시한다.

병. 조종면허를 받으려는 사람은 해양경찰청장이 실시하는 면허시험에 합격하여야 한다.

정. 면허시험의 과목과 방법 등에 필요한 사항은 대통령령으로 정한다.

> **해설**
>
> 면허시험의 실기시험일 기준으로 조종면허 취득 결격사유에 해당하는 사람은 면허시험에 응시할 수 없다.

368 수상레저안전법상 옳지 않은 것은? `정`

갑. 등록을 갱신하려는 자는 등록의 유효기간 종료일 5일전까지 수상레저사업 등록·갱신등록 신청서를 관할 해양경찰서장 또는 시장·군수·구청장에게 제출하여야 한다.

을. 과태료의 부과·징수, 재판 및 집행 등의 절차에 관한 사항은 「질서위반행위규제법」에 따른다.

병. 내수면이란 하천, 댐, 호수, 늪, 저수지, 그 밖의 인공으로 조성된 담수나 기수의 수류 또는 수면을 말한다.

정. 수상레저 일반조종면허시험 필기시험 법규과목으로는 「수상레저안전법」, 「선박의 입항 및 출항 등에 관한 법률」, 「해상교통안전법」, 「선박안전법」이 있다.

> **해설 필기시험의 시험과목**
>
> 수상레저안전법, 수상레저기구의 등록 및 검사에 관한 법률(수상레저기구등록법), 선박의 입항 및 출항 등에 관한 법률(선박입출항법), 해상교통안전법, 해양환경관리법, 전파법이 있다. 선박안전법은 해당되지 않는다.

369 수상레저안전법상 인명안전장비의 착용에 대한 내용이다. (   ) 안에 들어갈 단어가 알맞은 것은? 〔갑〕

> 인명안전장비에 관하여 특별한 지시를 하지 아니하는 경우에는 구명조끼를 착용하며, 서프보드 또는 패들보드를 이용한 수상레저활동의 경우에는 (㉠)를 착용하여야 하며, 워터슬레이드를 이용한 수상레저활동 또는 래프팅을 할 때에는 구명조끼와 함께 (㉡)를 착용하여야 한다.

갑. ㉠ 보드리쉬, ㉡ 안전모　　　　　　　을. ㉠ 구명장갑, ㉡ 드로우백
병. ㉠ 구명슈트, ㉡ 구명장갑　　　　　　정. ㉠ 구명줄, ㉡ 노

> 🔍 해설 **안전장비의 착용**
>
> 서프보드 또는 패들보드를 이용한 수상레저활동을 할 경우에는 보드리쉬를, 워터슬레이드를 이용한 수상레저활동 또는 래프팅을 할 때에는 구명조끼와 함께 안전모를 착용하여야 한다.

370 수상레저안전법상 술에 취한 상태에서의 조종금지에 대한 설명으로 가장 옳지 않은 것은? 〔갑〕
갑. 누구든지 술에 취한 상태에서 동력수상레저기구를 조종하여서는 아니 되는데, 술에 취한 상태의 기준은 혈중알코올농도 0.05퍼센트 이상이다.
을. 동력수상레저기구를 조종한 사람이 술에 취한 상태라고 인정할 만한 상당한 이유가 있는 경우 술에 취했는지 측정할 수 있는 사람은 경찰공무원이다.
병. 동력수상레저기구를 조종한 사람이 술에 취한 상태라고 인정할 만한 상당한 이유가 있는 경우 술에 취했는지 측정할 수 있는 사람은 시·군·구 소속 공무원 중 수상레저안전업무에 종사하는 사람이다.
정. 근무복을 착용한 경찰공무원을 제외하고는 술에 취했는지 측정하는 관계 공무원은 그 권한을 표시하는 증표를 지니고 이를 해당 동력수상레저기구를 조종한 사람에게 제시하여야 한다.

> 🔍 해설 **주취 중 조종 금지**
>
> 술에 취한 상태의 기준은 혈중알콜농도 0.03% 이상으로 한다.

371 수상레저안전법상 항해구역을 평수구역으로 지정받은 동력수상레저기구를 이용하여 항해구역을 연해구역 이상으로 지정받은 동력수상레저기구와 500미터 이내의 거리에서 동시에 이동하려고 할 때, 운항신고 내용으로 옳지 않은 것은? 〔정〕
갑. 수상레저기구의 종류　　　　　　　　을. 운항시간
병. 운항자의 성명 및 연락처　　　　　　정. 보험가입증명서

> 🔍 해설 **수상레저활동자가 지켜야 할 운항수칙**
>
> 운항신고 : 수상레저기구의 종류, 운항시간, 운항자의 성명 및 연락처 등의 신고(보험가입증명서는 신고대상 아님)를 하여 해양경찰서장이 허용한 경우
> ※ 등록대상의 동력수상레저기구는 등록기간동안 보험에 가입하여야 한다. 단, 운항 신고 시마다 보험가입증명서가 신고 대상은 아니다.

372 수상레저안전법상 수상레저사업에 이용되는 인명구조용 장비에 대한 설명 중 옳지 않은 것은? `병`

갑. 구명조끼는 탑승정원의 110퍼센트 이상에 해당하는 수의 구명조끼를 갖추어야 하고 탑승정원의 10퍼센트는 소아용으로 한다.

을. 비상구조선은 비상구조선임을 표시하는 주황색 깃발을 달아야 한다.

병. 영업구역이 3해리 이상인 경우에는 수상레저기구에 사업장 또는 가까운 무선국과 연락할 수 있는 통신장비를 갖추어야 한다.

정. 탑승정원이 13명 이상인 동력수상레저기구에는 선실, 조타실 및 기관실에 각각 1개 이상의 소화기를 갖추어야 한다.

> **해설** `수상레저사업 등록기준`
>
> 영업구역이 2해리 이상인 경우에는 수상레저기구에 해당 사업장 또는 가까운 무선국과 연락할 수 있는 통신장비를 갖추어야 한다.

373 수상레저안전법상 수상레저사업에 이용하는 비상구조선의 수에 대한 설명으로 옳지 않은 것은? `병`

갑. 수상레저기구가 30대 이하인 경우 1대 이상의 비상구조선을 갖춰야 한다.

을. 수상레저기구가 31대 이상 50대 이하인 경우 2대 이상의 비상구조선을 갖춰야 한다.

병. 수상레저기구가 31대 이상인 경우 30대를 초과하는 30대마다 1대씩 더한 수 이상의 비상구조선을 갖춰야 한다.

정. 수상레저기구가 51대 이상인 경우 50대를 초과하는 50대마다 1대씩 더한 수 이상의 비상구조선을 갖춰야 한다.

> **해설** `수상레저사업 등록기준`
>
> 수상레저기구가 1~30대 이하 1대 이상, 31대~50대 이하 2대 이상, 51대~ 50대 초과마다 1대씩을 더한 수의 비상구조선을 구비하여야 한다.

374 수상레저안전법상 1번만 위반하여도 조종면허를 취소해야 하는 경우로 옳지 않은 것은? `병`

갑 거짓이나 그 밖의 부정한 방법으로 조종면허를 받은 경우

을. 조종면허 효력정지 기간에 조종을 한 경우

병. 조종 중 고의 또는 과실로 사람을 사상한 경우

정. 조종면허를 받을 수 없는 사람이 조종면허를 받은 경우

> **해설**
>
> 조종 중 고의 또는 과실로 사람을 사상한 경우, 조종면허 효력 정지에 해당된다.

375 수상레저안전법상 운항규칙에 대한 내용 중 ( ) 안에 들어갈 단어로 알맞은 것은? 을

> 다른 수상레저기구 등과 정면으로 충돌할 위험이 있을 때에는 음성신호·수신호 등 적절한 방법으로 상대에게 이를 알리고 (㉠) 쪽으로 진로를 피해야 하며, 다른 수상레저기구의 진로를 횡단하여 충돌의 위험이 있을 때에는 다른 수상레저기구 등을 (㉡)에 두고 있는 수상레저기구가 진로를 피해야 한다.

갑. ㉠ 우현, ㉡ 왼쪽
을. ㉠ 우현, ㉡ 오른쪽
병. ㉠ 좌현, ㉡ 왼쪽
정. ㉠ 좌현, ㉡ 오른쪽

🖐 해설 　수상레저활동자가 지켜야 하는 운항수칙

다른 수상레저기구 등과 정면으로 충돌할 위험이 있을 때에는 음성신호·수신호 등 적절한 방법으로 상대에게 이를 알리고 우현 쪽으로 진로를 피해야 하며, 다른 수상레저기구 등의 진로를 횡단하는 경우에는 충돌의 위험이 있을 때에는 다른 수상레저기구 등을 오른쪽에 두고 있는 수상레저기구가 진로를 피해야 한다.

376 수상레저안전법상 안전준수의무에 대한 설명으로 가장 옳지 않은 것은? 갑

갑. 1급 조종면허 소지자가 운항하는 동력수상레저기구에는 1명 이내로 정원을 초과하여 사람을 태울 수 있다.
을. 양귀비, 아편, 코카인 등 마약의 영향을 받은 누구라도 정상적인 조종을 못 할 우려가 있는 상태에서 동력수상레저기구를 조종하여서는 아니 된다.
병. 부포테닌, 사일로신 등 향정신성 의약품의 영향을 받은 누구라도 정상적인 조종을 못 할 우려가 있는 상태에서 동력수상레저기구를 조종하여서는 아니 된다.
정. 부탄가스, 아산화질소 등 환각물질의 영향을 받은 누구라도 정상적인 조종을 못 할 우려가 있는 상태에서 동력수상레저기구를 조종하여서는 아니 된다.

🖐 해설 　약물복용 등의 상태에서 조종 금지, 정원 초과 금지

누구든지 수상레저기구의 정원을 초과하여 사람을 태우고 운항하여서는 아니 된다.

377 수상레저기구등록법상 정원 또는 운항구역을 변경하려는 경우 받아야 하는 안전검사는? 을

갑. 정기검사　　　　　　　　　을. 임시검사
병. 신규검사　　　　　　　　　정. 중간검사

🖐 해설

• 신규검사 : 등록대상 동력수상레저기구 등록을 하려는 경우 실시하는 검사
• 정기검사 : 일정 기간마다 정기적으로 실시하는 검사(일반 5년, 사업자 1년)
• 임시검사 : 정원, 운항구역, 구조, 설비, 장치를 변경하려는 경우 실시하는 검사

378 수상레저안전법상 동력수상레저기구 일반조종면허 실기시험 사행 시 감점사항으로 맞는 것은? 정

갑. 첫 번째 부이로부터 시계방향으로 진행한 경우

을. 사행 부이로부터 3미터 이상으로 접근한 경우

병. 3개의 부이와 일직선으로 침로를 유지한 경우

정. 사행 중 갑작스러운 핸들조작으로 선회가 부자연스러운 경우

> **해설** 실기시험의 채점기준 및 운항코스
>
> 사행 중 핸들 조작 미숙으로 선체가 심하게 흔들리거나 선체 후미에 급격한 쏠림이 발생하는 경우, 선회가 부자연스러운 경우 감점 3점에 해당한다.

379 수상레저안전법상 일반조종면허 실기시험 중 실격사유로 옳지 않은 것은? 병

갑. 3회 이상의 출발 지시에도 출발하지 못한 경우

을. 속도전환레버 및 핸들 조작 미숙 등 조종능력이 현저히 부족하다고 인정되는 경우

병. 계류장과 선수 또는 선미가 부딪힌 경우

정. 이미 감점한 점수의 합계가 합격기준에 미달함이 명백한 경우

> **해설** 실기시험의 채점기준 및 운항코스
>
> 계류장과 선수 또는 선미가 부딪힌 경우 감점사항

380 수상레저기구등록법상 등록대상에 해당하는 수상레저기구끼리 짝지어진 것은? 병

갑. 모터보트, 수상스키

을. 수상오토바이, 프라이보드

병. 세일링요트, 수상오토바이

정. 스쿠터, 고무보트

> **해설** 적용범위
>
> 수상오토바이, 모터보트, 고무보트, 세일링요트(돛과 기관이 설치된 것)

381 수상레저안전법상 면허시험에서 부정행위를 하여 시험의 중지 또는 무효의 처분을 받은 사람은 그 처분이 있는 날부터 (   )년간 면허시험에 응시할 수 없다. (   ) 안에 알맞은 것은? 병

갑. 6개월   을. 1년

병. 2년   정. 3년

> **해설** 부정행위자에 대한 제재
>
> 해당 시험의 중지 또는 무효의 처분을 받은 자는 그 처분이 있는 날부터 2년간 면허시험에 응시할 수 없다.

382 수상레저안전법상 조종면허 응시원서의 제출 등에 대한 내용으로 옳지 않은 것은? `을`

갑. 시험면제대상은 해당함을 증명하는 서류를 제출해야 한다.

을. 응시원서의 유효기간은 접수일로부터 6개월이다.

병. 면허시험의 필기시험에 합격한 경우에는 그 합격일로부터 1년까지로 한다.

정. 응시표를 잃어버렸을 경우 다시 발급받을 수 있다.

> 🚢 해설 `응시원서의 제출 등`
>
> 응시원서의 유효기간은 접수일부터 1년까지로 하되, 면허시험의 필기시험에 합격한 경우에는 그 합격일부터 1년까지로 한다.

383 수상레저안전법상 수상레저 활동을 하는 자는 수상레저기구에 동승한 사람이 사망·실종 또는 중상을 입은 경우 지체없이 사고 신고를 하여야 한다. 이때 신고를 받는 행정기관의 장으로 옳지 않은 것은? `병`

갑. 경찰서장　　　　　　　　　　　　을. 해양경찰서장

병. 시장·군수·구청장　　　　　　　　정. 소방서장

> 🚢 해설 `사고의 신고 등`
>
> 수상레저활동을 하는 사람은 수상레저기구에 동승한 사람이 사고로 사망·실종 또는 중상을 입은 경우, 지체없이 해양경찰관서나 경찰관서 또는 소방관서 등 관계 행정 기관에 신고하여야 한다.

384 수상레저안전법에 규정된 수상레저활동자의 준수사항으로 옳지 않은 것은? `을`

갑. 정원초과금지　　　　　　　　　　을. 과속금지

병. 면허증 휴대　　　　　　　　　　　정. 주취 중 조종금지

> 🚢 해설 `면허증 휴대 등 의무, 주취 중 조종금지, 정원 초과 금지`
>
> • 동력수상레저기구를 조종하는 사람은 면허증을 지니고 있어야 한다.
> • 누구든지 술에 취한 상태에서 동력수상레저기구를 조종하여서는 아니 된다.
> • 정원을 초과하여 사람을 태우고 운항하여서는 아니 된다.

385 수상레저기구등록법상 시험운항 허가에 대한 내용 중 옳지 않은 것은? `정`

갑. 시험운항 구역이 내수면인 경우 관할하는 시장·군수·구청장에게 신청해야 한다.

을. 시험운항 허가 관서의 장은 시험운항을 허가하는 경우에는 시험운항 허가증을 내줘야 한다.

병. 시험운항 허가 운항구역은 출발지로부터 직선거리로 10해리 이내이다.

정. 시험운항 허가 기간은 10일로 한정한다.

> 🚢 해설 `시험운항의 허가`
>
> 시험운항 허가 기간 : 7일(해뜨기 전 30분부터 해진 후 30분까지로 한정한다.)

386 수상레저안전법상 무동력 수상레저기구를 이용하여 수상에서 노를 저으며 급류를 타거나 유락행위를 하는 수상레저 활동은? 병

갑. 윈드서핑 을. 스킨스쿠버

병. 래프팅 정. 파라세일

387 수상레저안전법상 정의로 옳지 않은 것은? 을

갑. 웨이크보드는 수상스키의 변형된 형태로 볼 수 있다.

을. 강과 바다가 만나는 부분의 기수는 해수면으로 분류된다.

병. 수면비행선은 수상레저사업장에서 수상레저기구로 이용할 수 있지만, 선박법에 따라 등록하고, 선박직원법에서 정한 면허를 가지고 조종해야 한다.

정. 수상레저안전법상의 세일링요트는 돛과 마스트로 풍력을 이용할 수 있고, 기관(엔진)도 설치된 것을 말한다.

> **해설 정의**
>
> "해수면"이란 바다의 수류나 수면을 말한다. 강과 바다가 만나는 기수는 내수면에 해당한다.

388 수상레저안전법상에서 명시한 적용배제 사유로 옳지 않은 것은? 병

갑. 「낚시관리 및 육성법」에 따른 낚시어선업 및 그 사업과 관련된 수상에서의 행위를 하는 경우

을. 「유선 및 도선 사업법」에 따른 유·도선 사업 및 그 사업과 관련된 수상에서의 행위를 하는 경우

병. 「관광진흥법」에 의한 유원시설업 및 그 사업과 관련된 수상에서의 행위를 하는 경우

정. 「체육시설의 설치·이용에 관한 법률」에 따른 체육시설업 및 그 사업과 관련된 수상에서의 행위를 하는 경우

> **해설 적용 배제**
>
> • 「유선 및 도선 사업법」에 따른 유·도선 사업 및 그 사업과 관련된 수상에서의 행위를 하는 경우
> • 「체육시설의 설치·이용에 관한 법률」에 따른 체육시설업 및 그 사업과 관련된 수상에서의 행위를 하는 경우
> • 「낚시관리 및 육성법」에 따른 낚시어선업 및 그 사업과 관련된 수상에서의 행위를 하는 경우

389 수상레저안전법상 수상안전교육에 대한 설명으로 가장 옳지 않은 것은? 【정】

갑. 조종면허를 받으려는 사람은 면허시험 응시원서를 접수한 후부터 해양경찰청장이 실시하는 수상안전교육을 받아야 한다.

을. 면허증을 갱신하려는 사람은 면허증 갱신 기간 이내에 해양경찰청장이 실시하는 수상안전교육을 받아야 한다.

병. 수상안전교육에는 수상안전에 관한 법령, 수상레저기구의 사용과 관리에 관한 사항 및 그 밖의 수상안전을 위하여 필요한 사항이 포함된다.

정. 최초 면허시험 합격 전의 수상안전교육 유효기간은 1년이다.

> 🔦 해설 **수상안전교육**
>
> 최초 면허시험 합격 전의 안전교육의 유효기간은 6개월로 한다.

390 수상레저안전법상 수상레저활동을 하는 사람이 지켜야 할 운항규칙으로 옳지 않은 것은 무엇인가? 【병】

갑. 모든 수단에 의한 적절한 경계

을. 기상특보가 예보된 구역에서의 활동금지

병. 다른 수상레저기구와 마주치는 경우 왼쪽으로 진로변경

정. 다른 수상레저기구와 동일방향 진행 시 2m 이내 접근 금지

> 🔦 해설
>
> 다른 수상레저기구와 마주치는 경우 오른쪽으로 진로 변경하여야 한다.

391 수상레저안전법상 야간에 수상레저활동자가 갖추어야 할 장비로 옳지 않은 것은? 【을】

갑. 통신기기

을. 레이더

병. 위성항법장치(GPS)

정. 등이 부착된 구명조끼

> 🔦 해설 **야간운항장비**
>
> 항해등, 나침반, 야간조난 신호장비, 통신기기, 전등, 구명부환, 소화기, 자기점화등, 위성항법장치, 등이 부착된 구명조끼

392 수상레저기구등록법상 동력수상레저기구의 변경등록 사항으로 옳지 않은 것은? `갑`

갑. 수상사고 등으로 본래 기능이 상실되어 변경

을. 동력수상레저기구 명칭의 변경

병. 매매·증여·상속 등으로 인한 소유권의 변경

정. 동력수상레저기구의 정원, 운항구역, 구조의 변경

> **해설** 변경등록의 신청 등
>
> 수상사고 등으로 본래의 기능을 상실한 경우 말소등록 대상이다.

393 수상레저안전법상 수상레저기구 등록대상으로 옳지 않은 것은? `정`

갑. 총톤수 15톤인 선외기 모터보트

을. 총톤수 15톤인 세일링요트

병. 추진기관 20마력인 수상오토바이

정. 추진기관 20마력인 고무보트

> **해설** 등록의 대상
>
> - 수상오토바이
> - 총톤수(「선박법」제3조제1항제2호에 따른 총톤수를 말한다.) 20톤 미만의 선내기 또는 선외기인 모터보트
> - 30마력 이상의 고무보트(공기를 넣으면 부풀어 접어서 운반할 수 있는 고무보트 제외)
> - 총톤수 20톤 미만의 세일링요트
> ※ 20톤 이상의 동력수상레저기구는 '선박법'에 따라 등록이 가능하다.

394 수상레저안전법상 수상레저사업장에서 갖춰야 할 구명조끼에 대한 설명으로 옳지 않은 것은? `갑`

갑. 수상레저기구 탑승정원 수만큼 갖춰야 한다.

을. 소아용은 탑승정원의 10%만큼 갖추어야 한다.

병. 사업자는 이용객이 구명조끼를 착용토록 조치하여야 한다.

정. 「전기용품 및 생활용품 안전관리법」에 따른 안전기준에 적합한 제품이어야 한다.

> **해설**
>
> 구명조끼는 수상레저기구 탑승정원의 110% 이상을 갖춰야 하며, 탑승정원의 10%는 소아용으로 갖추어야 한다.

395 수상레저안전법상 원거리 수상레저 활동의 신고 내용 중 가장 옳지 않은 것은? 　　정

갑.「선박의입출항법」에 따른 출입 신고를 하거나, 「선박안전조업규칙」에 따른 출항·입항 신고를 한 선박의 경우에는 원거리 수상레저활동 신고를 할 필요가 없다.

을. 등록대상 동력수상레저기구가 아닌 수상레저기구로 수상레저활동을 하려는 사람은 출발 항으로부터 10해리 이상 떨어진 곳에서 수상레저활동을 하여서는 아니 된다.

병. 출발항으로부터 10해리 이상 떨어진 곳에서 등록대상 동력수상레저기구가 아닌 수상레 저기구로 수상레저활동을 하고자 할 때에는 안전관리 선박의 동행 등이 필요하다.

정. 출발항으로부터 10해리 이상 떨어진 곳에서 수상레저활동을 하려는 사람은 해양경찰관 서나 소방관서에 신고하여야 한다.

> **해설** 원거리 수상레저활동의 신고
>
> 출발항으로부터 10해리 이상 떨어진 곳에서 수상레저활동을 하려는 자는 해양경찰관서나 경찰관서에 신고 하여야 한다.

396 수상레저안전법상 무면허 조종이 허용되는 경우이다. 제1급 조종면허를 가진 사람의 감독하 에 수상레저활동을 하는 경우의 설명으로 옳지 않은 것은? 　　정

갑. 해당 수상레저기구에 다른 수상레저기구를 견인하고 있지 않을 경우

을. 수상레저사업장 안에서 탑승정원이 4인 이하인 수상레저기구를 조종하는 경우

병. 면허시험과 관련하여 수상레저기구를 조종하는 경우

정. 수상레저기구가 4대 이하인 경우

> **해설** 무면허조종이 허용되는 경우
>
> 동시 감독하는 수상레저기구가 3대 이하인 경우

397 수상레저안전법상 무동력 수상레저기구끼리 짝지어진 것으로 옳은 것은? 　　정

갑. 세일링요트, 파라세일

을. 고무보트, 노보트

병. 수상오토바이, 워터슬레이드

정. 워터슬레이드, 서프보드

> **해설** 정의
>
> • 동력수상레저기구 : 모터보트, 세일링요트(돛과 기관이 설치), 수상오토바이, 고무보트, 스쿠터, 공기부양 정(호버크래프트), 수륙양용기구
> • 무동력수상레저기구 : 수상스키, 파라세일, 조정, 카약, 카누, 워터슬레이드, 수상자전거, 서프보드, 노보 트, 무동력요트, 윈드서핑

398 수상레저기구등록법상 동력수상레저기구의 등록사항 중 변경사항에 해당되지 않는 것은? 병

갑. 소유권의 변경이 있는 때

을. 기구의 명칭에 변경이 있는 때

병. 수상레저기구의 그 본래의 기능을 상실한 때

정. 구조나 장치를 변경한 때

> **해설 변경등록의 신청**
>
> • 변경등록 사항 : 소유권의 변경, 소유자의 성명. 기구 명칭, 정원·운항구역·구조·설비·장치, 용도의 변경, 해양경찰청장이 정하여 고시하는 사항의 변경
> • '수상레저기구의 그 본래의 기능을 상실한 때'의 경우 말소등록 대상이다.

399 수상레저기구등록법상 등록번호판에 대한 설명으로 옳지 않은 것은? 정

갑. 누구든지 등록번호판을 부착하지 아니한 동력수상레저기구를 운항하여서는 아니 된다.

을. 발급받은 등록번호판 2개를 동력수상레저기구의 옆면과 뒷면에 각각 견고하게 부착해야 한다.

병. 동력수상레저기구 구조의 특성상 뒷면에 부착하기 곤란한 경우에는 다른 면에 부착할 수 있다.

정. 부착하기 곤란한 경우에는 동력수상레저기구 내부에 보관할 수 있다.

> **해설 등록번호판의 부착**
>
> 옆면과 뒷면에 부착이 곤란한 경우 잘 보이는 다른 면에 부착해야 한다.

400 수상레저기구등록법상 동력수상레저기구 등록·검사 대상에 대한 설명으로 가장 옳지 않은 것은? 정

갑. 등록대상과 안전검사 대상은 동일하다.

을. 무동력 요트는 등록 및 검사에서 제외된다.

병. 모든 수상오토바이는 등록·검사 대상에 포함된다.

정. 책임보험가입 대상과 등록대상은 동일하다.

> **해설 적용 범위, 보험 등의 가입**
>
> • 수상오토바이, 모터보트, 고무보트, 세일링요트(돛과 기관이 설치된 것) 등 등록대상과 안전검사 대상은 동일하다.
> • 동력수상레저기구 소유자는 등록기간 동안 보험에 가입해야 한다. 수상레저사업에 이용되는 수상레저기구는 등록대상 관계없이 보험에 가입해야 한다.

401 수상레저안전법상 등록대상 동력수상레저기구의 보험가입기간으로 가장 옳은 것은? 〔병〕

갑. 소유자의 필요시에 가입

을. 등록 후 1년까지만 가입

병. 등록기간 동안 계속하여 가입

정. 사업등록에 이용할 경우에만 가입

> **해설** 보험가입기간
>
> 등록대상기구는 등록기간 동안 계속 가입하여야 한다. 사업용의 경우, 사업기간동안 가입하여야 한다.

402 수상레저기구등록법상 등록대상 동력수상레저기구의 등록 절차로 옳은 것은? 〔정〕

갑. 안전검사 – 등록 – 보험가입(필수)

을. 안전검사 – 등록 – 보험가입(선택)

병. 등록 – 안전검사 – 보험가입(선택)

정. 안전검사 – 보험가입(필수) – 등록

> **해설** 등록의 신청
>
> 동력수상레저기구를 등록할 때에는 등록신청서를 포함한 안전검사증, 보험가입증명서 등 관련 서류를 제출하여야 한다.

403 수상레저안전법상 수상레저사업자가 영업구역 안에서 금지사항으로 옳지 않은 것은? 〔을〕

갑. 영업구역을 벗어나 영업하는 행위

을. 보호자를 동반한 14세 미만자를 수상레저기구에 태우는 행위

병. 수상레저기구에 정원을 초과하여 태우는 행위

정. 수상레저기구 안으로 주류를 반입토록 하는 행위

> **해설** 사업자의 안전점검 등 조치
>
> 14세 미만인 사람(보호자를 동반하지 아니한 사람), 술에 취한 사람 또는 정신질환자를 수상레저기구를 태우거나 기구를 빌려주는 행위는 금지사항이다.

404 수상레저안전법상 수상레저사업 등록 시 영업구역이 2개 이상의 해양경찰서 관할 또는 시·군·구에 걸쳐있는 경우 사업등록은 어느 관청에서 해야 하는가? 〔정〕

갑. 수상레저사업장 소재지를 관할하는 관청

을. 수상레저사업장 주소지를 관할하는 관청

병. 영업구역이 중복되는 관청 간에 상호 협의하여 결정

정. 수상레저기구를 주로 매어두는 장소를 관할하는 관청

> **해설** 수상레저사업의 등록 등
>
> 수상레저사업에 사용되는 수상레저기구를 주로 매어두는 장소를 관할하는 해양경찰서장 또는 시장·군수·구청장에게 등록한다.

405 수상레저안전법상 수상레저활동 안전을 위한 안전점검에 대한 설명으로 옳지 않은 것은? `을`

갑. 정비·원상복구 명령 위반 사업자에게 기간을 정하여 해당 수상레저기구 사용정지를 명할 수 있다.

을. 수상레저사업자에 대한 정비 및 원상복구 명령은 구두로 한다.

병. 수상레저기구 및 선착장 등 수상레저 시설에 대한 안전점검을 실시한다.

정. 점검결과에 따라 정비 또는 원상복구를 명할 수 있다.

> **해설 안전점검**
>
> (정비 및 원상복구의 명령) 수상레저활동 안전을 위한 점검결과에 따라 원상복구를 명할 경우 해당 서식에 의한 원상복구 명령서에 의한다.

406 수상레저안전법상 인명안전장비의 설명으로 옳지 않은 것은? `갑`

갑. 서프보드 이용자들은 구명조끼 대신 보드리쉬(리쉬코드)를 착용할 수 있다.

을. 시장·군수·구청장은 인명안전장비의 종류를 특정하여 착용 등의 지시를 할 수 있다.

병. 래프팅을 할 때는 구명조끼와 함께 안전모(헬멧)를 착용해야 한다.

정. 해양경찰서장 또는 시·군·구청장이 안전장비의 착용기준을 조정한 때에는 수상레저 활동자가 보기 쉬운 장소에 그 사실을 게시하여야 한다.

> **해설 인명안전장비의 착용**
>
> 서프보드 이용자들은 보드리쉬를 착용하여야 한다.

407 수상레저안전법상 야간 수상레저활동 시 갖춰야 할 장비로 바르게 나열된 것은? `병`

갑. 항해등, 나침반, 전등, 자동정지줄

을. 소화기, 통신기기, EPIRB, 위성항법장치(GPS)

병. 야간 조난신호장비, 자기점화등, 위성항법장치(GPS), 구명부환

정. 등이 부착된 구명조끼, 구명부환, 나침반, EPIRB

> **해설 야간 운항장비**
>
> 항해등, 나침반, 야간조난신호장비, 통신기기, 전등, 구명튜브(구명부환), 소화기, 자기점화등, 위성항법장치, 등이 부착된 구명조끼

408 수상레저안전법의 제정 목적으로 가장 적당하지 않은 것은? `병`

갑. 수상레저사업의 건전한 발전을 도모

을. 수상레저활동의 안전을 확보

병. 수상레저활동으로 인한 사상자의 구조

정. 수상레저활동의 질서를 확보

409 수상레저안전법상 동력수상레저기구 조종면허 중, 제2급 조종면허를 취득한 자가 제1급 조종면허를 취득한 경우 조종면허의 효력관계를 맞게 설명한 것은?   을

갑. 제1급과 제2급 모두 유효하다.

을. 제2급 조종면허의 효력은 상실된다.

병. 제1급 조종면허의 효력은 상실된다.

정. 제1급과 제2급 조종면허 모두 유효하며, 각각의 갱신기간에 맞게 갱신만 하면 된다.

> **해설** 조종면허
>
> 일반조종면허의 경우 제2급 조종면허를 취득한 자가 제1급 조종면허를 취득한 때에는 제2급 조종면허의 효력은 상실된다.

410 수상레저안전법상 동력수상레저기구 조종면허의 종류로 옳지 않은 것은?   정

갑. 제1급 조종면허 　　　　　　　　　　을. 제2급 조종면허

병. 요트조종면허 　　　　　　　　　　　정. 제2급 요트조종면허

> **해설** 조종면허
>
> • 일반조종면허 : 제1급 조종면허, 제2급 조종면허
> • 요트조종면허
> ※ 소형선박조종사는 해기사면허이다.

411 수상레저안전법상 수상레저활동자가 착용하여야 할 인명안전장비 종류를 조정할 수 있는 권한이 없는 자는?   을

갑. 해양경찰서장 　　　　　　　　　　　을. 경찰서장

병. 구청장 　　　　　　　　　　　　　　정. 시장·군수

> **해설** 인명안전장비의 착용
>
> 해양경찰서장 또는 시장·군수·구청장은 수상레저 활동자가 착용하여야 할 인명안전장비 종류를 정하여 특별한 지시를 할 수 있다.

412 수상레저안전법에 규정된 수상레저기구로 옳지 않은 것은?   을

갑. 스쿠터 　　　　　　　　　　　　　　을. 관광잠수정

병. 조정 　　　　　　　　　　　　　　　정. 호버크래프트

> **해설** 수상레저기구의 종류
>
> • 동력수상레저기구 : 모터보트, 세일링요트(돛과 기관이 설치), 수상오토바이, 고무보트, 스쿠터, 공기부양정(호버크래프트)
> • 무동력수상레저기구 : 수상스키, 패러세일, 조정, 카약, 카누, 워터슬레드, 수상자전거, 서프보드, 노보트, 무동력요트, 윈드서핑, 웨이크보드, 카이트보드, 케이블수상스키, 케이블웨이크보드, 공기주입형고정용튜브, 물추진형보드, 패들보드, 래프팅

413 수상레저안전법상 제1급 조종면허를 받을 수 있는 나이의 기준으로 옳은 것은? 병

갑. 14세 이상

을. 16세 이상

병. 18세 이상

정. 19세 이상

> **해설 조종면허의 결격사유 등**
>
> 18세 미만인 사람은 일반조종면허 제1급을 받을 수 없다.

414 일정한 거리 이상에서 수상레저활동을 하고자 하는 자는 해양경찰관서에 신고하여야 한다. 신고 대상으로 맞는 것은? 정

갑. 해안으로부터 5해리 이상

을. 출발항으로부터 5해리 이상

병. 해안으로부터 10해리 이상

정. 출발항으로부터 10해리 이상

> **해설 원거리 수상레저활동의 신고**
>
> 출발항으로부터 10해리 이상 떨어진 곳에서 수상레저활동을 하려는 자는 해양경찰관서에 신고하여야 한다.

415 수상레저안전법상 등록대상 수상레저기구를 보험에 가입하지 않았을 경우 수상레저안전법상 과태료의 부과 기준은 얼마인가? 을

갑. 30만 원

을. 10일 이내 1만 원, 10일 초과 시 1일당 1만 원 추가, 최대 30만 원까지

병. 10일 이내 5만 원, 10일 초과 시 1일당 1만 원 추가, 최대 50만 원까지

정. 50만 원

> **해설 과태료의 부과기준**
>
> 보험 등에 가입하지 않은 경우 10일 이내 1만 원, 10일 초과 시마다 1일당 1만 원 추가, 최대 30만 원까지

416 수상레저안전법상 땅콩보트, 바나나보트, 플라잉피쉬 등과 같은 튜브형 기구로서 동력수상레저기구에 의해 견인되는 형태의 기구는? 병

갑. 에어바운스(Air bounce)

을. 튜브체이싱(Tube chasing)

병. 워터슬레이드(Water sled)

정. 워터바운스(Water bounce)

> **해설 워터슬레이드**
>
> 바나나보트, 땅콩보트, 플라잉피쉬 등 동력수상레저기구에 줄을 매어 이끌리는 튜브 소재의 수상레저기구

417 수상레저안전법상 동력수상레저기구 조종면허의 효력발생 시기는? 〔정〕

갑. 수상 안전교육을 이수한 때

을. 필기시험 합격일로부터 14일 이후

병. 면허시험에 최종 합격한 날

정. 동력수상레저기구 조종면허증을 본인 또는 대리인에게 발급한 때부터

> **해설 면허증 발급**
>
> 조종면허의 효력은 면허증을 본인이나 그 대리인에게 발급한 때부터 발생한다.

418 수상레저안전법상 풍력을 이용하는 수상레저기구로 옳지 않은 것은? 〔갑〕

갑. 케이블 웨이크보드(Cable wake-board) 을. 카이트보드(Kite-board)

병. 윈드서핑(Wind surfing) 정. 딩기요트(Dingy yacht)

> **해설 케이블 웨이크보드**
>
> 웨이크보드는 모터보트가 견인하는 방식이지만, 케이블 웨이크보드는 수변에 설치된 전주와 전동모터, 회전하는 와이어 케이블에 의하여 보드를 신고 수면 위를 질주하는 수상레저활동이다.

419 동력수상레저기구 조종면허를 가진 자와 동승하여 무면허로 조종할 경우 면허를 소지한 사람의 요건으로 옳지 않은 것은? 〔정〕

갑. 제1급 일반조종면허를 소지할 것 을. 술에 취한 상태가 아닐 것

병. 약물을 복용한 상태가 아닐 것 정. 면허 취득 후 2년이 경과한 사람일 것

> **해설 무면허조종이 허용되는 경우**
>
> 1급 조종면허를 소지하고, 술에 취하거나 약물을 복용하지 않은 상태에서 동승한 경우 가능하다.

420 수상레저안전법상 동력수상레저기구 조종면허를 받아야 조종할 수 있는 동력수상레저기구의 추진기관 최대출력 기준은? 〔을〕

갑. 3마력 이상 을. 5마력 이상 병. 10마력 이상 정. 50마력 이상

> **해설 조종면허 대상·기준 등**
>
> 최대출력 5마력 이상인 동력수상레저기구

421 수상레저안전법상 수상레저활동 금지구역에서 수상레저기구를 운항한 사람에 대한 과태료 부과기준은 얼마인가? 〔병〕

갑. 30만 원 을. 40만 원 병. 60만 원 정. 100만 원

> **해설 과태료의 부과기준**
>
> 수상레저활동 금지구역에서 운항한 사람의 과태료는 60만 원이다.

422 **수상레저안전법에 대한 설명으로 옳지 않은 것은?** 정

갑. 수상레저활동은 수상에서 수상레저기구를 이용하여 취미·오락·체육·교육 등의 목적으로 이루어지는 활동이다.

을. 수상레저안전법에서 정한 래프팅(rafting)이란 무동력 수상레저기구를 이용하여 계곡이나 하천에서 노를 저으며 급류 또는 물의 흐름을 타는 수상레저활동을 말한다.

병. 동력수상레저기구의 기관이 5마력 이상이면 동력수상레저기구 조종면허가 필요하다.

정. 조종면허는 일반조종면허, 제1급 요트조종면허, 제2급 요트조종면허로 구분된다.

> **해설** **조종면허**
>
> 조종면허는 제1급 조종면허, 제2급 조종면허, 요트조종면허로 구분된다.

423 **수상레저기구등록법상 제정 목적에 관한 사항으로 옳지 않은 것은?** 정

갑. 수상레저기구의 등록에 관한 사항을 정함

을. 수상레저기구의 검사에 관한 사항을 정함

병. 수상레저기구의 성능 및 안전 확보에 관한 사항을 정함

정. 수상레저기구 활동의 질서유지에 관한 사항을 정함

> **해설** **수상레저기구등록법 목적**
>
> 수상레저기구의 등록 및 검사에 관한 사항을 정하여 수상레저기구의 성능 및 안전을 확보함으로써 공공의 복리를 증진함을 목적으로 한다.

424 **수상레저기구등록법상 수상레저기구 등록번호판에 관한 설명으로 옳은 것은?**

갑. 뒷면에만 부착한다.

을. 앞면과 뒷면에 부착한다.

병. 옆면과 뒷면에 부착한다.

정. 번호판은 규격에 맞지 않아도 된다.

> **해설** **등록번호판의 부착**
>
> 동력수상레저기구의 소유자는 등록번호판 2개를 동력수상레저기구의 옆면과 뒷면에 각각 견고하게 부착하여야 한다.

425 수상레저안전법상 수상안전교육에 관한 내용으로 옳지 않은 것은? `정`

갑. 안전교육 대상자는 동력수상레저기구 조종면허를 받고자 하는 자 또는 갱신하고자 하는 자이다.

을. 수상안전교육 시기는 동력수상레저기구 조종면허를 받으려는 자는 조종면허시험 응시원서를 접수한 후부터, 동력수상레저기구 조종면허를 갱신하려는 자는 조종면허 갱신기간 이내이다.

병. 수상안전교육 내용은 수상안전에 관한 법령, 수상레저기구의 사용과 관리에 관한 사항, 수상상식 및 수상구조, 그 밖의 수상안전을 위하여 필요한 사항이다.

정. 수상안전교육시간은 3시간이고 최초 면허시험 합격 전의 안전교육 유효기간은 5개월이다.

> **해설 수상안전교육**
>
> 응시원서 접수 이후 안전교육은 받을 수 있으나 최초 면허시험 합격 전의 안전교육 유효기간은 6개월, 최종 면허시험 이후 1년 이내 안전교육을 받아야 한다.

426 수상레저안전법상 원거리 수상레저활동 관련 설명으로 옳지 않은 것은? `병`

갑. 출발항으로부터 10해리 이상 떨어진 곳에서 활동할 경우 신고하여야 한다.

을. 선박안전 조업규칙에 의한 신고를 별도로 한 경우에는 원거리 수상레저활동 신고의무의 예외로 본다.

병. 출발항으로부터 5해리 이상 떨어진 곳에서 활동할 경우 신고하여야 한다.

정. 원거리 수상레저활동은 해양경찰관서 또는 경찰관서에 신고한다.

> **해설 원거리수상레저활동의 신고 등**
>
> 출발항으로부터 10해리 이상 떨어진 곳에서 활동할 경우 신고하여야 한다. 등록 대상 동력수상레저기구가 아닌 수상레저기구로 수상레저활동을 하려는 자는 출발항으로부터 10해리 이상 떨어진 곳에서 수상레저활동을 하여서는 아니 된다. 다만, 안전관리 선박의 동행, 선단의 구성 등 해양수산부령으로 정하는 경우에는 그러하지 아니하다.

427 수상레저안전법상 수상레저사업장에 비치하는 비상구조선에 대한 설명으로 옳지 않은 것은? `병`

갑. 비상구조선임을 표시하는 주황색 깃발을 달아야 한다.

을. 비상구조선은 30미터 이상의 구명줄을 갖추어야 한다.

병. 비상구조선은 탑승정원이 4명 이상, 속도가 시속 30노트 이상이어야 한다.

정. 망원경, 호루라기 1개, 구명부환 또는 레스큐튜브 2개 이상을 갖추어야 한다.

> **해설 수상레저사업의 등록기준**
>
> 비상구조선은 탑승정원이 3명 이상, 속도가 시속 20노트 이상이어야 한다.
> ※ 면허시험 대행기관의 비상구조선의 경우 4명 이상 속도는 20노트 이상이어야 한다.

428 수상레저기구등록법상 (　　)에 적합한 것은?　　　병

> 동력수상레저기구의 등록사항 중 변경사항이 있는 경우 그 소유자나 점유자는 그 변경이 발생한 날부터 (　　)일 이내에 시장·군수·구청장에게 변경등록을 신청하여야 한다.

갑. 7일　　　　　을. 15일　　　　　병. 30일　　　　　정. 90일

해설　변경등록의 신청

동력수상레저기구의 등록사항 변경이 있는 경우, 소유자나 점유자는 그 변경이 발생한 날부터 30일 이내에 시장·군수·구청장에게 변경등록을 신청해야 한다.

429 수상레저안전법상 수상레저 사업등록 시 구비서류로 옳지 않은 것은?　　　을

갑. 수상레저기구 및 인명구조용 장비 명세서
을. 수상레저기구 수리업체 명부
병. 시설기준 명세서
정. 영업구역에 관한 도면

해설　수상레저사업의 등록신청 시 구비서류

영업구역의 도면, 시설기준 명세서, 수상레저사업자와 종사자의 명단 및 해당 면허증 사본, 수상레저기구 및 인명구조용 장비 명세서, 인명구조요원(또는 래프팅가이드)의 명단과 해당 자격증 사본, 공유수면 등의 점용 또는 사용 등에 관한 허가서 사본

430 수상레저안전법상 수상레저사업장에서 금지되는 행위로 옳지 않은 것은?　　　갑

갑. 15세인 자를 보호자 없이 태우는 행위
을. 술에 취한 자를 태우는 행위
병. 정신질환자를 태우는 행위
정. 수상레저기구 내에서 주류제공 행위

해설

14세 미만인 사람(보호자를 동반하지 아니한 사람으로 한정)을 태우는 행위는 금지한다.

431 수상레저안전법을 위반한 사람에 대한 과태료 부과 권한이 없는 사람은?　　　을

갑. 통영시장
을. 영도소방서장
병. 해운대구청장
정. 속초해양경찰서장

해설　과태료

해양경찰청장, 지방해양경찰청장 또는 해양경찰서장, 시장·군수·구청장(서울특별시 한강의 경우에는 서울특별시의 한강 관리 업무를 관장하는 기관의 장)이 부과·징수한다.

432 수상레저안전법상 동력수상레저기구 조종면허 종별 합격기준으로 옳지 않은 것은? 병

갑. 제1급 조종면허 : 필기 70점, 실기 80점　　을. 제2급 조종면허 : 필기 60점, 실기 60점

병. 제2급 조종면허 : 필기 70점, 실기 60점　　정. 요트조종면허 : 필기 70점, 실기 60점

> 해설 **필기시험, 실기시험 합격기준**
>
> • 제1급 조종면허 : 필기 70점 이상, 실기 80점 이상
> • 제2급 조종면허 : 필기 60점 이상, 실기 60점 이상
> • 요트조종면허 : 필기 70점 이상, 실기 60점 이상

433 수상레저안전법상 해양경찰청장이 면허시험 과목의 전부 또는 일부를 면제할 수 있는 사람에 대한 설명으로 가장 옳지 않은 것은? 갑

갑. 대통령령으로 정하는 체육 관련 단체에 수상레저기구의 선수로 등록된 사람

을. 해양경찰청장이 지정·고시하는 기관이나 단체에서 실시하는 교육을 이수한 사람

병. 항해사 6급 또는 기관사 6급 면허를 가진 사람

정. 제1급 조종면허 필기시험에 합격한 후 제2급 조종면허 실기시험으로 변경하여 응시하려는 사람

> 해설 **면허시험의 면제**
>
> 대통령령으로 정하는 체육 관련 단체에 동력수상레저기구의 선수로 등록된 사람
> ※ 체육관련단체 : 국민체육진흥법에 따른 경기단체(대한체육회·대한장애인체육회 가맹단체, 문화체육부
> 　장관 지정 프로스포츠 단체)를 말한다.

434 수상레저기구등록법상 동력수상레저기구를 등록할 때 등록신청서에 첨부하여 제출하여야할 서류로 옳지 않은 것은? 정

갑. 안전검사증(사본)　　　　　　　　　을. 등록할 수상레저기구의 사진

병. 보험가입증명서　　　　　　　　　　정. 등록자의 경력증명서

> 해설 **동력수상레저기구 등록신청**
>
> 안전검사증(사본), 동력수상레저기구 또는 추진기관의 양도증명서, 제조증명서, 수입신고필증, 매매계약
> 서 등 등록원인을 증명할 수 있는 서류, 보험가입증명서, 동력수상레저기구의 사진, 동력수상레저기구를
> 공동으로 소유하고 있는 경우 공동소유자의 대표자 및 공동소유자별 지분비율이 기재된 서류

435 수상레저안전법상 정원을 초과하여 사람을 태우고 수상레저기구를 조종한 경우 과태료 부과기준은 얼마인가? 을

갑. 50만 원　　　　　　　　　　　　　을. 60만 원

병. 70만 원　　　　　　　　　　　　　정. 100만 원

> 해설 **과태료 부과기준**
>
> 정원을 초과하여 사람을 태우고 수상레저기구를 조종한 경우 과태료 60만 원

436 수상레저안전법상 수상레저활동을 하는 사람이 준수하여야 하는 내용으로 가장 옳지 않은 것은? `갑`

갑. 다이빙대, 교량으로부터 20m 이내의 구역에서는 12노트 이하로 운항해야 한다.

을. 해양경찰서장 등이 지정하는 위험구역에서는 10노트 이하의 속력으로 운항해야 한다.

병. 계류장으로부터 150미터 이내의 구역에서는 인위적으로 파도를 발생시키는 특수한 장치가 설치된 동력수상레저기구를 운항해서는 안 된다.

정. 수상에 띄우는 수상레저기구 및 설비가 설치된 곳으로부터 150미터 이내의 구역에서 인위적으로 파도를 발생시키지 않고 5노트 이하의 속력으로 운항이 가능하다.

> **해설** `수상레저활동 시 준수사항`
>
> 다이빙대·계류장 및 교량으로부터 20미터 이내의 구역에서는 10노트 이하의 속력으로 운항해야 한다.

437 수상레저안전법상 동력수상레저기구 조종면허 시험 중 부정행위자에 대한 제재조치로서 옳지 않은 것은? `정`

갑. 당해 시험을 중지시킬 수 있다.

을. 당해 시험을 무효로 할 수 있다.

병. 공무집행방해가 인정될 경우 형사처벌을 받을 수 있다.

정. 1년간 동력수상레저기구조종면허 시험에 응시할 수 없다.

> **해설** `부정행위자에 대한 제재`
>
> 해당시험의 중지 또는 무효의 처분을 받은 자는 그 처분이 있는 날부터 2년간 면허시험을 응시할 수 없다.

438 수상레저안전법상 해양경찰청장 또는 시장·군수·구청장에게 납부하는 수수료에 대한 설명으로 가장 옳은 것은? `병`

갑. 훼손된 면허증을 재발급하거나 갱신하려는 사람이 납부해야 하는 수수료는 5,000원이다.

을. 안전교육을 받으려는 사람이 납부해야 하는 수수료는 14,400원이며 교재는 별도로 구매해야 한다.

병. 조종면허를 받으려는 사람이 납부해야 하는 면허시험 응시 수수료는 필기시험 4,800원, 실기시험 64,800원이다.

정. 면허증을 신규 발급 받으려는 사람이 납부해야 하는 수수료는 4,000원이다.

> **해설** `수수료`
>
> • 안전교육을 받으려는 사람 : 14,400원(교재비포함)
> • 면허증 신규발급 : 5,000원
> • 면허증 갱신 또는 재발급 : 4,000원
> • 필기시험 응시 : 4,800원, 실기시험 응시 : 64,800원

439 수상레저안전법상 수상레저사업장에 대한 안전점검 항목으로 가장 옳지 않은 것은? 　갑

갑. 수상레저기구의 형식승인 여부

을. 수상레저기구의 안전성

병. 사업장 시설·장비 등이 등록기준에 적합한지의 여부

정. 인명구조요원 및 래프팅 가이드의 자격·배치기준 적합여부

> **해설 안전점검의 대상**
>
> 수상레저기구의 안전성 여부, 시설·장비의 등록기준 적합여부, 자격·배치기준 적합여부, 안전조치 여부, 행위제한 등의 준수여부 등이 있다.
> ※ 기구의 형식승인 여부는 해당 없음

440 수상레저안전법상 (　　) 안에 알맞은 말은? 　병

> 시·군·구청장은 민사집행법에 따라 (　　)으로부터 압류등록의 촉탁이 있거나 국세징수법이나 지방세징수법에 따라 행정관청으로부터 압류등록의 촉탁이 있는 경우에는 해당 등록원부에 압류등록을 하고 소유자 및 이해관계자 등에게 통지하여야 한다.

갑. 해양수산부

을. 경찰청

병. 법원

정. 해양경찰청

> **해설 압류등록**
>
> 시장·군수·구청장은 민사집행법에 따라 법원으로부터 압류등록의 촉탁이 있을 경우 해당 등록원부에 압류등록을 하고 소유자 및 이해관계자 등에게 통지하여야 한다.

441 수상레저안전법상 동력수상레저기구 조종면허 응시표의 유효기간으로 옳은 것은? 　을

갑. 접수일부터 6개월

을. 접수일부터 1년

병. 필기시험 합격일부터 6개월

정. 필기시험 합격일부터 2년

> **해설 응시원서의 제출**
>
> 응시표의 유효기간은 접수일로부터 1년까지로 하되, 면허시험의 필기시험에 합격한 경우에는 그 필기시험 합격일로부터 1년까지로 한다.

442 수상레저기구등록법상 동력수상레저기구 등록에 대한 설명으로 옳지 않은 것은? 갑

갑. 등록신청은 주소지를 관할하는 시장·군수·구청장 또는 해양경찰서장에게 한다.

을. 등록대상 기구는 모터보트·세일링요트(20톤 미만), 고무보트(30마력 이상), 수상오토바이이다.

병. 기구를 소유한 날로부터 1개월 이내에 등록신청해야 한다.

정. 소유한 날로부터 1개월 이내 등록을 하지 않은 경우 100만 원 이하의 과태료 처분 대상이다.

> **해설 수상레저기구의 등록**
>
> 등록신청은 주소지를 관할하는 시장·군수·구청장에게 한다. 동력수상레저기구를 취득한 날부터 1개월 이내 등록신청을 하지 아니한 자는 100만 원 이하의 과태료이다.

443 수상레저안전법상 최초 동력수상레저기구 조종면허 시험합격 전 수상안전교육을 받은 경우 그 유효기간은? 병

갑. 1개월　　　　　　을. 3개월　　　　　　병. 6개월　　　　　　정. 1년

> **해설 수상안전교육**
>
> 최초 면허시험 합격 전의 안전교육의 유효기간은 6개월로 한다.

444 수상레저기구등록법상 국내의 제조사에서 건조하는 동력수상레저기구 중 건조에 착수한 때부터 안전검사를 받아야 하는 동력수상레저기구에 해당하지 않는 것은? 병

갑. 총톤수가 5톤 이상인 모터보트 또는 세일링요트

을. 운항구역이 연해구역 이상인 모터보트 또는 세일링요트

병. 외국에서 수입하여 추진기관을 교체하는 모터보트 또는 세일링요트

정. 승선정원이 13명 이상인 모터보트 또는 세일링요트

> **해설 건조에 착수한 때부터 안전검사를 받아야 하는 모터보트와 세일링요트**
>
> 총톤수 5톤 이상, 운항구역이 연해구역 이상인 경우, 승선정원 13인승 이상인 경우
> ※ 외국에서 수입된 동력수상레저기구는 건조가 완료된 이후부터 등록하기 전까지 검사 대상이다.

445 수상레저안전법상 동력수상레저기구를 이용한 범죄의 종류로 옳지 않은 것은? 병

갑. 살인·사체유기 또는 방화

을. 강도·강간 또는 강제추행

병. 방수방해 또는 수리방해

정. 약취·유인 또는 감금

> **해설 동력수상레저기구를 사용한 범죄의 종류(형법 등을 위반한 범죄)**
>
> 살인·사체유기 또는 방화, 강도·강간 또는 강제추행, 약취·유인 또는 감금, 상습절도(절취한 물건을 운반한 경우로 한정)

446 수상레저안전법상 동력수상레저기구 조종면허 결격사유와 관련한 내용으로 옳지 않은 것은? 〔정〕

갑. 정신질환자(치매, 정신분열병, 분열형 정동장애, 양극성 정동장애, 재발성 우울장애, 알콜 중독)로서 전문의가 정상적으로 수상레저활동을 수행할 수 있다고 인정하는 자는 동력수상레저기구 조종면허 시험 응시가 가능하다.

을. 부정행위로 인해 해당 시험의 중지 또는 무효처분을 받은 자는 그 시험 시행일로부터 2년 간 면허시험에 응시할 수 없다.

병. 동력수상레저기구 조종면허를 받지 아니하고 동력수상레저기구를 조종한 자로서 사람을 사상한 후 구호조치 등 필요한 조치를 하지 아니하고 도주한 자는 4년이 경과되어야 동력 수상레저기구 조종면허시험 응시가 가능하다.

정. 동력수상레저기구 조종면허가 취소된 날부터 2년이 경과되지 아니한 자는 동력수상레저기구 조종면허 시험응시가 불가하다.

> 🦆 **해설** 조종면허의 결격 사유 등
>
> 동력수상레저기구 조종면허가 취소된 날부터 1년이 경과되지 아니한 자는 동력수상레저기구 조종면허 시험응시가 불가하다.

447 수상레저안전법상 수상안전교육의 면제 대상에 대한 설명으로 가장 옳지 않은 것은? 〔정〕

갑. 면허시험 응시원서를 접수한 날로부터 소급하여 6개월 이내에 「선원법」에 따른 기초안전 교육 또는 상급안전교육을 이수한 사람

을. 면허증 갱신 기간의 시작일부터 소급하여 6개월 이내에 「수상레저안전법」 제13조제1항에 따른 수상안전교육을 이수한 사람

병. 「수상레저안전법」 제9조제1항제5호에 해당하여 제2급 조종면허 또는 요트조종면허 시험 과목의 전부를 면제받은 사람

정. 면허시험 응시원서를 접수한 날 또는 면허증 갱신 기간의 시작일부터 소급하여 6개월 이내에 「수상레저안전법」 제19조에 따른 종사자 교육을 받은 사람

> 🦆 **해설** 수상안전교육의 면제대상
>
> 면허증 갱신 기간의 마지막 날부터 소급하여 6개월 이내에 종사자 교육을 받은 사람

448 수상레저안전법상 수상레저활동이 금지되는 기상특보의 종류로 옳지 않은 것은? 〔을〕

갑. 태풍주의보 　　　　　　　　　　을. 폭풍주의보
병. 대설주의보 　　　　　　　　　　정. 풍랑주의보

> 🦆 **해설** 기상에 따른 수상레저활동 제한
>
> 태풍·풍랑·폭풍해일·호우·대설·강풍과 관련된 주의보 이상의 기상특보가 발효된 경우, 수상레저활동 금지한다. 다만, 파도 또는 바람만을 이용하는 수상레저기구의 특성을 고려하여 관할 해양경찰서장 또는 시장·군수·구청장에게 기상특보활동신고서를 제출한 경우에는 그러하지 아니하다.

449 수상레저안전법상 등록된 수상레저기구가 존재하는지 여부가 분명하지 않은 경우 말소등록을 신청해야 할 기한으로 옳은 것은? 〔을〕

갑. 1개월   을. 3개월

병. 6개월   정. 12개월

> **해설 말소등록**
>
> 수상레저기구의 존재 여부가 3개월간 분명하지 아니한 경우에는 말소등록을 신청해야 한다.

450 수상레저안전법상 동력수상레저기구 조종면허증 갱신에 대한 설명으로 가장 옳지 않은 것은? 〔병〕

갑. 최초의 면허증 갱신 기간은 면허증 발급일부터 기산하여 7년이 되는 날부터 6개월 이내이다.

을. 최초의 면허증 갱신이 아닌 경우, 직전의 면허증 갱신 기간이 시작되는 날부터 기산하여 7년이 되는 날부터 6개월 이내이다.

병. 면허증 갱신을 정해진 갱신 기간 내에 아니한 경우에는 갱신기간이 만료한 다음날부터 조종면허의 효력이 취소된다.

정. 대통령령으로 정하는 사유로 인하여 면허증 갱신 기간 내에 갱신할 수 없는 경우에는 갱신을 미리 하거나 연기할 수 있다.

> **해설 조종면허의 갱신**
>
> 면허증을 갱신하지 아니한 경우에는 갱신 기간이 만료한 다음 날부터 조종면허의 효력은 정지된다. 갱신 기간이 만료되어 면허의 효력이 정지되었다 하더라도 갱신 교육을 받은 경우 면허의 효력은 다시 발생된다.

451 수상레저안전법상 수상레저사업장에서 금지되는 행위로 옳지 않은 것은? 〔병〕

갑. 정원을 초과하여 탑승시키는 행위

을. 14세 미만자를 보호자 없이 탑승시키는 행위

병. 알코올중독자에게 기구를 대여하는 행위

정. 허가 없이 일몰 30분 이후 영업행위

> **해설 수상레저사업장 금지사항**
>
> 정원초과 승선, 14세 미만자 보호자 없이 탑승, 허가 없이 일몰 30분 이후 야간 영업행위, 수상레저기구 안에서 술을 판매·제공하거나 수상레저기구 이용자가 수상레저기구 안으로 이를 반입하도록 하는 행위, 영업구역을 벗어나 영업을 하는 행위 등
> ※ 알코올중독자라 하더라도 술에 취한 상태가 아니라면 금지사항 아님

452 수상레저안전법상 수상레저활동의 안전을 위해 행하는 시정명령 행정조치의 형태에 해당되지 않는 것은? `정`

갑. 탑승인원의 제한 또는 조종자 교체

을. 수상레저활동의 일시정지

병. 수상레저기구의 개선 및 교체

정. 동력수상레저기구 조종면허의 효력정지

> **해설** `시정명령`
>
> 해양경찰서장 또는 시장·군수·구청장은 수상레저활동의 안전을 위해 필요하다고 인정하면 탑승인원의 제한 또는 조종자 교체, 수상레저활동의 일시정지, 수상레저기구의 개선 및 교체 등을 명할 수 있다.

453 수상레저안전법상 동력수상레저기구에 포함되지 않는 것은? `정`

갑. 수상오토바이   을. 스쿠터

병. 호버크래프트   정. 워터슬레이드

> **해설** `정의`
>
> 워터슬레이드는 견인되어지는 기구로서 무동력수상레저기구에 해당된다.

454 수상레저안전법상 수상레저사업 등록에 관한 것이다. 내용 중 옳지 않은 것은? `정`

갑. 수상레저사업의 등록 유효기간은 10년으로 하되, 10년 미만으로 영업하려는 경우에는 해당 영업기간을 등록 유효기간으로 한다.

을. 해양경찰서장 또는 시장·군수·구청장은 등록의 유효기간 종료일 1개월 전까지 해당 수상레저사업자에게 수상레저사업 등록을 갱신할 것을 알려야 한다.

병. 해양경찰서장 또는 시장·군수·구청장은 변경등록의 신청을 받은 경우에는 변경되는 사항에 대하여 사실 관계를 확인한 후 등록사항을 변경하여 적거나 다시 작성한 수상레저사업 등록증을 신청인에게 발급하여야 한다.

정. 등록을 갱신하려는 자는 등록의 유효기간 종료일 3일 전까지 수상레저사업 등록·갱신등록 신청서(전자문서로 된 신청서를 포함한다)를 관할 해양경찰서장 또는 시장·군수·구청장에게 제출하여야 한다.

> **해설** `수상레저사업등록의 갱신신청 등`
>
> 등록을 갱신하려는 자는 등록의 유효기간 종료일 5일 전까지 수상레저사업 등록·갱신등록 신청서(전자문서로 된 신청서를 포함한다)를 관할 해양경찰서장 또는 시장·군수·구청장에게 제출하여야 한다.

455 수상레저안전법상 동력수상레저기구 조종면허 시험 중, 항해사·기관사·운항사 또는 소형선박 조종사의 면허를 가진 자가 면제받을 수 있는 사항으로 옳은 것은? 〔정〕

갑. 제1급 조종면허 및 제2급 조종면허 실기시험

을. 제2급 조종면허 실기시험

병. 제1급 조종면허 및 제2급 조종면허 필기시험

정. 제2급 조종면허 필기시험

> **해설** **시험 면제의 기준**
>
> 항해사·기관사·운항사 또는 소형선박 조종사의 면허를 가진 자는 제2급 조종면허 필기시험을 면제받을 수 있다.

456 수상레저안전법상 수상레저사업장의 구명조끼 보유기준으로 가장 옳지 않은 것은? 〔갑〕

갑. 구명조끼는 5년마다 교체하여야 한다.

을. 탑승정원의 110%에 해당하는 구명조끼를 갖추어야 한다.

병. 탑승정원의 10%는 소아용 구명조끼를 갖추어야 한다.

정. 구명조끼는 전기용품 및 생활용품 안전관리법(구. 품질경영 및 공산품안전관리법)에 따른 안전기준이나 해양수산부장관이 정하여 고시하는 선박 또는 어선의 구명설비기준에 적합한 제품이어야 한다.

> **해설** **수상레저사업 등록기준**
>
> 구명조끼를 5년마다 교체해야 하는 규정은 없다. 즉, 사용 가능한 기한을 지정하고 있지는 않다.

457 수상레저안전법상 수상레저사업 등록의 결격사유로 옳지 않은 것은? 〔정〕

갑. 수상레저사업 등록이 취소되고 2년이 경과되지 않은 자

을. 금고 이상의 형의 집행유예 선고를 받고 그 기간 중에 있는 자

병. 미성년자, 피성년후견인, 피한정후견인

정. 금고 이상의 형 집행이 종료 후 3년이 경과되지 않은 자

> **해설** **수상레저사업 등록의 결격사유**
>
> 징역 이상의 실형을 선고받고 그 집행이 끝나거나 집행이 면제된 날로부터 2년이 지나지 아니한 자는 사업을 할 수 없다.

458 수상레저안전법상 동력수상레저기구 조종면허를 취소하거나 효력을 정지하여야 하는 경우에 해당하지 않는 것은? 정

갑. 부정한 방법으로 면허를 받은 경우

을. 혈중 알코올 농도 0.03 이상의 술에 취한 상태에서 조종한 경우

병. 조종 중 고의 또는 과실로 사람을 사상한 때

정. 수상레저사업이 취소된 때

> **🔦 해설 조종면허의 취소 · 정지**
>
> 부정한 방법으로 면허를 받은 경우, 술에 취한 상태의 경우는 면허취소, 고의 과실로 사람을 사상하거나 다른 사람의 재산에 중대한 손해를 입힌 경우 등은 1년의 범위에서 기간을 정하여 조종면허의 효력를 정지할 수 있다.

459 수상레저기구등록법상 수상레저기구의 정기검사를 받아야 하는 기간으로 바른 것은? 을

갑. 검사유효기간 만료일을 기준으로 하여 전후 각각 10일 이내로 한다.

을. 검사유효기간 만료일을 기준으로 하여 전후 각각 30일 이내로 한다.

병. 검사유효기간 만료일을 기준으로 하여 전후 각각 60일 이내로 한다.

정. 검사유효기간 만료일을 기준으로 하여 전후 각각 90일 이내로 한다.

> **🔦 해설 안전검사의 실시 시기**
>
> 수상레저기구의 정기검사를 받아야 하는 검사유효기간 만료일 전후 각각 30일 이내로 한다.

460 수상레저안전법상 풍랑 · 폭풍해일 · 호우 · 대설 · 강풍 주의보가 발효된 구역에서 관할 해양경찰서장 또는 시장 · 군수 · 구청장에게 기상특보활동신고서를 제출한 경우 활동가능한 수상레저기구는? 을

갑. 워터슬레이드   을. 윈드서핑

병. 카약   정. 모터보트

> **🔦 해설 기상에 따른 수상레저활동의 제한**
>
> 누구든지 수상레저활동을 하려는 구역이 태풍·풍랑·폭풍해일·호우·대설·강풍과 관련된 주의보 이상의 기상특보가 발효된 경우에는 수상레저활동을 하여서는 아니 된다. 다만, 파도 또는 바람만을 이용하는 수상레저기구의 특성을 고려하여 관할 해양경찰서장 또는 시장·군수·구청장에게 기상특보활동신고서를 제출한 경우에는 그러하지 아니하다.

461 수상레저안전법상 제2급 조종면허를 받을 수 있는 나이의 기준으로 옳은 것은? 을

갑. 13세 이상   을. 14세 이상

병. 15세 이상   정. 16세 이상

> **🔦 해설 조종면허의 결격사유 등**
>
> 14세 미만(제1급 조종면허의 경우에는 18세 미만)인 사람은 조종면허를 받을 수 없다. 다만, 국민체육진흥법에 따라 동력수상레저기구 선수로 등록된 사람은 제외한다.

462 수상레저안전법상 수상레저기구에 동승한 사람이 사망하거나 실종된 경우, 해양경찰관서에 신고할 내용으로 옳지 않은 것은? 〔정〕

갑. 사고발생 장소

을. 수상레저기구 종류

병. 사고자 인적사항

정. 레저기구의 엔진상태

> 🔧 해설 **사고의 신고**
>
> • 사고발생의 날짜, 시간 및 장소
> • 사고와 관련된 수상레저기구의 종류
> • 사고자 및 조종자의 인적사항
> • 피해상황 및 조치사항
> ※ 레저기구의 엔진상태는 신고 내용이 아니다.

463 수상레저안전법상 해양경찰서장 또는 시장·군수·구청장이 영업구역 또는 영업시간의 제한 이나 영업의 일시정지를 명할 수 있는 경우로 옳지 않은 것은? 〔갑〕

갑. 사업장에 대한 안전점검을 하려고 할 때

을. 기상·수상 상태가 악화된 때

병. 수상사고가 발생한 때

정. 부유물질 등 장애물이 발생한 경우

> 🔧 해설 **영업의 제한**
>
> 기상·수상 상태가 악화된 때, 수상사고 발생한 때, 부유물질 등 장애물이 발생된 때, 그 밖에 유류, 화학물질 등의 유출 또는 녹조, 적조 등의 발생으로 수질이 오염된 경우, 사람의 신체나 생명에 피해를 줄 수 있는 유해생물이 발생한 경우는 일시정지를 명할 수 있다.

464 수상레저안전법상 수상레저사업의 휴업 또는 폐업 시 며칠 전까지 등록관청에 신고하여야 하는가? 〔을〕

갑. 1일   을. 3일   병. 5일   정. 10일

> 🔧 해설 **휴업 등 신고**
>
> 수상레저사업의 휴업 또는 폐업하기 3일 전까지 해양경찰서장 또는 시장·군수·구청장에게 제출하여야 한다.

465 수상레저안전법상 수상레저사업 취소사유로 맞는 것은? 〔을〕

갑. 종사자의 과실로 사람을 사망하게 한 때

을. 거짓이나 그 밖의 부정한 방법으로 수상레저사업을 등록한 때

병. 보험에 가입하지 않고 영업중인 때

정. 이용요금 변경 신고를 하지 아니하고 영업을 계속한 때

> 🔧 해설 **수상레저사업의 등록취소 등**
>
> 거짓이나 그 밖의 부정한 방법으로 등록을 한 경우 수상레저사업의 등록을 취소하여야 한다.

466 수상레저안전법상 영업구역이 내수면인 경우 수상레저사업 등록기관으로 옳은 것은? 정

갑. 해양경찰서장　　　　　　　　　　을. 해양경찰청장

병. 광역시장·도지사　　　　　　　　정. 시장·군수·구청장

> **해설 수상레저사업의 등록**
>
> 영업구역이 해수면인 경우, 해당 지역을 관할하는 해양경찰서장에게 영업구역이 내수면인 경우, 해당 지역을 관할하는 시장·군수·구청장에게 수상레저사업 등록을 한다.

467 수상레저안전법상 수상안전교육 내용으로 옳지 않은 것은? 정

갑. 수상레저기구의 사용과 관리에 관한 사항

을. 수상안전에 관한 법령

병. 수상구조

정. 오염방지

> **해설 수상안전교육**
>
> 수상안전에 관한 법령, 수상레저기구의 사용 관리에 관한 사항, 수상상식과 수상구조 교육 3시간 이수해야 한다.

468 수상레저안전법상 조종면허를 받은 사람이 지켜야 할 의무로 옳은 것은? 정

갑. 면허증은 언제나 소지하고 있어야 한다.

을. 면허증을 필요에 따라 타인에게 빌려주어도 된다.

병. 주소가 변경된 때에는 지체없이 변경하여야 한다.

정. 관계 공무원이 면허증 제시를 요구하면 면허증을 내보여야 한다.

> **해설 면허증 휴대 및 제시 의무**
>
> • 동력수상레저기구를 조종하는 자는 면허증을 지니고 있어야 한다.
> • 조종자는 조종 중에 관계 공무원이 면허증 제시를 요구하면 면허증을 내보여야 한다.

469 수상레저안전법상 (　) 안에 들어갈 알맞은 수는? 병

> 수상레저사업 등록기준상 탑승정원 (　)명 이상인 동력수상레저기구에는 선실, 조타실, 기관실에 각각 (　)개 이상의 소화기를 갖추어야 한다.

갑. 3, 1　　　　　을. 10, 2　　　　　병. 13, 1　　　　　정. 5, 1

> **해설 수상레저사업 등록기준**
>
> 탑승정원이 13명 이상인 동력수상레저기구에는 선실, 조타실 및 기관실에 각각 1개 이상의 소화기를 갖추어야 하고, 그 외 탑승정원이 4명 이상인 동력수상레저기구(수상오토바이는 제외한다.)에는 1개 이상의 소화기를 갖추어야 한다.

470 수상레저안전법상 영업구역이 (   ) 해리 이상인 경우에는 수상레저기구에 사업장 또는 가까운 무선국과 연락할 수 있는 통신장비를 갖추어야 한다. (   ) 안에 들어갈 숫자로 알맞은 것은? 을

갑. 1   을. 2   병. 3   정. 4

> **해설** 수상레저사업 등록기준
>
> 영업구역이 2해리 이상인 경우에는 수상레저기구에 사업장 또는 가까운 무선국과 연락할 수 있는 통신장비를 갖추어야 한다.

471 동력수상레저기구 조종면허 중, 제1급 조종면허 시험의 합격기준으로 바르게 연결된 것은? 병

갑. 필기-60점, 실기-70점

을. 필기-70점, 실기-70점

병. 필기-70점, 실기-80점

정. 필기-60점, 실기-80점

> **해설** 합격기준
>
> • 1급 일반조종면허 : 필기 70점, 실기 80점
> • 2급 일반조종면허 : 필기 60점, 실기 60점
> • 요트조종면허 : 필기 70점, 실기 60점

472 수상레저안전법상 보험가입 의무가 있는 사람에 대한 설명으로 가장 옳지 않은 것은? 병

갑. 등록대상 동력수상레저기구의 소유자는 소유한 날로부터 1개월 이내에 보험이나 공제에 가입하여야 한다.

을. 등록대상 동력수상레저기구의 소유자는 가입 기간 및 가입 금액을 충족하는 보험이나 공제에 가입해야 한다.

병. 등록대상 동력수상레저기구의 소유자가 가입한 보험 또는 공제의 책임보험금은 사망의 경우 1억 원, 부상의 경우 부상 정도에 따라 최대 3천만 원 한도로 보장된다.

정. 수상레저사업자는 대통령령으로 정하는 바에 그 종사자와 이용자의 피해를 보전하기 위하여 보험이나 공제에 가입하여야 한다.

> **해설** 동력수상레저기구 소유자의 보험 등의 가입
>
> • 동력수상레저기구의 등록기간 동안 계속하여 가입해야 한다.
> • 「자동차손해배상 보장법 시행령 제3조제1항」에 따른 기준(사망 시 1억 5천만 원, 부상 시 3천만 원 범위에서 손해액) 이상으로 해야 한다.
> • 수상레저사업자의 보험가입은 사업기간 동안 종사자와 이용자의 피해보전을 위해 가입해야 한다.

473 수상레저안전법상 수상레저사업장의 시설기준으로 옳지 않은 것은? 정

갑. 노 또는 상앗대가 있는 수상레저기구는 그 수의 10%에 해당하는 수의 예비용 노 또는 상앗대를 갖추어야 한다.

을. 탑승정원 13인 이상인 동력수상레저기구에는 선실, 조타실, 기관실에 각각 1개 이상의 소화기를 갖추어야 한다.

병. 무동력 수상레저기구에는 구명부환 대신 스로 백(throw bag)을 갖출 수 있다.

정. 탑승정원 5명 이상인 수상레저기구(수상오토바이를 제외)에는 그 탑승정원의 30%에 해당하는 수의 구명튜브를 갖추어야 한다.

> **해설** **수상레저사업 등록기준**
>
> 탑승정원 4명 이상인 수상레저기구에는 그 탑승정원의 30퍼센트(소수점 이하는 반올림한다) 이상의 구명부환을 갖추어야 한다. 이 경우 무동력수상레저기구에는 구명부환을 대체하여 스로 백(throw bag: 구명 구조 로프 가방)을 갖출 수 있다.

474 수상레저안전법상 동력수상레저기구 조종면허의 취소 또는 정지처분의 기준으로 옳지 않은 것은? 을

갑. 위반 행위가 2가지 이상인 때에는 중한 처분에 의한다.

을. 다수의 면허정지 사유가 있더라도 정지기간은 6개월을 초과할 수 없다.

병. 위반행위의 횟수에 따른 정지처분의 기준은 최근 1년간이다.

정. 면허정지에 해당하는 경우, 2분의 1의 범위 내에서 감경할 수 있다.

> **해설** **조종면허의 취소 및 효력정지**
>
> 둘 이상의 처분기준이 모두 조종면허의 효력 정지인 경우, 각 처분기준을 합산한 기간을 넘지 않는 범위에서 무거운 처분기준에 그 처분기준의 2분의 1 범위에서 가중한다.

475 수상레저안전법상 수상레저기구 운항 규칙에 대한 설명 중 ( )안에 들어갈 내용을 적절하게 나열한 것은? 병

> 다이빙대·계류장 및 교량으로부터 (①) 이내의 구역이나 해양경찰서장 또는 시장·군수·구청장이 지정하는 위험구역에서는 (②) 이하의 속력으로 운항해야 하며, 해양경찰서장 또는 시장·군수·구청장이 별도로 정한 운항지침을 따라야 한다.

갑. ① 10미터, ② 20노트   을. ① 10미터, ② 10노트

병. ① 20미터, ② 10노트   정. ① 20미터, ② 15노트

> **해설** **운항규칙**
>
> • 다이빙대·계류장 및 교량으로부터 20미터 이내의 구역이나 해양경찰서장 또는 시장·군수·구청장이 지정하는 위험구역에서는 10노트 이하의 속력으로 운항해야 한다.
> • 해양경찰서장 또는 시장·군수·구청장이 별도로 정한 운항지침을 따라야 한다.

476 수상레저안전법상 수상레저기구 운항 규칙에 대한 설명으로 옳지 않은 것은? [을]

갑. 안전검사증에 지정된 항해구역 준수

을. 진로를 횡단하여 충돌 위험이 있는 때 다른 기구를 왼쪽에 두고 있는 기구가 진로를 피하여야 한다.

병. 정면으로 충돌할 위험이 있을 시 우현 쪽으로 진로를 피하여야 한다.

정. 다른 기구와 같은 방향으로 운항 시 2m 이내 근접하여 운항해서는 안 된다.

> **해설 운항규칙 준수사항**
>
> 충돌할 위험이 있을 때에는 음성신호, 수신호 등 적절한 방법으로 상대에게 이를 알리고 우현 쪽으로 진로를 피해야 한다.

477 수상레저안전법상 주취 중 조종으로 면허가 취소된 사람은 취소된 날부터 얼마동안 동력수상레저기구 조종면허를 받을 수 없는가? [갑]

갑. 1년　　　　　　을. 2년　　　　　　병. 3년　　　　　　정. 4년

> **해설 조종면허의 결격사유 등**
>
> 주취 중 면허가 취소된 날부터 1년이 지나지 아니한 자는 동력수상레저기구 조종면허를 받을 수 없다.

478 수상레저안전법상 야간 수상레저활동 시간을 조정할 수 있는 권한을 가진 사람으로 옳지 않은 것은? [정]

갑. 해양경찰서장　　　　　　　　　을. 시장·군수

병. 한강 관리기관의 장　　　　　　정. 경찰서장

> **해설 야간 수상레저활동 시간의 조정**
>
> 해양경찰서장이나 시장·군수·구청장은 해가 진 후 30분부터 24시간까지의 범위에서 야간 수상레저활동의 시간 조정이 가능하다.

479 수상레저기구등록법상 동력수상레저기구의 말소사항에 해당하지 않는 것은? [을]

갑. 동력수상레저기구가 사고 등으로 본래의 기능을 상실한 경우

을. 동력수상레저기구의 존재 여부가 1개월간 분명하지 아니한 경우

병. 추진기관의 제거로 동력수상레저기구에서 제외된 경우

정. 수상레저활동 외의 목적으로 사용하게 된 경우

> **해설 말소등록 대상**
>
> - 수상레저기구가 멸실되거나 수상사고 등으로 본래의 기능을 상실한 경우
> - 수상레저기구의 존재여부가 3개월간 분명하지 아니한 경우
> - 총톤수·추진기관의 변경 등 해양수산부령으로 정하는 사유로 수상레저기구에서 제외된 경우
> - 수상레저기구를 수출하는 경우

480 수상레저안전법상 ( ) 안에 들어갈 알맞은 것은? 정

사람을 사상한 후 구호조치 등 필요한 조치를 하지 아니하고 달아난 사람은 그 위반한 날부터 ( )간 조종면허를 받을 수 없다.

갑. 3년   을. 2년   병. 1년   정. 4년

해설 **조종면허의 결격사유 등**

사람을 사상한 후 구호조치 등 필요한 조치를 하지 아니하고 달아난 사람은 그 위반한 날부터 4년이 지나지 아니한 자는 동력수상레저기구 조종면허를 받을 수 없다.

481 수상레저안전법상 수상레저사업장 비상구조선의 기준으로 옳지 않은 것은? 을
갑. 주황색 깃발을 달아야 함
을. 탑승정원 5명 이상, 시속 20노트 이상
병. 망원경 1개 이상
정. 30미터 이상의 구명줄

해설 **수상레저사업의 비상구조선 등록기준**

수상레저사업장은 탑승정원이 3명 이상, 속도가 시속 20노트 이상의 비상구조선을 갖추어야 한다. 비상구조선에는 구조선임을 표시하는 주황색 깃발을 달아야 하며, 망원경 1개 이상, 구명부환 또는 레스큐튜브 2개 이상, 호루라기 1개 이상, 30미터 이상의 구명줄을 갖추어야 한다.

482 수상레저안전법상 래프팅을 하고자 하는 사람이 일반 안전장비에 추가하여 착용해야 할 안전장비는? 정
갑. 방수화   을. 팽창식 구명벨트
병. 가슴보호대   정. 헬멧

해설 **인명안전장비의 착용**

래프팅을 하고자 할 때에는 구명조끼와 함께 안전모(헬멧)을 착용하여야 한다.

483 수상레저기구등록법상 수상레저기구 변경등록 시 필요한 서류로 옳지 않은 것은? 병
갑. 안전검사증 사본(구조 장치를 변경한 경우)
을. 보험가입증명서 사본(소유권 변동의 경우)
병. 동력수상레저기구 조종면허증
정. 변경내용을 증명할 수 있는 서류

해설 **변경등록 시 필요서류**

변경내용을 증명할 수 있는 서류, 등록증, 안전검사증 사본, 보험이나 공제가입 사실 증명서류

484 수상레저안전법상 수수료가 들지 않는 것은? 〔을〕

갑. 수상레저사업의 변경등록

을. 수상레저사업의 휴업등록

병. 동력수상레저기구 등록번호판의 재발급

정. 동력수상레저기구 말소등록

> **해설 수수료**
>
> 수상레저사업 휴업 및 폐업의 경우 수수료는 무료이다.

485 수상레저안전법을 위반한 사람에 대하여 과태료 처분권한이 없는 사람은 누구인가? 〔을〕

갑. 한강사업본부장   을. 강동소방서장

병. 연수구청장   정. 인천해양경찰서장

> **해설 과태료**
>
> 해수면의 경우에는 해양경찰청장, 지방해양경찰청장 또는 해양경찰서장이, 내수면의 경우에는 시장·군수·구청장이다.

486 수상레저안전법상 수상레저사업에 관한 설명으로 옳지 않은 것은? 〔정〕

갑. 영업구역이 해수면인 경우 해당 지역을 관할하는 해양경찰서장에게 등록하여야 한다.

을. 수상레저사업을 등록한 수상레저사업자는 등록 사항에 변경이 있으면 변경등록을 하여야 한다.

병. 수상레저사업의 등록 유효기간을 10년 미만으로 영업하려는 경우에는 해당 영업기간을 등록 유효기간으로 한다.

정. 수상레저사업의 등록 유효기간은 20년으로 한다.

> **해설 사업등록의 유효기간**
>
> 수상레저사업의 등록 유효기간은 10년으로 하되, 10년 미만으로 영업하려는 경우에는 해당 영업기간을 등록 유효기간으로 한다.

487 수상레저안전법상 동력수상레저기구 조종면허를 받으려는 사람과 갱신하려는 사람은 해양경찰청장이 실시하는 수상안전교육을 (   )시간 받아야 한다. 이때 (   ) 안에 들어갈 시간으로 옳은 것은? 〔을〕

갑. 1시간   을. 3시간

병. 5시간   정. 7시간

> **해설 수상안전교육**
>
> • 교육시간 : 수상안전교육은 3시간을 받아야 면허증이 발급된다.
> • 교육과목 : 수상안전에 관한 법령, 수상레저기구의 사용과 관리에 관한 사항, 수상안전을 위하여 필요한 사항(수상상식, 수상구조)

488 수상레저안전법상 수상레저사업자와 그 종사자가 영업구역에서 해서는 안되는 행위에 해당하지 않는 것은? 갑

갑. 보호자를 동반한 14세 이상인 자를 수상레저기구에 태우는 행위

을. 술에 취한 자를 수상레저기구에 태우거나 빌려주는 행위

병. 수상레저기구의 정원을 초과하여 태우는 행위

정. 영업구역을 벗어나 영업을 하는 행위

해설 | 사업자의 안전점검 등 조치

14세 미만인 사람(보호자를 동반하지 아니한 사람으로 한정), 술에 취한 사람 또는 정신질환자를 수상레저기구에 태우거나 빌려주는 행위, 정원을 초과하는 행위, 술을 판매·제공하거나 이용자가 반입하도록 하는 행위, 수상레저활동시간 외에 영업을 하는 행위, 위험물을 이용자가 타고 있는 수상레저기구로 반입·운송하는 행위, 안전점검을 받지않은 동력수상레저기구를 영업에 이용하는 행위, 비상구조선을 그 목적과 다르게 이용하는 행위 등은 해서는 아니된다.

489 수상레저안전법상 누구든지 해진 후 30분부터 해뜨기 전 30분까지 수상레저활동을 하여서는 아니 된다. 다만, 야간 운항장비를 갖춘 수상레저기구를 이용하는 경우는 그러하지 아니한다. 다음 중 야간운항장비로 옳지 않은 것은? 정

갑. 항해등

을. 통신기기

병. 자기점화등

정. 비상식량

해설 | 야간 운항 장비(10가지)

항해등, 전등, 야간 조난신호장비, 등(燈)이 부착된 구명조끼, 통신기기, 구명부환, 소화기, 자기점화등, 나침반, 위성항법장치

490 수상레저안전법상 동력수상레저기구 조종면허증 갱신에 대한 설명으로 옳지 않은 것은? 정

갑. 최초의 면허증 갱신 기간은 면허증 발급일부터 기산하여 7년이 되는 날부터 6개월 이내

을. 직전의 면허증 갱신 기간이 시작되는 날부터 기산하여 7년이 되는 날부터 6개월 이내

병. 면허증을 갱신하지 아니한 경우에는 갱신기간이 만료한 다음 날부터 조종면허의 효력은 정지된다.

정. 조종면허의 효력이 정지된 날부터 1년 이내에 갱신하지 아니한 경우에는 면허가 취소된다.

해설 | 조종면허의 갱신

조종면허의 효력이 정지된 날부터 1년이 이내 갱신하지 아니한 경우에는 면허의 효력이 정지된다. 면허의 효력이 정지된 경우 조종하여서는 아니 되며, 면허 갱신을 위한 수상안전교육을 이수하고 면허를 재발급받은 시점부터 면허의 효력은 다시 발생된다

491 수상레저기구등록법상 안전검사에 대한 설명으로 옳지 않은 것은? 정

갑. '신규검사'란 동력수상레저기구를 최초 등록하려는 경우 실시하는 검사

을. '정기검사'란 최초 등록 후 일정 기간마다 정기적으로 실시하는 검사

병. '임시검사'란 정원 또는 운항구역, 구조설비, 장치 사항을 변경하려는 경우 실시하는 검사

정. '중간검사'란 정기검사와 정기검사의 사이에 무선설비 등에 대하여 실시하는 검사

> **해설** **안전검사**
>
> • 신규검사 : 최초 등록을 하려는 경우 실시하는 검사
> • 정기검사 : 등록 이후 일정 기간마다 정기적으로 실시하는 검사(사업용 1년, 그 외 기구 5년마다)
> • 임시검사 : 정원, 운항구역, 구조, 설비 또는 장치를 변경하려는 경우 실시하는 검사
> ※ 수상레저기구등록법상 중간검사는 없음

492 수상레저안전법상 주취 중 조종 금지에 대한 내용으로 옳지 않은 것은? 갑

갑. 술에 취하였는지 여부를 측정한 결과에 불복하는 사람에 대하여는 해당 수상레저활동자의 동의없이 혈액채취 등의 방법으로 다시 측정할 수 있다.

을. 수상레저활동을 하는 자는 술에 취한 상태에서는 동력수상레저기구를 조종해서는 안된다.

병. 수상레저안전법에서 말하는 술에 취한 상태는 해상교통안전법을 준용하고 있다.

정. 시·군·구 소속 공무원 중 수상레저안전업무에 종사하는 자는 수상레저활동을 하는 자가 술에 취하여 조종을 하였다고 인정할 만한 상당한 이유가 있는 경우에는 술에 취하였는지를 측정할 수 있다.

> **해설** **주취 중 조종 금지**
>
> 술에 취하였는지 여부를 측정한 결과에 불복하는 사람에 대해서는 본인의 동의를 받아 혈액채취 등의 방법으로 다시 측정할 수 있다.

493 수상레저안전법상 (   )에 들어갈 내용으로 적합한 것은? 갑

> 동력수상레저기구 조종면허를 받아야 조종할 수 있는 동력수상레저기구로서 추진기관의 최대 출력이 5마력 이상(출력 단위가 킬로와트인 경우에는 (   )킬로와트 이상을 말한다)인 동력수상 레저기구로 한다.

갑 3.75   을. 3

병. 2.75   정. 5

> **해설** **조종면허 대상 및 기준**
>
> 추진기관의 최대 출력이 5마력 이상(출력 단위가 킬로와트인 경우에는 3.75킬로와트 이상)인 동력수상레저기구로 한다.

494 수상레저안전법상 구명조끼 등 안전장비를 착용하지 않은 수상레저활동자에 대한 과태료 부과기준은 얼마인가? 을

갑. 5만 원   을. 10만 원
병. 20만 원   정. 30만 원

> **해설** 과태료의 부과기준
>
> 인명안전장비를 착용하지 않은 경우 과태료 10만 원을 부과한다.

495 수상레저기구등록법상 6개월 이하의 징역 또는 500만 원 이하의 벌금에 해당하지 않는 것은? 정

갑. 등록되지 아니한 동력수상레저기구를 운항한 자

을. 시험운항 허가를 받지 아니하고 동력수상레저기구를 운항한 자

병. 안전검사를 받지 아니하거나 검사에 합격하지 못한 동력수상레저기구를 운항한 자

정. 동력수상레저기구를 취득한 날부터 1개월 이내에 등록신청을 하지 아니한 자

> **해설** 벌칙
>
> 동력수상레저기구를 취득한 날부터 1개월 이내 등록신청을 하지 아니한 경우 100만 원 이하의 과태료(개별기준 50만 원) 대상이다.

496 수상레저안전법상 원거리 수상레저활동 신고를 하지 않은 경우 과태료 기준은? 을

갑. 10만 원   을. 20만 원
병. 30만 원   정. 40만 원

> **해설** 과태료의 부과기준
>
> 원거리 수상레저활동 신고를 하지 않은 경우는 과태료 20만 원 부과

497 수상레저안전법상 동력수상레저기구 조종면허 없이 동력수상레저기구를 조종할 수 있는 경우로 옳지 않은 것은? 갑

갑. 제2급 조종면허 소지자와 동승하여 고무보트 조종

을. 제1급 조종면허 소지자 감독하에 시험장에서 시험선 조종

병. 제1급 조종면허 소지자 감독하에 수상레저사업장에서 수상오토바이 조종

정. 제1급 조종면허 소지자 감독하에 학교에서 모터보트 조종

> **해설** 무면허조종이 허용되는 경우
>
> 제1급 조종면허 소지자(요트의 경우 요트조종면허 소지자)와 함께 동승하여 조종하는 경우에 무면허 조종이 가능하다.

498 수상레저안전법상 제2급 조종면허의 필기시험을 면제받을 수 있는 자는?

갑. 대통령령이 정하는 체육관련 단체에 동력수상레저기구의 선수로 등록된 자

을. 제1급 조종면허를 가지고 있는 자

병. 소형선박 조종사 면허를 가지고 있는자

정. 한국해양소년단연맹에서 동력수상레저기구의 훈련업무에 1년 이상 종사한 자로서 단체
장의 추천을 받은 자

> **해설 면허시험 과목의 면제**
>
> • 갑, 정은 제2급 조종면허 실기시험 면제 대상이다.
> • 을 : 제1급 면허를 가지고 있는 자가 제2급 면허를 취득할 필요는 없으나 제2급 면허 필기시험 면제 대상
> 으로 볼 수 있다(제1급 필기시험 합격자가 제2급 면허를 취득하려는 경우, 제2급의 필기시험을 면제한다).
> • 병 : 소형선박 조종사 면허를 가지고 있는 자는 제2급 조종면허 필기시험을 면제받을 수 있다.

499 수상레저기구등록법상 등록대상 수상레저기구로서 옳지 않은 것은? 갑

갑. 추진기관의 출력 25마력 선외기를 장착한 고무보트

을. 추진기관의 출력이 45마력인 수상오토바이

병. 추진기관의 출력 15마력 선외기를 장착한 세일링요트

정. 추진기관의 출력 2마력 선외기를 장착한 모터보트

> **해설 등록대상**
>
> 수상오토바이, 20톤 미만의 모터보트, 추진기관 30마력(22키로와트) 이상의 고무보트(공기를 넣으면 부풀
> 고, 빼면 접어서 운반이 가능한 고무보트 제외), 20톤 미만의 세일링요트는 등록대상이다.

500 수상레저안전법상 시험대행기관의 지정기준으로 옳지 않은 것은? 정

갑. 시험장별로 책임운영자 1명 및 시험관 4명 이상 갖출 것

을. 시험대행기관으로 지정받으려는 자는 해양수산부령으로 정하는 바에 따라 해양경찰청장
에게 그 지정을 신청하여야 한다.

병. 시험장별로 해양수산부령으로 정하는 기준에 맞는 실기시험용 시설 등을 갖출 것

정. 조종면허시험대행기관의 지정기준에 따른 책임운영자는 수상레저활동 관련 업무 중 해양
경찰청장이 정하여 고시하는 업무에 4년 이상 종사한 경력이 있는 사람이어야 하며, 일반
조종면허 시험관은 제1급 조종면허를 갖춘 사람이어야 한다.

> **해설 시험대행기관의 시험장별 인적·장비·시설기준**
>
> 시험장별 책임운영자는 수상레저활동 관련 업무 중 해양경찰청장이 정하여 고시하는 수상레저 관련 업무에
> 5년 이상 종사한 경력이 있는 사람이어야 하며, 시험장별 시험관은 제1급 조종면허와 인명구조요원 자격을
> 갖춘 사람이어야 한다.

501 수상레저안전법상 조종면허시험대행기관의 시험장별 실기시험 시설기준 중 안전시설에 관한 내용으로 옳지 않은 것은? 【갑】

갑. 비상구조선의 속력은 30노트 이상이어야 한다.

을. 구명조끼는 20개 이상 갖추어야 한다.

병. 소화기는 3개 이상 갖추어야 한다.

정. 비상구조선의 정원은 4인 이상이어야 한다.

> 🔍 해설 **시험대행기관의 시험장별 인적·장비·시설기준**
>
> 시험대행기관의 비상구조선의 승선인원은 4명 이상, 속력은 20노트 이상이어야 한다.

502 수상레저안전법상 ( )에 적합한 것은? 【병】

> 조종면허시험대행기관의 지정기준에 따른 책임운영자는 수상레저활동 관련 업무 중 해양경찰청장이 정하여 고시하는 업무에 ( )년 이상 종사한 경력이 있는 사람이어야 하며, 일반 조종면허 시험관은 ( )급 조종면허를 갖춘 사람이어야 한다.

갑. 3년, 1급

을. 3년, 2급

병. 5년, 1급

정. 5년, 2급

> 🔍 해설 **시험대행기관의 시험장별 인적·장비·시설기준**
>
> 해양경찰청장이 정하여 고시하는 수상레저관련 업무에 5년 이상 종사한 경력이 있는 책임운영자 1명, 제1급 조종면허와 인명구조요원 자격을 취득한 시험관 4명을 두어야 한다.

503 수상레저안전법상 야간 수상레저활동에 대한 설명으로 가장 옳지 않은 것은?

갑. 누구든지 해진 후 30분부터 해뜨기 전 30분까지는 수상레저활동을 하여서는 아니 된다.

을. 해양경찰청장이나 광역시장·도지사 등은 필요하다고 인정하면 일정한 구역에 대하여 해뜨기 전 30분부터 24시까지의 범위에서 시간을 조정할 수 있다.

병. 항해등, 구명부환 등 야간 운항장비를 갖춘 수상레저기구를 사용하면 해진 후 30분부터 해뜨기 전 30분까지 제한되는 야간 수상레저활동이 가능하다.

정. 야간 수상레저활동을 하려는 사람이 수상레저기구에 갖추어야 하는 야간 운항장비는 항해등, 전등, 야간 조난신호장비, 등(燈)이 부착된 구명조끼, 통신기기, 구명부환, 소화기, 자기점화등, 나침반, 위성항법장치이다.

> 🔍 해설 **야간 수상레저활동 시간 조정 권한**
>
> 해양경찰서장이나 시장·군수·구청장은 해가 진 후 30분부터 24시까지의 범위에서 야간 수상레저활동의 시간을 조정할 수 있다.

504 수상레저안전법상 야간 수상레저활동시간을 조정하려는 경우 조정범위로 올바른 것은? `을`

갑. 해가 진 후부터 24시까지의 범위에서 조정할 수 있다.

을. 해가 진 후 30분부터 24시까지의 범위에서 조정할 수 있다.

병. 해가 진 후부터 다음날 해뜨기 전까지의 범위에서 조정할 수 있다.

정. 해진 후 30분부터 해뜨기 전 30분 까지의 범위에서 조정할 수 있다.

> **해설**
>
> 야간 수상레저활동시간 조정시간은 해진 후 30분부터 24시까지의 범위에서 조종하여야 한다.

505 수상레저안전법상 조종면허 효력정지 기간에 조종을 한 경우 처분 기준은? `갑`

갑. 면허취소

을. 과태료

병. 경고

정. 징역

506 수상레저안전법상 수상레저기구의 정원에 관한 사항으로 옳지 않은 것은? `정`

갑. 수상레저기구의 정원은 안전검사에 따라 결정되는 정원으로 한다.

을. 등록대상이 되지 아니하는 수상레저기구의 정원은 해당 수상레저기구의 좌석 수 또는 형태 등을 고려하여 해양경찰청장이 정하여 고시하는 정원 산출 기준에 따라 산출한다.

병. 정원을 산출할 때에는 해난구조의 사유로 승선한 인원은 정원으로 보지 아니한다.

정. 조종면허 시험장에서의 시험을 보기 위한 승선인원은 정원으로 보지 아니한다.

> **해설** **정원초과 금지**
>
> 조종면허 시험장에서의 시험을 보기 위한 승선인원(시험관 2명, 응시자 2명, 총 4명)은 정원에 포함된다.

507 수상레저기구등록법상 동력수상레저기구의 소유자가 주소지를 관할하는 시장·군수·구청장에게 등록신청을 하여야 하는 기간은? `정`

갑. 동력수상레저기구를 소유한 날부터 7일 이내

을. 동력수상레저기구를 소유한 날부터 14일 이내

병. 동력수상레저기구를 소유한 날부터 15일 이내

정. 동력수상레저기구를 소유한 날부터 1개월 이내

> **해설** **등록**
>
> 동력수상레저기구를 취득한 자는 동력수상레저기구를 취득한 날부터 1개월 이내 주소지를 관할하는 시장·군수·구청장에게 등록신청을 하여야 한다.

508 수상레저기구등록법상 동력수상레저기구의 말소등록에 대한 설명으로 옳지 않은 것은?　정

갑. 말소등록을 하고자 하는 때에는 시장·군수·구청장에게 등록증과 등록번호판을 반납하고 말소등록을 신청하여야 한다.

을. 말소등록을 신청하려는 자는 말소 사유가 발생한 날부터 1개월 이내에 말소신청서를 제출하여야 한다.

병. 시장·군수·구청장이 직권으로 등록을 말소하고자 할 때는 그 사유를 소유자에게 통지하여야 한다.

정. 동력수상레저기구를 수출하는 때에는 등록증 및 등록번호판을 반납하지 아니할 수 있다.

> **해설** **말소등록**
>
> 동력수상레저기구를 수출하는 경우 등록 및 등록번호판을 반납하고 말소등록을 신청하여야 한다.

509 수상레저안전법상 등록대상 수상레저기구의 소유자가 수상레저기구의 운항으로 다른 사람이 사망하거나 부상한 경우에 피해자에 대한 보상을 위하여 보험이나 공제에 가입하여야 하는 기간은?　정

갑. 소유일부터 즉시

을. 소유일부터 7일 이내

병. 소유일부터 15일 이내

정. 소유일부터 1개월 이내

> **해설** **보험 등의 가입**
>
> 등록대상 수상레저기구를 소유일부터 1개월 이내 보험이나 공제에 등록기간동안(사업용의 경우 사업기간 동안) 가입하여야 한다. (기간 내 미등록 100만 원 이하의 과태료 대상)

510 수상레저기구등록법상 수상레저기구 안전검사의 내용으로 옳지 않은 것은?　정

갑. 수상레저기구를 등록하려는 자는 신규검사를 받아야 한다.

을. 수상레저기구의 운항구역을 변경하려는 경우 임시검사를 받아야 한다.

병. 안전검사 대상 동력수상레저기구 중 수상레저사업에 이용되는 동력수상레저기구는 1년마다 정기검사를 받아야 한다.

정. 안전검사를 받은 동력수상레저기구는 3년마다 정기검사를 받아야 한다.

> **해설** **안전검사**
>
> 수상레저사업에 이용되는 동력수상레저기구는 1년마다, 그 밖의 동력수상레저기구는 5년마다 정기검사를 받아야 한다.

511 수상레저기구등록법상 수상레저기구 안전검사의 유효기간에 대한 설명으로 옳지 않은 것은? 〔정〕

갑. 최초로 신규검사에 합격한 경우 : 안전검사증을 발급받은 날부터 계산한다.

을. 정기검사의 유효기간 만료일 전후 각각 30일 이내에 정기검사에 합격한 경우 : 종전 안전검사증 유효 기간 만료일의 다음날부터 계산한다.

병. 정기검사의 유효기간 만료일 전후 각각 30일 이내의 기간이 아닌 때에 정기검사에 합격한 경우 : 안전 검사증을 발급받은 날부터 계산한다.

정. 안전검사증의 유효기간 만료일 후 30일 이후에 정기검사를 받은 경우 : 종전 안전검사증 유효기간 만료일부터 계산한다.

> **해설 안전검사의 대상 및 실시 시기**
>
> 정기검사의 유효기간 만료일 전후 각각 30일 이내에 정기검사에 합격한 경우 종전 안전검사증 유효기간 만료일의 다음 날부터 계산한다.

512 수상레저안전법상 수상레저사업의 등록 유효기간은 몇 년인가? 〔병〕

갑. 1년   을. 5년   병. 10년   정. 20년

> **해설 사업등록의 유효기간**
>
> 수상레저사업의 등록 유효기간은 10년으로 하되, 10년 미만으로 영업하려는 경우에는 해당 영업 기간을 등록 유효기간으로 한다.

513 수상레저안전법상 동력수상레저기구 일반조종면허 실기시험의 채점기준에서 사용하는 용어의 뜻이 옳지 않은 것은? 〔갑〕

갑. "이안"이란 계류줄을 걷고 계류장에서 이탈하여 출발한 경우를 말한다.

을. "출발"이란 정지된 상태에서 속도전환레버를 조작하여 전진 또는 후진하는 것을 말한다.

병. "침로"란 모터보트가 진행하는 방향의 나침방위를 말한다.

정. "접안"이란 시험선을 계류할 수 있도록 접안 위치에 정지시키는 동작을 말한다.

> **해설 실기시험의 채점기준 및 운항코스**
>
> "이안"이란 계류줄을 걷고 계류장에서 이탈하여 출발할 수 있도록 준비하는 행위를 말한다.

514 수상레저안전법상 일반조종면허 필기시험의 시험과목에 해당하지 않는 것은? 〔을〕

갑. 수상레저안전   을. 항해 및 범주

병. 수상레저기구 운항 및 운용   정. 기관

> **해설 필기시험 과목**
>
> 수상레저안전(20%), 운항 및 운용(20%), 기관(10%), 법규(50%)
> ※ 항해 및 범주는 요트 필기시험 과목이다.

515 수상레저안전법상 수상레저활동을 하는 사람이 준수하여야 하는 내용으로 가장 옳지 않은 것은? 을

갑. 주위의 상황 및 수상레저기구 등과의 충돌 위험을 충분히 판단할 수 있도록 시각·청각 등 모든 수단을 이용하여 항상 적절한 경계를 해야 한다.

을. 다른 수상레저기구 등과 정면으로 충돌할 위험이 있을 때에는 적절한 방법으로 상대에게 알리고 좌현 쪽으로 진로를 피해야 한다.

병. 다른 수상레저기구 등의 진로를 횡단하는 경우에 충돌의 위험이 있을 때에는 다른 수상레저기구 등을 오른쪽에 두고 있는 수상레저기구가 진로를 피해야 한다.

정. 다른 수상레저기구 등을 앞지르기하려는 경우에는 앞지르기당하는 수상레저기구 등을 완전히 앞지르기하거나 그 수상레저기구 등에서 충분히 멀어질 때까지 그 수상레저기구 등의 진로를 방해하여서는 아니 된다.

> **해설 운항방법 및 준수사항**
>
> 다른 수상레저기구 등과 정면으로 충돌할 위험이 있을 때에는 음향신호·수신호 등 적절한 방법으로 상대에게 이를 알리고 우현 쪽으로 진로를 피해야 한다.

516 수상레저안전법상 동력수상레저기구 일반조종면허 실기시험 운항코스 시설에 대한 설명으로 옳지 않은 것은? 병

갑. 계류지는 2대 이상의 시험선이 동시에 계류할 수 있어야 하며, 비트를 설치할 것

을. 사행 코스에는 3개의 고정부표를 설치할 것

병. 시험선에는 인명구조용 부표를 2개씩 비치할 것

정. 사행 코스의 부표와 부표 사이의 거리는 50미터 간격으로 설치할 것

> **해설 실기시험 운항코스 시설**
>
> • 2대 이상 시험선 동시 계류가 가능하며 비트를 설치할 것
> • 사행 코스에는 3개의 고정부표를 설치할 것
> • 시험선에는 인명구조용 부표 1개씩 비치할 것
> • 사행 코스의 부표와 부표 사이의 거리는 50미터 간격으로 설치할 것

517 수상레저안전법상 동력수상레저기구 일반조종면허 실기시험 채점기준으로 옳지 않은 것은? 정

갑. 출발 전 점검 및 확인 시 확인사항을 행동 및 말로 표시한다.

을. 출발 시 속도전환 레버를 중립에 두고 시동을 건다.

병. 운항 시 시험관의 증속 활주 지시에 15노트 이하 또는 25노트 이상 운항하지 않는다.

정. 사행 시 부표로부터 2미터 이내로 접근하여 통과한다.

> **해설 실기시험의 채점기준**
>
> 사행 시 부표로부터 3미터 이상 15미터 이내로 접근하여 통과한다.

518 수상레저기구등록법상 등록번호판에 표기되는 기구의 명칭으로 옳지 않은 것은? `을`

갑. 모터보트 – MB

병. 고무보트 – RB

을. 수상오토바이 – AB

정. 세일링요트 – YT

> **해설** 등록번호판
>
> 수상오토바이(PW : Personal Water Craft), 모터보트(MB : Motor Boat), 고무보트(RB : Rigid Inflatable Boat), 세일링요트(YT : Yacht)

519 수상레저안전법상 동력수상레저기구 일반조종면허 실기시험 중, 실격사유에 해당하는 것으로 옳은 것은? `갑`

갑. 시험관의 지시 없이 2회 이상 임의로 시험을 진행하는 경우

을. 급정지 지시 후 3초 이내에 속도전환 레버를 중립으로 조작하지 못한 경우

병. 지시시험관이 2회 이상의 출발 지시에도 출발하지 못한 경우

정. 지시시험관이 물에 빠진 사람이 있음을 고지한 후 2분 이내에 인명구조를 실패한 경우

> **해설** 실기시험의 채점기준 실격사항
>
> 3회 이상 출발 지시에 출발하지 못하거나 응시자가 시험포기 의사를 밝힌 경우, 조작 미숙 등 조종 능력이 현저히 부족하다고 인정되는 경우, 사고를 일으키거나 일으킬 위험이 현저한 경우, 술에 취한 상태, 시험관의 지시에 따르지 않거나 2회 이상 임의로 시험을 진행하는 경우, 이미 감점한 점수의 합계가 합격 기준에 미달됨이 명백한 경우
> ※ 을, 병, 정은 감점 사항이다.

520 수상레저안전법상 동력수상레저기구 일반조종면허시험을 합격한 사람이 면허증을 신청하면 며칠 이내에 신규 면허증이 발급이 되는가? `정`

갑. 1일

병. 7일 이내

을. 5일 이내

정. 14일 이내

> **해설** 면허증의 발급 등
>
> 동력수상레저기구 일반조종면허시험을 합격한 사람이 면허증을 신청하면 14일 이내 면허증을 발급하여야 한다.

521 〈보기〉 중 수상레저안전법 시행규칙상 동력수상레저기구를 사용하여 행한 범죄행위로 옳은 것은 모두 몇 개인가? `갑`

> **보기**
>
> • 살인·사체유기 또는 방화
> • 상습절도(절취한 물건을 운반한 경우로 한정)
> • 약취·유인 또는 감금
> • 강도·강간 또는 강제추행

갑. 4개   을. 3개   병. 2개   정. 1개

522 수상레저안전법상 동력수상레저기구 일반조종면허 실기시험의 출발 전 점검사항으로 옳은 것은? `정`

갑. 구명부환, 소화기, 예비용 노, 연료, 배터리, 자동정지줄

을. 구명부환, 소화기, 예비용 노, 엔진, 연료, 배터리, 핸들, 자동정지줄

병. 구명부환, 소화기, 예비용 노, 엔진, 연료, 배터리, 핸들, 계기판, 자동정지줄

정. 구명부환, 소화기, 예비용 노, 엔진, 연료, 배터리, 핸들, 속도전환레버, 계기판, 자동정지줄

해설 **실기시험 출발 전 점검 사항(10가지)**

구명부환, 소화기, 예비용 노, 엔진, 연료, 배터리, 핸들, 속도전환레버, 계기판, 자동정지줄

523 수상레저기구등록법상 등록번호판에 대한 설명으로 옳지 않은 것은? `병`

갑. 시장·군수·구청장은 등록원부에 동력수상레저기구의 소유자로 등록한 날부터 3일 이내에 등록증과 등록번호판을 발급하여야 한다.

을. 동력수상레저기구 소유자는 등록증 또는 등록번호판이 없어진 경우에는 시장·군수·구청장에게 신고하고 다시 발급받을 수 있다.

병. 동력수상레저기구 등록증 또는 등록번호판을 다시 발급받으려는 자는 기존의 등록증 또는 등록번호판은 발급과 동시 폐기하여야 한다.

정. 동력수상레저기구 소유자는 등록증 또는 등록번호판이 알아보기 곤란하게 된 경우에는 시장·군수·구청장에게 신고하고 다시 발급받을 수 있다.

해설 **등록증·등록번호판 발급**

등록증 또는 등록번호판을 다시 발급받으려는 자는 등록증·등록번호판 재발급신청서에 기존 등록증 또는 등록번호판을 첨부하여 시장·군수·구청장에게 제출해야 한다.

524 수상레저안전법상 동력수상레저기구 등록번호판의 색상이 올바르게 나열된 것은? `갑`

갑. 바탕 : 옅은 회색, 숫자(문자) : 검은색

을. 바탕 : 흰색, 숫자(문자) : 검은색

병. 바탕 : 검은색, 숫자(문자) : 흰색

정. 바탕 : 초록색, 숫자(문자) : 흰색

해설

등록번호판의 색상 : 바탕은 옅은 회색, 숫자와 문자는 검은색

525 수상레저기구등록법상 신규검사를 받기 전 국내 조선소에서 건조 중인 동력수상레저기구의 성능 점검을 위하여 시험운항을 하고자 한다. 다음 중 '시험운항 허가'에 대한 설명으로 옳지 않은 것은? 〔을〕

갑. 시험운항을 하고자 하는 자는 안전장비를 비치 또는 보유하고 해양경찰서장 또는 시장·군수·구청장의 시험운항 허가를 받아야 한다.

을. 시험운항 허가를 받고자 하는 자는 운항구역이 해수면인 경우 해양경찰서장에게 내수면의 경우 경찰서장에게 시험운항 허가를 신청해야 한다.

병. 시험운항 구역은 출발지로부터 직선거리로 10해리 이내에 한한다.

정. 시험운항 허가의 기간은 7일 이내이며, 해뜨기 전 30분부터 해진 후 30분까지로 한정한다.

> **해설** 시험운항의 허가
> 시험운항 허가는 운항구역이 해수면이면 해양경찰서장, 내수면이면 시장·군수·구청장에게 신청한다.

---

526 수상레저안전법상 수상레저사업장에서 갖추어야 하는 구명조끼에 대한 설명이다. (   ) 안에 들어갈 내용으로 적합한 것은? 〔병〕

> 수상레저기구 탑승정원의 (   )퍼센트 이상에 해당하는 수의 구명조끼를 갖추어야 하고, 탑승정원의 (   )퍼센트는 소아용으로 한다.

갑. 100, 10　　　　　　　　　　　을. 100, 20
병. 110, 10　　　　　　　　　　　정. 110, 20

---

527 요트조종면허 필기시험의 시험과목에 해당하지 않는 것은? 〔병〕

갑. 요트활동 개요
을. 항해 및 범주
병. 수상레저기구 운항 및 운용
정. 법규

> **해설** 요트조종면허 필기시험 과목
> 요트활동 개요(10점), 요트(20점), 항해 및 범주(20점), 법규(50점)
> ※ 수상레저기구 운항 및 운용은 일반조종면허시험 과목임

---

528 수상레저안전법상 동력수상레저기구 조종면허증의 효력정지 기간에 조종을 한 경우 행정 처분 기준으로 옳은 것은? 〔갑〕

갑. 면허취소　　　　　　　　　　을. 면허정지 3개월
병. 면허정지 4개월　　　　　　　정. 면허정지 1년

> **해설** 조종면허의 취소 또는 정지처분의 기준
> 동력수상레저기구 조종면허증 효력정기 기간에 조종을 한 경우 그 면허가 취소된다.

529 수상레저안전법상 일반조종면허 시험에 관한 내용으로 옳지 않은 것은?

갑. 필기시험에 합격한 사람은 그 합격일로부터 1년 이내에 실시하는 면허시험에서만 그 필기시험이 면제된다.

을. 실기시험을 실시할 때 동력수상레저기구 1대에 1명의 시험관을 탑승시켜야 한다.

병. 실기시험은 필기시험에 합격 또는 필기시험 면제받은 사람에 대하여 실시한다.

정. 응시자가 따로 준비한 수상레저기구가 규격에 적합한 때에는 해당 수상레저기구를 실기시험에 사용하게 할 수 있다.

> **해설**
> 해양경찰청장은 실기시험을 실시할 때 수상레저기구 1대에 2명의 시험관을 탑승시켜야 한다.

530 수상레저기구등록법상 동력수상레저기구의 등록에 대한 설명으로 옳지 않은 것은?

갑. 동력수상레저기구를 취득한 자는 소유자 주소지 관할 시장·군수·구청장에게 등록신청을 해야 한다.

을. 동력수상레저기구를 취득한 자는 취득한 날부터 1개월 이내에 등록신청을 해야 한다.

병. 수상레저사업에 이용하려는 동력수상레저기구는 사업장을 관할하는 해양경찰서장에게 등록신청 해야 한다.

정. 수상레저기구 등록신청을 하고자 하는 경우 안전검사 대행기관으로부터 안전검사를 받아야 한다.

> **해설 수상레저기구의 등록**
> • 사업에 이용하려는 동력수상레저기구라 하더라도 기구의 등록은 소유자 주소지를 관할하는 시장·군수·구청장에 등록하여야 한다.
> • 수상레저사업 등록의 경우 : 사업구역이 해수면의 경우 관할 해양경찰서, 내수면의 경우 관할 시장·군수·구청장에 사업등록을 하여야 한다.

531 수상레저안전법상 동력수상레저기구 조종면허가 취소된 자가 해양경찰청장에게 동력수상레저기구 조종면허증을 반납하여야 하는 기간은? 병

갑. 취소된 날부터 3일 이내

을. 취소된 날부터 5일 이내

병. 취소된 날부터 7일 이내

정. 취소된 날부터 14일 이내

> **해설 조종면허의 취소·정지**
> 동력수상레저기구 조종면허가 취소된 날부터 7일 이내 해양경찰청장에게 면허증을 반납하여야 한다.

532 면허시험 면제교육기관의 장이 교육을 중지할 수 있는 기간은 (   )을 초과할 수 없다. (   ) 에 맞는 기간은? 병

갑. 1개월　　　　　을. 2개월　　　　　병. 3개월　　　　　정. 6개월

> **해설** 면허시험 면제교육기관
>
> 면허시험 면제교육기관의 장은 1개월 이상 면허시험 면제교육을 중지하려는 경우에는 그 교육 중지일 5일 전까지 해양경찰청장에게 그 사실을 신고해야 하며, 해당 교육을 중지하는 기간은 3개월을 초과할 수 없다.

533 수상레저안전법상 외국인이 국내에서 개최되는 국제경기대회에 참가하는 경우, 조종면허 없이 수상레저기구를 조종할 수 있는 기간으로 맞는 것은? 병

갑. 국제경기대회 개최일 5일전부터 국제경기대회 기간까지

을. 국제경기대회 개최일 7일전부터 국제경기대회 기간까지

병. 국제경기대회 개최일 10일전부터 국제경기대회 종료 후 10일까지

정. 국제경기대회 개최일 15일전부터 국제경기대회 기간까지

> **해설** 외국인에 대한 조종면허의 특례
>
> 조종기간 : 국제경기대회 개최일 10일 전부터 국제경기대회 종료 후 10일까지

534 수상레저안전법상 조종면허의 효력 발생 시기는? 병

갑. 면허증을 형제·자매에게 발급한 때부터

을. 실기시험에 합격하고 면허증 발급을 신청한 때부터

병. 본인이나 그 대리인에게 발급한 때부터

정. 실기시험 합격 후 안전교육을 이수한 경우

> **해설** 조종면허의 효력 발생 시기
>
> 면허증을 본인이나 그 대리인에게 발급한 때부터 효력이 발생한다.

535 수상레저안전법상 (   ) 안에 알맞은 기간은? 병

해양경찰서장이 동력수상레저기구 조종면허의 정지처분을 통지하고자 하나 처분대상자에게 통지할 수 없는 경우 면허시험 응시원서에 기재된 주소지를 관할하는 해양경찰관서 게시판 또는 인터넷 홈페이지나 수상레저종합정보시스템에 (   )일간 공고함으로써 통지를 갈음할 수 있다.

갑. 7　　　　　을. 10　　　　　병. 14　　　　　정. 21

> **해설** 조종면허의 취소·정지처분의 기준 및 절차
>
> 처분대상자의 소재를 알 수 없는 경우 주소지를 관할하는 해양경찰관서 게시판에 14일간 공고함으로써 통지를 갈음할 수 있다.

536 수상레저안전법상 동력수상레저기구 조종면허 실기시험에 관한 내용으로 옳지 않은 것은? 병

갑. 제1급 조종면허시험의 경우 합격점수는 80점 이상이다.

을. 요트조종면허의 경우 합격점수는 60점 이상이다.

병. 응시자가 준비한 동력수상레저기구로 조종면허 실기시험을 응시할 수 없다.

정. 실기시험을 실시할 때에는 동력수상레저기구 1대에 2명의 시험관을 탑승시켜야 한다.

> **해설** **실기시험의 방법**
>
> 응시자가 따로 준비한 동력수상레저기구가 규격에 적합한 경우에는 해당 동력수상레저기구를 실기시험에 사용하게 할 수 있다.

537 수상레저안전법상 제2급 조종면허시험 과목의 전부를 면제할 수 있는 경우는? 병

갑. 대통령령으로 정하는 체육관련 단체에 동력수상레저기구의 선수로 등록된 사람

을. 대통령령으로 정하는 동력수상레저기구 관련 학과를 졸업한 사람

병. 해양경찰청장이 지정·고시하는 기관이나 단체(면허시험 면제교육기관)에서 실시하는 교육을 이수한 사람

정. 제1급 조종면허 필기시험에 합격한 후 제2급 조종면허 실기시험으로 변경하여 응시하려는 사람

> **해설** **면허시험의 면제**
>
> 해양경찰청장이 지정·고시하는 기관이나 단체에서 실시하는 교육을 이수한 사람은 면허시험(제2급 조종면허와 요트조종면허에 한정한다)과목의 전부를 면제한다.

538 수상레저안전법상 동력수상레저기구 조종면허증의 갱신기간연기 사유로 옳지 않은 것은? 을

갑. 국외에 체류 중인 경우 　　　　　　　　을. 질병으로 인하여 통원치료가 필요한 경우

병. 법령에 따라 신체의 자유를 구속당한 경우　정. 군복무 중인 경우

> **해설** **조종면허의 갱신연기 등**
>
> 그 밖에 재해·재난을 당한 경우, 질병에 걸리거나 부상을 입어 움직일 수 없는 경우, 군복무중이거나 대체복무요원으로 복무중인 경우
> ※ 갱신기간 내 면허갱신을 하지 아니하면 면허취소가 아닌 면허정지상태에 있으며, 언제든지 수상안전교육(갱신교육)을 이수한 경우, 면허의 효력은 다시 발생된다.

539 수상레저안전법상 동력수상레저기구 조종면허증 갱신이 연기된 사람은 그 사유가 없어진 날부터 몇 개월 이내에 동력수상레저기구 조종면허증을 갱신하여야 하는가? 을

갑. 1개월　　　　　을. 3개월　　　　　병. 6개월　　　　　정. 12개월

> **해설** **조종면허의 갱신연기 등**
>
> 면허증 갱신이 연기된 사람은 그 사유가 없어진 날부터 3개월 이내에 면허증을 갱신하여야 한다.
> ※ 면허갱신 연기의 사유가 반드시 필요하지는 않으며, 갱신기간이 지나면 면허의 효력은 상실되나 언제든지 안전교육을 이수하면 면허의 효력은 다시 발생된다.

540 수상레저안전법상 동력수상레저기구 조종면허증을 발급 또는 재발급하여야 할 사유로 옳지 않은 것은? 병

갑. 동력수상레저기구 조종면허시험에 합격한 경우

을. 조종면허증의 갱신 기한 도래에 따라 면허증을 갱신하는 경우

병. 수상레저사업을 하는 친구에게 빌려준 면허증을 돌려받지 못하게 되어 발급을 신청한 경우

정. 면허증을 잃어버렸거나 면허증이 헐어 못쓰게 되어 해양경찰청장에게 신고하고 발급을 신청한 경우

> **해설** 면허증 발급
>
> 누구든지 면허증을 빌리거나 빌려주거나 이를 알선하는 행위를 하여서는 아니 된다.

541 수상레저안전법상 50만 원 이하의 과태료를 부과하는 대상자로 옳지 않은 것은? 정

갑. 원거리 수상레저활동 신고를 하지 아니한 사람

을. 수상레저활동을 하는 사람 중 운항규칙 등을 준수하지 아니한 사람

병. 수상레저활동을 하는 사람 중 구명조끼 등 인명안전장비를 착용하지 아니한 사람

정. 면허증을 빌리거나 빌려주거나 이를 알선한 사람

> **해설** 과태료
>
> 면허증을 빌리거나 빌려주거나 이를 알선한 사람은 1년 이하의 징역 또는 1천만 원 이하의 벌금 대상이다.

542 수상레저안전법상 수상레저활동 금지구역을 지정할 수 없는 자는? 갑

갑. 소방서장   을. 시장

병. 구청장   정. 해양경찰서장

> **해설** 수상레저활동 금지구역의 지정 등
>
> 수상레저활동 금지구역을 지정할 수 있는 자는 해양경찰서장, 시장·군수·구청장이다.

543 수상레저기구등록법상 동력수상레저기구 등록원부에 기재되는 사항으로 옳지 않은 것은? 을

갑. 등록번호 및 기구의 종류

을. 추진기관의 종류 및 정비 이력

병. 기구의 명칭 및 보관장소

정. 공유자의 인적사항 및 저당권

> **해설** 등록원부
>
> 등록원부에는 등록번호, 기구의 종류, 기구의 명칭, 보관장소, 기구의 제원, 추진기관의 종류 및 형식, 기구의 소유자, 공유자의 인적사항 및 저당권 등에 관한 사항이 기재된다.

544 수상레저기구등록법상 수상레저기구 등록원부를 열람하거나 그 사본을 발급받으려는 자는 누구에게 신청하여야 하는가? 〔정〕

갑. 시·도지사

을. 해양경찰서장

병. 경찰서장

정. 시장·군수·구청장

> **해설** ·등록신청의 절차 등
>
> 수상레저기구 등록원부를 열람하거나 그 사본을 발급받으려는 자는 시장·군수·구청장에게 신청하여야 한다.

545 수상레저안전법상 용어 정의로 옳지 않은 것은? 〔갑〕

갑. 강과 바다가 만나는 부분의 기수는 해수면으로 분류된다.

을. 수상이란 해수면과 내수면을 말한다.

병. 래프팅이란 무동력수상레저기구를 이용하여 계곡이나 하천에서 노를 저으며 급류 또는 물의 흐름 등을 타는 수상레저 활동을 말한다.

정. 내수면이란 하천, 댐, 호수, 늪, 저수지, 그 밖에 인공으로 조성된 담수나 기수(汽水)의 수류 또는 수면을 말한다.

> **해설**
>
> 해수면이란 바다의 수류나 수면을 말하며, 강과 바다가 만나는 기수는 내수면으로 분류한다.

546 수상레저기구등록법상 등록대상 동력수상레저기구가 갖추어야 할 구조·설비 또는 장치에 해당하지 않는 것은? 〔갑〕

갑. 동력수상레저기구 견인 장치

을. 구명·소방시설

병. 조타·계선·양묘시설

정. 추진기관

> **해설** 동력수상레저기구의 구조설비
>
> 선체, 추진기관, 배수설비, 돛대, 조타·계선·양묘시설, 전기시설, 구명·소방시설, 그 밖에 해양수산부령으로 정하는 설비

547 수상레저안전법상 수상레저 활동자가 착용하여야 할 구명조끼·구명복 또는 안전모 등 인명 구조장비 착용에 관하여 특별한 지시를 할 수 있는 행정기관의 장으로 옳지 않은 것은? 〔을〕

갑. 인천해양경찰서장

을. 가평소방서장

병. 춘천시장

정. 가평군수

> **해설** 인명안전장비의 착용
>
> 해양경찰서장 또는 시장·군수·구청장은 수상레저활동의 형태, 수상레저기구의 종류 및 날씨 등을 고려하여 수상레저활동자가 착용하여야 할 구명조끼·구명복 또는 안전모 등 인명 안전장비의 종류를 정하여 특별한 지시를 할 수 있다.

⚓ 선박입출항법 ⚓

548 선박의 입항 및 출항 등에 관한 법률상 무역항의 수상구역 등에서 선박의 입항 및 출항 등에 관한 행정업무를 수행하는 행정관청을 관리청이라 한다. ⓐ 국가관리무역항, ⓑ 지방관리무역항의 관리청으로 올바르게 짝지어진 것은? 〔을〕

갑. ⓐ 해양수산부장관, ⓑ 지방해양수산청장

을. ⓐ 해양수산부장관, ⓑ 특별시장·광역시장·도지사 또는 특별자치도지사

병. ⓐ 해양경찰청장, ⓑ 해양경찰서장

정. ⓐ 해양경찰청장, ⓑ 특별시장·광역시장·도지사 또는 특별자치도지사

> **해설**
> • 「항만법」 제3조제2항제1호에 따른 국가관리무역항 : 해양수산부장관
> • 「항만법」 제3조제2항제2호에 따른 지방관리무역항 : 특별시장·광역시장·도지사 또는 특별자치도지사

549 선박의 입항 및 출항 등에 관한 법률상 용어의 정의로 옳은 것은? 〔을〕

갑. "정박"이란 선박이 해상에서 일시적으로 운항을 멈추는 것을 말한다.

을. "계선"이란 선박이 운항을 중지하고 정박하거나 계류하는 것을 말한다.

병. "정류"란 선박이 해상에서 닻을 바다 밑바닥에 내려놓고 운항을 멈추는 것을 말한다.

정. "정박지"란 선박이 다른 시설에 붙들어 놓는 것을 말한다.

> **해설** **정의**
> • "정박"이란 선박이 해상에서 닻을 바다 밑바닥에 내려놓고 운항을 멈추는 것을 말한다.
> • "정박지"란 선박이 정박할 수 있는 장소를 말한다.
> • "정류"란 선박이 해상에서 일시적으로 운항을 멈추는 것을 말한다.
> • "계류"란 선박을 다른 시설에 붙들어 매어 놓는 것을 말한다.
> • "계선"이란 선박이 운항을 중지하고 정박하거나 계류하는 것을 말한다.

550 선박의 입항 및 출항 등에 관한 법률상 규정된 무역항의 항계안 등의 항로에서의 항법에 대한 설명이다. 가장 옳지 않은 것은? (단서, 예외 규정은 제외한다.) 〔병〕

갑. 선박은 항로에서 다른 선박을 추월해서는 안 된다.

을. 선박은 항로에서 나란히 항행하지 못한다.

병. 항로를 항행하는 선박은 항로 밖에서 항로로 들어오는 선박의 진로를 피하여 항행하여야 한다.

정. 선박이 항로에서 다른 선박과 마주칠 우려가 있는 경우에는 오른쪽으로 항행하여야 한다.

모든 선박은 항로에서 다음의 항법에 따라 항행하여야 한다.
- 항로 밖에서 항로에 들어오거나 항로에서 항로 밖으로 나가는 선박은 항로를 항행하는 다른 선박의 진로를 피하여 항행할 것
- 항로에서 다른 선박과 나란히 항행하지 아니할 것
- 항로에서 다른 선박과 마주칠 우려가 있는 경우에는 오른쪽으로 항행할 것
- 항로에서 다른 선박을 추월하지 아니할 것. 다만, 추월하려는 선박을 눈으로 볼 수 있고 안전하게 추월할 수 있다고 판단되는 경우에는 「해상교통안전법」 제67조 제5항 및 제71조에 따른 방법으로 추월할 것
- 항로를 항행하는 위험물운송선박 또는 흘수제약선의 진로를 방해하지 아니할 것
- 「선박법」에 따른 범선은 항로에서 지그재그(zigzag)로 항행하지 아니할 것

551 선박의 입항 및 출항 등에 관한 법률상 무역항의 의미를 설명한 것으로 가장 적절한 것은? 병

갑. 여객선만 주로 출입할 수 있는 항

을. 대형선박이 출입하는 항

병. 국민경제와 공공의 이해(利害)에 밀접한 관계가 있고 주로 외항선이 입항·출항하는 항만

정. 공공의 이해에 밀접한 관계가 있는 항만

해설

"무역항"이란 국민경제와 공공의 이해에 밀접한 관계가 있고 주로 외항선이 입항·출항하는 항만으로서 지정된 항만을 말한다.

552 선박의 입항 및 출항 등에 관한 법률상 입·출항 허가를 받아야 할 경우로 옳지 않은 것은? 병

갑. 전시나 사변

을. 전시·사변에 준하는 국가비상사태

병. 입·출항 선박이 복잡한 경우

정. 국가안전보장상 필요한 경우

해설 **출입 신고**

무역항의 수상구역 등에 출입하려는 선박의 선장은 해양수산부장관에게 신고하여야 한다. 다만, 다음의 선박은 출입 신고를 하지 아니할 수 있다.
- 총톤수 5톤 미만의 선박
- 해양사고구조에 사용되는 선박
- 「수상레저안전법」에 따른 수상레저기구 중 국내항 간을 운항하는 모터보트 및 동력요트
- 그 밖에 공공목적이나 항만 운영의 효율성을 위하여 해양수산부령으로 정하는 선박(관공선, 행정선 등)
※ 위 항에도 불구하고 전시·사변이나 그에 준하는 국가비상사태, 국가안전보장에 필요한 경우, 선장은 관리청의 허가를 받아야 한다.

553 선박의 입항 및 출항 등에 관한 법률상 벌칙 및 과태료에 대한 내용이다. 벌칙 및 과태료가 큰 순서대로 나열된 것은? 〔을〕

> A. 출항 중지 처분을 위반한 자
> B. 장애물 제거 명령을 이행하지 아니한 자
> C. 위험물 안전관리에 관한 교육을 받게 하지 아니한 자
> D. 선원의 승선 명령을 이행하지 아니한 선박의 소유자 또는 임차인

갑. A 〉 C 〉 B 〉 D   을. A 〉 D 〉 C 〉 B
병. D 〉 C 〉 B 〉 A   정. D 〉 C 〉 A 〉 B

> **🔍 해설 · 선박입출항법 벌칙**
>
> A : 1년 이하의 징역 또는 1천만 원 이하의 벌금
> B : 200만 원 이하의 과태료
> C : 300만 원 이하의 과태료
> D : 500만 원 이하의 벌금

554 선박의 입항 및 출항 등에 관한 법률상 무역항의 수상구역등에서 부두·잔교(棧橋)·안벽(岸壁)·계선부표·돌핀 및 선거(船渠)의 부근 수역 내 정박하거나 정류할 수 있는 경우로 옳지 않은 것은? 〔갑〕

갑. 허가를 받은 행사를 진행하기 위한 경우

을. 선박의 고장이나 그 밖의 사유로 선박을 조종할 수 없는 경우

병. 인명을 구조하거나 급박한 위험이 있는 선박을 구조하는 경우

정. 허가를 받은 공사 또는 작업에 사용하는 경우

> **🔍 해설 · 정박의 제한 및 방법 등**
>
> 다음의 경우에는 각 호의 장소에 정박하거나 정류할 수 있다.
> • 「해양사고의 조사 및 심판에 관한 법률」 제2조제1호에 따른 해양사고를 피하기 위한 경우
> • 선박의 고장이나 그 밖의 사유로 선박을 조종할 수 없는 경우
> • 인명을 구조하거나 급박한 위험이 있는 선박을 구조하는 경우
> • 제41조에 따른 허가를 받은 공사 또는 작업에 사용하는 경우

555 선박의 입항 및 출항 등에 관한 법률상 관리청이 선박교통의 제한과 관련하여 항로 또는 구역을 지정한 경우에 공고해야 할 내용으로 옳지 않은 것은? 〔병〕

갑. 항로의 위치   을. 구역의 위치
병. 제한·금지 거리   정. 제한·금지 기간

> **🔍 해설 · 선박교통의 제한**
>
> • 관리청은 무역항의 수상구역 등에서 선박교통의 안전을 위하여 필요하다고 인정하는 경우에는 항로 또는 구역을 지정하여 선박교통을 제한하거나 금지할 수 있다.
> • 관리청이 항로 또는 구역을 지정한 경우에는 항로 또는 구역의 위치, 제한·금지 기간을 정하여 공고하여야 한다.

556 선박의 입항 및 출항 등에 관한 법률상 무역항의 수상구역 등이나 무역항의 수상구역 밖 ( ) 이내의 수면에 선박의 안전운항을 해칠 우려가 있는 폐기물을 버려서는 아니된다. ( ) 안에 알맞은 것은? 을

갑. 5킬로미터　　　　을. 10킬로미터　　　　병. 5해리　　　　정. 10해리

> **해설 폐기물의 투기 금지 등**
>
> 누구든지 무역항의 수상구역 등이나 무역항의 수상구역 밖 10킬로미터 이내의 수면에 선박의 안전운항을 해칠 우려가 있는 흙·돌·나무·어구(漁具) 등 폐기물을 버려서는 아니 된다.

557 선박의 입항 및 출항 등에 관한 법률상 해양사고 등이 발생한 경우의 조치사항으로 옳지 않은 것은? 병

갑. 원칙적으로 조치의무자는 조난선의 선장이다.

을. 조난선의 선장은 즉시 항로표지를 설치하는 등 필요한 조치를 하여야 한다.

병. 선박의 소유자 또는 임차인은 위험 예방조치비용을 위험 예방조치가 종료된 날부터 7일 이내에 지방해양수산청장 또는 시도지사에게 납부하여야 한다.

정. 조난선의 선장이 필요한 조치를 할 수 없을 때에는 해양수산부령으로 정하는 바에 따라 해양수산부장관에게 필요한 조치를 요청할 수 있다.

> **해설 위험 예방조치 비용의 산정 및 납부**
>
> 선박의 소유자 또는 임차인은 산정된 위험 예방조치 비용을 항로표지의 설치 등 위험 예방조치가 종료된 날부터 5일 이내에 지방해양수산청장 또는 시·도지사에게 납부하여야 한다.

558 선박의 입항 및 출항 등에 관한 법률상 정박지의 사용에 대한 내용으로 맞지 않는 것은? 병

갑. 관리청은 무역항의 수상구역등에 정박하는 선박의 종류·톤수·흘수(吃水) 또는 적재물의 종류에 따른 정박구역 또는 정박지를 지정·고시할 수 있다.

을. 무역항의 수상구역등에 정박하려는 선박은 정박구역 또는 정박지에 정박하여야 한다.

병. 우선피항선은 다른 선박의 항행에 방해가 될 우려가 있는 장소라 하더라도 피항을 위한 일시적인 정박과 정류가 허용된다.

정. 해양사고를 피하기 위해 정박구역 또는 정박지가 아닌 곳에 정박한 선박의 선장은 즉시 그 사실을 관리청에 신고하여야 한다.

> **해설 정박지의 사용 등**
>
> ① 관리청은 무역항의 수상구역등에 정박하는 선박의 종류·톤수·흘수(吃水) 또는 적재물의 종류에 따른 정박구역 또는 정박지를 지정·고시할 수 있다.
> ② 무역항의 수상구역등에 정박하려는 선박(우선피항선은 제외한다)은 제1항에 따른 정박구역 또는 정박지에 정박하여야 한다. 다만, 해양사고를 피하기 위한 경우 등 해양수산부령으로 정하는 사유가 있는 경우에는 그러하지 아니하다.
> ③ 우선피항선은 다른 선박의 항행에 방해가 될 우려가 있는 장소에 정박하거나 정류하여서는 아니 된다.
> ④ 제2항 단서에 따라 정박구역 또는 정박지가 아닌 곳에 정박한 선박의 선장은 즉시 그 사실을 관리청에 신고하여야 한다.

559 선박의 입항 및 출항 등에 관한 법률상 무역항의 수상구역 등에서 정박 또는 정류할 수 있는 경우는? 정

갑. 부두, 잔교, 안벽, 계선부표, 돌핀 및 선거의 부근 수역에 정박 또는 정류하는 경우

을. 하천, 운하, 그 밖의 협소한 수로와 계류장 입구의 부근 수역에 정박 또는 정류하는 경우

병. 선박의 고장으로 선박 조종만 가능한 경우

정. 항로 주변의 연안통항대에 정박 또는 정류하는 경우

> **해설 정박의 제한 및 방법 등**
>
> 선박은 무역항의 수상구역 등 다음 장소에 정박하거나 정류하지 못한다.
> • 부두·잔교·안벽·계선부표·돌핀 및 선거의 부근 수역
> • 하천, 운하 및 그 밖의 좁은 수로와 계류장 입구의 부근 수역
> 다음의 경우에는 정박하거나 정류할 수 있다.
> • 해양사고를 피하기 위한 경우
> • 선박의 고장이나 그 밖의 사유로 선박을 조종할 수 없는 경우
> • 인명을 구조하거나 급박한 위험이 있는 선박을 구조하는 경우
> • 허가를 받은 공사 또는 작업에 사용하는 경우
> ※ 연안통항대 : 통항 분리수역의 육지 쪽 경계선과 해안 사이의 수역으로 정박 또는 정류 가능

560 선박의 입항 및 출항 등에 관한 법률의 조문 중 일부이다. ( ) 안에 들어가야 할 숫자로 맞게 짝지어진 것은? 갑

> 1. 총톤수 (ⓐ)톤 이상의 선박을 무역항의 수상구역 등에 계선하려는 자는 해양수산부령으로 정하는 바에 따라 관리청에 신고하여야 한다.
> 2. 누구든지 무역항의 수상구역등이나 무역항의 수상구역 밖 (ⓑ)킬로미터 이내의 수면에 선박의 안전운항을 해칠 우려가 있는 흙·돌·나무·어구(漁具) 등 폐기물을 버려서는 아니 된다.

갑. ⓐ 20, ⓑ 10   을. ⓐ 20, ⓑ 20

병. ⓐ 10, ⓑ 20   정. ⓐ 10, ⓑ 10

561 선박의 입항 및 출항 등에 관한 법률상 방파제 부근에서의 입항선박과 출항선박과의 항법으로 맞는 것은? 병

갑. 입항선이 우선이므로 출항선은 정지해야 한다.

을. 입항선과 출항선이 모두 정지해야 한다.

병. 입항하는 동력선이 출항하는 선박의 진로를 피해야 한다.

정. 출항하는 동력선이 입항하는 선박의 진로를 피해야 한다.

> **해설 방파제 부근에서의 항법**
>
> 무역항의 수상구역 등에 입항하는 선박이 방파제 입구 등에서 출항하는 선박과 마주칠 우려가 있는 경우에는 방파제 밖에서 출항하는 선박의 진로를 피하여야 한다.

562 선박의 입항 및 출항 등에 관한 법률상 선박의 계선 신고에 관한 내용으로 맞지 않는 것은? 〔병〕

갑. 총톤수 20톤 이상의 선박을 무역항의 수상구역등에 계선하려는 자는 법령이 정하는 바에 따라 관리청에 신고하여야 한다.

을. 관리청은 신고를 받은 경우 그 내용을 검토하여 이 법에 적합하면 신고를 수리하여야 한다.

병. 총톤수 20톤 이상의 선박을 계선하려는 자는 통항안전을 감안하여 원하는 장소에 그 선박을 계선할 수 있다.

정. 관리청은 계선 중인 선박의 안전을 위하여 필요하다고 인정하는 경우에는 그 선박의 소유자나 임차인에게 안전 유지에 필요한 인원의 선원을 승선시킬 것을 명할 수 있다.

> **해설** 선박의 계선 신고 등
>
> ① 총톤수 20톤 이상의 선박을 무역항의 수상구역등에 계선하려는 자는 해양수산부령으로 정하는 바에 따라 관리청에 신고하여야 한다.
> ② 관리청은 제1항에 따른 신고를 받은 경우 그 내용을 검토하여 이 법에 적합하면 신고를 수리하여야 한다.
> ③ 제1항에 따라 선박을 계선하려는 자는 관리청이 지정한 장소에 그 선박을 계선하여야 한다.
> ④ 관리청은 계선 중인 선박의 안전을 위하여 필요하다고 인정하는 경우에는 그 선박의 소유자나 임차인에게 안전 유지에 필요한 인원의 선원을 승선시킬 것을 명할 수 있다.

563 선박의 입항 및 출항 등에 관한 법률상 우선피항선에 해당하지 않는 것은? 〔정〕

갑. 부선　　　　　　　　　　　　　을. 주로 노와 삿대로 운전하는 선박

병. 예인선　　　　　　　　　　　　정. 25톤 어선

> **해설**
>
> "우선피항선"이란 주로 무역항의 수상구역에서 운항하는 선박으로서 다른 선박의 진로를 피하여야 하는 선박으로서 다음의 선박을 말한다.
> 부선, 주로 노와 삿대로 운전하는 선박, 예선, 항만운송관련사업 등록 선박, 해양환경관리업 등록 선박, 해양폐기물관리업 등록 선박, 총톤수 20톤 미만의 선박

564 선박의 입항 및 출항 등에 관한 법률상 무역항의 수상구역 등에서 정박·정류가 금지되는 것은? 〔병〕

갑. 해양사고를 피하고자 할 때

을. 선박의 고장 및 운전의 자유를 상실한 때

병. 화물이적 작업에 종사할 때

정. 선박구조작업에 종사할 때

> **해설** 정박의 제한 및 방법 등
>
> • 무역항의 수상구역 등에서 정박·정류를 하지 못하는 곳 : 부두·잔교·안벽·계선부표·돌핀 및 선거의 부근 수역, 하천, 운하 및 그 밖의 좁은 수로와 계류장 입구의 부근 수역
> • 정박·정류 가능한 경우 : 해양사고를 피하기 위한 경우, 선박의 고장이나 그 밖의 사유로 선박을 조종할 수 없는 경우, 인명을 구조하거나 급박한 위험이 있는 선박을 구조하는 경우, 허가를 받은 공사 또는 작업에 사용하는 경우
> ※ 무역항의 수상구역에서 화물이적 작업은 금지사항이다.

565 선박의 입항 및 출항 등에 관한 법률상 무역항의 수상구역 등에서 2척 이상의 선박이 항행할 때 서로 충돌을 예방하기 위해 필요한 것은? **병**

갑. 최고속력 유지

을. 최저속력 유지

병. 상당한 거리 유지

정. 기적 또는 사이렌을 울린다.

> **해설** 항행 선박 간의 거리
>
> 무역항의 수상구역 등에서 2척 이상의 선박이 항행할 때 서로 충돌을 예방할 수 있는 상당한 거리를 유지하여야 한다.

566 선박의 입항 및 출항 등에 관한 법률상 무역항의 수상구역 등에 출입하려는 내항선의 선장이 입항보고, 출항보고 등을 제출할 대상으로 옳지 않은 것은? **을**

갑. 지방해양수산청장

을. 지방해양경찰청장

병. 해당 항만공사

정. 특별시장·광역시장·도지사

> **해설** 선박 출입 신고서 등
>
> 무역항의 수상구역 등에 출입하려는 내항선의 선장은 내항선 출입신고서를 지방해양수산청장, 특별시장·광역시장·도지사·특별자치도지사 또는 항만공사에 제출하여야 한다.

567 선박의 입항 및 출항 등에 관한 법률에 따라 모터보트가 항로내에 정박할 수 있는 경우에 해당하는 것은? **병**

갑. 급한 하역 작업 시   을. 보급선을 기다릴 때

병. 해양사고를 피하고자 할 때   정. 낚시를 하고자 할 때

> **해설** 정박·정류 가능한 경우
>
> 해양사고를 피하기 위한 경우, 선박의 고장이나 그 밖의 사유로 선박을 조종할 수 없는 경우, 인명을 구조하거나 급박한 위험이 있는 선박을 구조하는 경우, 허가를 받은 공사 또는 작업에 사용하는 경우

568 선박의 입항 및 출항 등에 관한 법률상 선박의 입항·출항 통로로 이용하기 위해 지정·고시한 수로를 무엇이라 하는가? **병**

갑. 연안통항로   을. 통항분리대

병. 항로   정. 해상교통관제수역

> **해설**
>
> 항로란 선박의 출입 통로로 이용하기 위하여 지정·고시한 수로를 말한다.

569 선박의 입항 및 출항 등에 관한 법률상 화재 시 기적이나 사이렌의 경보방법으로 옳은 것은? 정

갑. 단음으로 3회

을. 단음으로 5회

병. 장음으로 3회

정. 장음으로 5회

해설 화재 시 경보방법

화재를 알리는 경보는 기적이나 사이렌을 장음으로 5회 울려야 한다. 경보는 적당한 간격을 두고 반복하여야 한다. 장음은 4초~6초, 단음은 1초의 시간 동안이다.

570 선박의 입항 및 출항 등에 관한 법률상 무역항의 수상구역 등에서 목재 등 선박교통의 안전에 장애가 되는 부유물에 대하여 어떤 행위를 할 때 해양수산부장관의 허가를 받아야 하는 경우로 옳지 않은 것은? 정

갑. 부유물을 수상에 내놓으려는 사람

을. 부유물을 선박 등 다른 시설에 붙들어 매거나 운반하려는 사람

병. 부유물을 수상에 띄워 놓으려는 사람

정. 선박에서 육상으로 부유물체를 옮기려는 사람

해설 부유물에 대한 허가

무역항의 수상구역 등에서 목재 등 선박교통의 안전에 장애가 되는 부유물에 대하여 다음에 해당하는 행위를 하려는 자는 관리청의 허가를 받아야 한다.
부유물을 수상에 띄워 놓으려는 자, 부유물을 선박 등 다른 시설에 붙들어 매거나 운반하려는 자

571 선박의 입항 및 출항 등에 관한 법률상 무역항의 수상구역 등에서 선박의 안전 및 질서유지를 위해 필요하다고 인정되는 경우 그 선박의 소유자·선장이나 그 밖의 관계인에게 명할 수 있는 사항으로 옳지 않은 것은? 정

갑. 시설의 보강 및 대체

을. 공사 또는 작업의 중지

병. 인원의 보강

정. 선박 척수의 확대

해설 개선명령

관리청은 검사 또는 확인 결과 무역항의 수상구역 등에서 선박의 안전 및 질서 유지를 위하여 필요하다고 인정하는 경우, 선박의 소유자·선장이나 그 밖의 관계인에게 다음 사항에 관하여 개선명령을 할 수 있다.
시설의 보강 및 대체, 공사 또는 작업의 중지, 인원의 보강, 장애물의 제거

572 선박의 입항 및 출항 등에 관한 법률상 무역항에서의 항행방법에 대한 설명으로 옳은 것은? [병]

갑. 선박은 항로에서 나란히 항행할 수 있다.

을. 선박이 항로에서 다른 선박과 마주칠 우려가 있는 경우에는 왼쪽으로 항행하여야 한다.

병. 동력선이 입항할 때 무역항의 방파제의 입구 또는 입구 부근에서 출항하는 선박과 마주칠 우려가 있는 경우에는 입항하는 동력선이 방파제 밖에서 출항하는 선박의 진로를 피하여야 한다.

정. 선박은 항로에서 다른 선박을 얼마든지 추월할 수 있다.

> **해설** 항로에서의 항법
>
> 항로에서 다른 선박과 나란히 항행하지 아니할 것, 항로에서 다른 선박과 마주칠 우려가 있는 경우에는 오른쪽으로 항행할 것, 항로에서 다른 선박을 추월하지 아니할 것. 다만, 추월하려는 선박을 눈으로 볼 수 있고 안전하게 추월할 수 있다고 판단되는 경우에는 「해상교통안전법」에 의거 추월선은 추월당하는 선박이 추월선을 안전하게 통과시키기 위한 동작을 취하지 아니하면 추월할 수 없는 경우에는 기적신호를 하여 추월하겠다는 의사를 나타내야 한다. 이 경우 추월당하는 선박은 그 의도에 동의하면 기적신호를 하여 그 의사를 표현하고, 추월선을 안전하게 통과시키기 위한 동작을 취하여야 한다.

573 선박의 입항 및 출항 등에 관한 법률상 무역항의 수상구역 등에서 선박 경기 등의 행사를 하려는 사람은 어디에서 허가를 받아야 하는가? [을]

갑. 해양경찰청

을. 관리청

병. 소방서

정. 지방해양경찰청

> **해설** 선박경기 등 행사의 허가
>
> 무역항의 수상구역 등에서 선박경기 등 행사를 하려는 자는 해양수산부령으로 정하는 바에 따라 관리청의 허가를 받아야 한다.

574 선박의 입항 및 출항 등에 관한 법률상 우선피항선에 해당하지 않는 것은? [정]

갑. 주로 노와 삿대로 운전하는 선박

을. 예선

병. 총톤수 20톤 미만의 선박

정. 압항부선

> **해설**
>
> "우선피항선"이란 주로 무역항의 수상구역에서 운항하는 선박으로서 다른 선박의 진로를 피하여야 하는 선박으로서 다음의 선박을 말한다.
> 부선(예인선이 부선을 끌거나 밀고 있는 경우의 예인선 및 부선을 포함하되, 예인선에 결합되어 운항하는 압항부선은 제외한다), 주로 노와 삿대로 운전하는 선박, 예선, 항만운송관련사업 등록 선박, 해양환경관리업 등록 선박, 해양폐기물관리업 등록 선박, 총톤수 20톤 미만의 선박

575 선박의 입항 및 출항 등에 관한 법률 중 항로에서의 항법에 대한 설명이다. 맞는 것으로 짝지어진 것은? [병]

> ⓐ 항로를 항행하는 선박은 항로 밖에서 항로에 들어오거나 항로에서 항로 밖으로 나가는 다른 선박의 진로를 피하여 항행할 것
> ⓑ 항로에서 다른 선박과 나란히 항행하지 아니할 것
> ⓒ 항로에서 다른 선박과 마주칠 우려가 있는 경우에는 왼쪽으로 항행할 것
> ⓓ 항로에서 다른 선박을 추월하지 아니할 것. 다만, 추월하려는 선박을 눈으로 볼 수 있고 안전하게 추월할 수 있다고 판단되는 경우에는 「해상교통안전법」에 따른 방법으로 추월할 것

갑. ⓐ, ⓑ　　　　을. ⓐ, ⓒ　　　　병. ⓑ, ⓓ　　　　정. ⓒ, ⓓ

해설 항로에서의 항법

- 항로 밖에서 항로에 들어오거나 항로에서 항로 밖으로 나가는 선박은 항로를 항행하는 다른 선박의 진로를 피하여 항행할 것
- 항로에서 다른 선박과 나란히 항행하지 아니할 것
- 항로에서 다른 선박과 마주칠 우려가 있는 경우에는 오른쪽으로 항행할 것
- 항로에서 다른 선박을 추월하지 아니할 것. 다만, 추월하려는 선박을 눈으로 볼 수 있고 안전하게 추월할 수 있다고 판단되는 경우에는 「해상교통안전법」 제67조제5항 및 제71조에 따른 방법으로 추월할 것
- 항로를 항행하는 제37조제1항제1호에 따른 위험물운송선박(제2조제5호라목에 따른 선박 중 급유선은 제외한다) 또는 「해상교통안전법」 제2조제14호에 따른 흘수제약선(吃水制約船)의 진로를 방해하지 아니할 것
- 「선박법」 제1조의2제1항제2호에 따른 범선은 항로에서 지그재그(zigzag)로 항행하지 아니할 것

576 선박의 입항 및 출항 등에 관한 법률상 항만운영정보시스템을 구축·운영할 수 있는 자로 옳은 것은? [갑]

갑. 해양수산부장관　　　　　　　을. 해양경찰청장
병. 지방해양경찰청장　　　　　　정. 중앙해양안전심판원장

해설 항만운영정보시스템

해양수산부장관은 이 법에 따른 입항·출항 선박의 정보관리 및 민원사무의 처리 등을 위하여 항만운영정보시스템을 구축·운영할 수 있다.

577 선박의 입항 및 출항 등에 관한 법률상 무역항의 수상구역 등의 항로에서 가장 우선하여 항행할 수 있는 선박은? [병]

갑. 항로 밖에서 항로에 들어오는 선박　　　을. 항로에서 항로 밖으로 나가는 선박
병. 항로를 따라 항행하는 선박　　　　　　정. 항로를 가로질러 항행하는 선박

해설 항로에서의 항법

항로 밖에서 항로에 들어오거나 항로에서 항로 밖으로 나가는 선박은 항로를 항행하는 다른 선박의 진로를 피하여 항행할 것

578 선박의 입항 및 출항 등에 관한 법률상 관리청에 무역항의 수상구역등에서의 선박 항행 최고 속력을 지정할 것을 요청할 수 있는 자는? 을

갑. 해양수산부장관　　　　　　　　　을. 해양경찰청장

병. 도선사협회장　　　　　　　　　　정. 해상교통관제센터장

> **해설 속력 등의 제한**
>
> 해양경찰청장은 선박이 빠른 속도로 항행하여 다른 선박의 안전 운항에 지장을 초래할 우려가 있다고 인정하는 무역항의 수상구역등에 대하여는 관리청에 무역항의 수상구역등에서의 선박 항행 최고속력을 지정할 것을 요청할 수 있다.

579 선박의 입항 및 출항 등에 관한 법률에 규정되어 있지 않은 것은? 병

갑. 입항·출항 및 정박에 관한 규칙

을. 항로 및 항법에 관한 규칙

병. 선박교통관제에 관한 규칙

정. 예선에 관한 규칙

580 선박의 입항 및 출항 등에 관한 법률상 해양수산부장관 또는 시·도지사가 행정 처분을 할 때 청문을 하여야 하는 경우로 옳지 않은 것은? 정

갑. 예선업 등록의 취소　　　　　　　을. 지정교육기관 지정의 취소

병. 중계망사업자 지정의 취소　　　　정. 정박지 지정 취소

> **해설 청문**
>
> 해양수산부장관 또는 시·도지사는 다음 각 호의 어느 하나에 해당하는 처분을 하려는 경우에는 청문을 하여야 한다.
> - 제26조에 따른 예선업 등록의 취소
> - 제36조제4항에 따른 지정교육기관 지정의 취소
> - 제50조제4항에 따른 중계망사업자 지정의 취소

해상교통안전법

581 해상교통안전법상 삼색등을 표시할 수 있는 선박은? 병

갑. 항행 중인 길이 50m 이상의 동력선

을. 항행 중인 길이 50m 이하의 동력선

병. 항행 중인 길이 20m 미만의 범선

정. 어로에 종사하는 길이 50m 이상의 어선

> **해설 항행 중인 범선 등**
>
> 항행 중인 길이 20m 미만의 범선은 현등, 선미등을 대신하여 마스트의 꼭대기나 그 부근의 가장 잘 보이는 곳에 삼색등 1개를 표시할 수 있다.

582 다음 보기는 해상교통안전법상 흘수제약선에 대한 설명이다 (   )에 들어갈 순서로 알맞은 것은? 갑

> **보기**
>
> 흘수제약선은 동력선의 등화에 덧붙여 가장 잘 보이는 곳에서 붉은색 전주등 (A)를 수직으로 표시 하거나 원통형의 형상물 (B)를 표시 할 수 있다.

갑. A : 3개, B : 1개

을. A : 3개, B : 3개

병. A : 1개, B : 3개

정. A : 1개, B : 1개

> **해설 흘수제약선 등화**
>
> 흘수제약선은 동력선의 등화에 덧붙여 가장 잘 보이는 곳에 붉은색 전주등 3개를 수직으로 표시하거나 원통형의 형상물 1개를 표시할 수 있다.

583 해상교통안전법상 용어의 정의로 옳은 것은? 정

갑. "선박"이란 「선박법」에 따른 선박을 말한다.

을. "거대선"이란 길이 150미터 이상의 선박을 말한다.

병. "고속여객선"이란 시속 20노트 이상으로 항행하는 여객선을 말한다.

정. "어로에 종사하고 있는 선박"이란 그물, 낚싯줄, 트롤망, 그 밖에 조종성능을 제한하는 어구를 사용하여 어로 작업을 하고 있는 선박을 말한다.

> **해설 정의**
>
> • "선박"이란 「해사안전기본법」에 따른 선박을 말한다.
> • "거대선"이란 길이 200미터 이상의 선박을 말한다.
> • "고속여객선"이란 시속 15노트 이상으로 항행하는 여객선을 말한다.

584 해상교통안전법상 '항행 중'인 선박에 해당하는 선박은? 병

갑. 정박(碇泊)해 있는 선박

을. 항만의 안벽에 계류해 있는 선박

병. 표류하는 선박

정. 얹혀 있는 선박

> **해설**
>
> 항행 중이란 다음의 3가지가 아닌 경우를 말한다.
> • 정박(碇泊)
> • 항만의 안벽 등 계류시설에 매어놓은 상태
> • 얹혀있는 상태(좌초, 좌주 포함)

585 해상교통안전법상 길이 12m 미만의 동력선에 설치하여야 할 등화를 맞게 나열한 것은? 을

갑. 마스트등 1개와 선미등 1개

을. 흰색 전주등 1개, 현등 1쌍

병. 현등 1쌍과 선미등 1개

정. 마스트등 1개

> **해설** **항해 중인 동력선 등화**
>
> 길이 12m 미만의 동력선은 마스트등, 현등, 선미등을 대신하여 흰색 전주등 1개와 현등 1쌍

586 해상교통안전법상 해양경찰서장이 거대선 등의 항행 안전 확보 조치를 위하여 선장이나 선박 소유자에게 명할 수 있는 내용으로 옳지 않은 것은? 정

갑. 항로의 변경 　　　　　　　　　　을. 속력의 제한

병. 안내선의 사용 　　　　　　　　　정. 운항관리자의 변경

> **해설** **해양경찰청장이 거대선 등의 항행 안전 확보 조치를 명할 수 있는 사항**
>
> 통항 시각의 변경, 항로의 변경, 제한된 시계의 경우 선박의 항행 제한, 속력의 제한, 안내선의 사용, 그 밖에 해양수산부령으로 정하는 경우

587 해상교통안전법상 조종불능선의 등화나 형상물로 올바른 것은? 갑

갑. 가장 잘 보이는 곳에 수직으로 둥근꼴이나 그와 비슷한 형상물 2개

을. 가장 잘 보이는 곳에 수직으로 하얀색 전주등 1개

병. 대수속력이 있는 경우에는 현등 1쌍과 선미등 2개

정. 대수속력이 있는 경우에는 현등 2쌍과 선미등 2개

> **해설** **조종불능선의 등화나 형상물**
>
> • 가장 잘 보이는 곳에 수직으로 붉은색 전주등 2개
> • 가장 잘 보이는 곳에 수직으로 둥근꼴이나 그와 비슷한 형상물 2개
> • 대수속력이 있는 경우에는 위에 덧붙여 현등 1쌍과 선미등 1개

588 해상교통안전법상 선박이 다른 선박과의 충돌을 피하기 위한 조치 내용으로 옳지 않은 것은? 을

갑. 침로변경은 크게 한다.

을. 속력은 소폭으로 변경한다.

병. 가능한 충분한 시간을 두고 조치를 취한다.

정. 필요한 경우 선박을 완전히 멈추어야 한다.

> **해설**
>
> 다른 선박과의 충돌을 피하기 위해서는 침로와 속력을 소폭으로 연속적으로 변경해서는 안되고, 크게 변경하여야 한다.

589 해상교통안전법상 선박의 우현 변침 음향신호로 맞는 것은? 병

갑. 단음 2회 을. 장음 1회 병. 단음 1회 정. 장음 2회

> **해설**
> • 단음 1회 : 오른쪽으로 변침
> • 단음 2회 : 왼쪽으로 변침
> • 단음 3회 : 기관후진

590 해상교통안전법상 좁은수로 항행에 관한 설명으로 옳지 않은 것은? 병

갑. 통행시기는 역조가 약한 시간이나 게류시를 택한다.

을. 물표 정중앙 등의 항진목표를 선정하여 보면서 항행한다.

병. 좁은수로 정중앙으로 항행한다.

정. 좁은 수로의 우측을 따라 항행한다.

> **해설**
> 좁은수로를 항행하는 선박은 가능한 한 오른편 끝 쪽에서 항행하여야 한다.

591 해상교통안전법상 가항수역의 수심 및 폭과 선박의 흘수와의 관계에 비추어 볼 때 그 진로에서 벗어날 수 있는 능력이 매우 제한되어 있는 동력선을 무엇이라 하는가? 정

갑. 조종불능선 을. 조종제한선

병. 예인선 정. 흘수제약선

> **해설** **흘수제약선**
> 가항수역의 수심 및 폭과 선박의 흘수와의 관계에 비추어 볼 때 그 진로에서 벗어날 수 있는 능력이 매우 제한되어 있는 동력선

592 해상교통안전법상 항행 중인 동력선이 진로를 피해야 할 선박으로 옳지 않은 것은? 병

갑. 조종불능선 을. 조종제한선

병. 항행 중인 어선 정. 범선

> **해설** **선박 사이의 책무**
> 항행 중인 동력선은 다음에 따른 선박의 진로를 피하여야 한다.
> • 조종불능선
> • 조종제한선
> • 어로에 종사하고 있는 선박
> • 범선

593 해상교통안전법상 선박의 항행안전을 확보하기 위하여 한쪽 방향으로만 항행할 수 있도록 되어 있는 일정한 범위의 수역을 무엇이라 하는가? 갑

갑. 통항로 을. 연안통항대 병. 항로지정제도 정. 좁은수로

594 해상교통안전법상 교통안전특정해역의 범위로 옳지 않은 곳은? 〔을〕

갑. 인천

을. 군산

병. 여수

정. 울산

> 🔥 해설
>
> 교통안전특정해역은 인천, 부산, 울산, 여수, 포항 등 5개 구역으로 지정중이다.

595 해상교통안전법상 항행장애물로 옳지 않은 것은? 〔정〕

갑. 선박으로부터 수역에 떨어진 물건

을. 침몰·좌초된 선박 또는 침몰·좌초되고 있는 선박

병. 침몰·좌초가 임박한 선박 또는 충분히 예견되어 있는 선박

정. 침몰·좌초된 선박으로부터 분리되지 않은 선박의 전체

> 🔥 해설 항행장애물
>
> • 선박으로부터 수역에 떨어진 물건
> • 침몰·좌초된 선박 또는 침몰·좌초되고 있는 선박
> • 침몰·좌초가 임박한 선박 또는 침몰·좌초가 충분히 예견되는 선박
> • 침몰·좌초된 선박에 있는 물건
> • 침몰·좌초된 선박으로부터 분리된 선박의 일부분

596 해상교통안전법상 해양수산부장관이 교통안전특정해역으로 지정할 수 있는 해역으로 옳지 않은 것은? 〔을〕

갑. 해상교통량이 아주 많은 해역

을. 200m 미만 거대선의 통항이 잦은 해역

병. 위험화물운반선의 통항이 잦은 해역

정. 15노트 이상의 고속여객선의 통항이 잦은 해역

> 🔥 해설 교통안전특정해역의 설정 등
>
> 해상교통량이 아주 많은 해역, 거대선(200미터 이상의 선박), 위험화물운반선, 고속여객선(시속 15노트 이상) 등의 통항이 잦은 해역으로서 대형 해양사고가 발생할 우려가 있는 해역을 해양수산부장관이 설정할 수 있다.

597 해상교통안전법상 해양수산부장관은 해양시설 부근 해역에서 선박의 안전항행과 해양시설의 보호를 위한 수역을 설정할 수 있다. 이 수역을 무엇이라고 하는가? 〔병〕

갑. 교통안전특정해역

을. 교통안전관할해역

병. 보호수역

정. 시설 보안해역

> 🔥 해설 보호수역의 설정 및 입역허가
>
> 해양수산부장관은 제3조제1항제4호에 따른 해양시설 부근 해역에서 선박의 안전항행과 해양시설의 보호를 위한 수역(이하 "보호수역"이라 한다)을 설정할 수 있다.

598 해상교통안전법상 어로에 종사하고 있는 선박 중 항행 중인 선박은 될 수 있으면 (   )의 진로를 피해야 한다. (   ) 안에 들어갈 내용으로 알맞은 것은? <kbd>갑</kbd>

갑. 운전부자유선, 기동성이 제한된 선박

을. 수중작업선, 범선

병. 운전부자유선, 범선

정. 정박선, 대형선

> **해설**
>
> 어로에 종사하고 있는 선박 중 항행 중인 선박은 될 수 있으면 조종불능선(운전부자유선)과 조종제한선(가동제한선)의 진로를 피해야 한다.

599 해상교통안전법상 지정항로를 이용하지 않고 교통안전특정해역을 항행할 수 있는 경우로 옳지 않은 것은? <kbd>정</kbd>

갑. 해양경비 · 해양오염방제 등을 위하여 긴급히 항행할 필요가 있는 경우

을. 해양사고를 피하거나 인명이나 선박을 구조하기 위해 부득이한 경우

병. 교통안전해역과 접속된 항구에 입출항하지 아니하는 경우

정. 해상교통량이 적은 경우

> **해설**
>
> 다음의 어느 하나에 해당하는 경우, 지정항로를 이용하지 아니하고 교통안전특정해역을 항행할 수 있다.
> • 해양경비 · 해양오염방제 및 항로표지의 설치 등을 위하여 긴급히 항행할 필요가 있는 경우
> • 해양사고를 피하거나 인명이나 선박을 구조하기 위하여 부득이한 경우
> • 교통안전특정해역과 접속된 항구에 입 · 출항하지 아니하는 경우

600 해상교통안전법상 안전한 속력을 결정할 때 고려할 사항으로 옳지 않은 것은? <kbd>정</kbd>

갑. 해상교통량의 밀도

을. 선박의 정지거리, 선회성능, 그 밖의 조종성능

병. 선박의 흘수와 수심과의 관계

정. 주간의 경우 항해에 영향을 주는 불빛의 유무

> **해설** **안전한 속력을 결정할 때 고려할 사항**
>
> • 시계의 상태, 해상교통량의 밀도
> • 선박의 정지거리, 선회성능, 그 밖의 조종성능
> • 야간의 경우에는 항해에 지장을 주는 불빛의 유무
> • 바람 · 해면 및 조류의 상태와 항행장애물의 근접상태
> • 선박의 흘수와 수심과의 관계
> • 레이더의 특성 및 성능
> • 해면상태 · 기상, 그 밖의 장애요인이 레이더 탐지에 미치는 영향
> • 레이더로 탐지한 선박의 수 · 위치 및 동향

601 해상교통안전법상 통항분리수역을 항행하는 경우의 준수사항으로 옳지 않은 것은? 〈을〉

갑. 통항로 안에서는 정하여진 진행방향으로 항행할 것

을. 분리선이나 분리대에서 될 수 있으면 붙어서 항행할 것

병. 통항로의 출입구를 통하여 출입하는 것이 원칙이다.

정. 통항로를 횡단하여서는 안된다.

> **해설** **선박이 통항분리수역을 항행하는 경우의 준수사항**
>
> 선박이 통항분리수역을 항행하는 경우, 분리선이나 분리대에서 될 수 있으면 떨어져서 항행해야 한다.

602 해상교통안전법상 2척의 범선이 서로 접근하여 충돌할 위험이 있는 경우의 항행방법으로 옳지 않은 것은? 〈갑〉

갑. 각 범선이 다른쪽 현에 바람을 받고 있는 경우에는 우현에 바람을 받고 있는 범선이 다른 범선의 진로를 피해야 한다.

을. 두 범선이 서로 같은 현에 바람을 받고 있는 경우에는 바람이 불어오는 쪽의 범선이 바람이 불어가는 쪽의 범선의 진로를 피하여야 한다.

병. 각 범선이 다른 쪽 현에 바람을 받고 있는 경우에는 좌현에 바람을 받고 있는 범선이 다른 범선의 진로를 피하여야 한다.

정. 좌현에 바람을 받고 있는 범선은 바람이 불어오는 쪽에 있는 다른 범선을 본 경우로서 그 범선이 바람을 좌우 어느 쪽에 받고 있는지 확인 할 수 없는 때에는 그 범선의 진로를 피하여야 한다.

> **해설**
>
> 각 범선이 다른쪽 현에 바람을 받고 있는 경우에는 좌현에 바람을 받고 있는 범선이 다른 범선의 진로를 피해야 한다.

603 해상교통안전법상 길이 7m 미만이고 최대속력이 7노트 미만인 동력선이 표시해야 하는 등화는? 〈갑〉

갑. 흰색 전주등 1개

을. 흰색 전주등 1개, 선미등 1개

병. 흰색 전주등 1개, 섬광등 1개

정. 현등 1개, 예선등 1개

> **해설** **항행 중인 동력선**
>
> 길이 7m 미만이고 최대속력이 7노트 미만인 동력선이 표시해야 하는 등화는 흰색 전주등 1개만을 표시할 수 있으며, 가능한 경우 현등 1쌍도 표시할 수 있다.

604 해상교통안전법상 해상교통량의 폭주로 충돌사고 발생의 위험성이 있어 통항분리방식이 적용되는 수역이라고 볼 수 없는 곳은? <kbd>갑</kbd>

갑. 영흥도 항로   을. 보길도 항로   병. 홍도 항로   정. 거문도 항로

> 🔔 해설 **통항분리방식이 적용되는 수역**
>
> 통항분리방식이 적용되는 수역은 보길도, 홍도, 거문도 항로 3곳이 지정되어 있다.

605 해상교통안전법상 범선이 기관을 동시에 사용하고 있는 경우 표시하여야 할 형상물로 옳은 것은? <kbd>병</kbd>

갑. 마름모꼴 1개   을. 원형 1개   병. 원뿔꼴 1개   정. 네모형 1개

> 🔔 해설 **항행 중인 범선 등**
>
> 범선이 기관을 동시에 사용하여 진행하고 있는 경우, 앞쪽의 가장 잘 보이는 곳에 원뿔꼴로 된 형상물 1개를 그 꼭대기가 아래로 향하도록 표시하여야 한다.

606 해상교통안전법상 조종제한선에 해당되지 않는 것은? <kbd>을</kbd>

갑. 측량작업 중인 선박   을. 그물을 감아올리고 있는 선박
병. 준설작업 중인 선박   정. 항로표지의 부설작업 중인 선박

> 🔔 해설 **정의**
>
> "조종제한선"이란 선박의 조종성능을 제한하는 작업에 종사하고 있어 다른 선박의 진로를 피할 수 없는 선박을 말한다.
> • 항로표지, 해저전선 또는 해저파이프라인의 부설·보수·인양작업
> • 준설, 측량 또는 수중작업
> • 항행 중 보급, 사람 또는 화물의 이송작업
> • 항공기의 발착작업
> • 기뢰제거작업
> • 진로에서 벗어날 수 있는 능력에 제한을 많이 받는 예인작업

607 해상교통안전법상 유지선의 항법을 설명한 것이다. (   ) 안에 들어갈 말로 바르게 연결된 것은? <kbd>을</kbd>

> 침로와 속력을 유지하여야 하는 선박(유지선)은 피항선이 이 법에 따른 적절한 조치를 취하고 있지 아니하다고 판단되면 스스로의 조종만으로 피항선과 충돌하지 아니하도록 조치를 취할 수 있다. 이 경우 유지선은 부득이하다고 판단되는 경우 외에는 자기 선박의 (   ) 쪽에 있는 선박을 향하여 침로를 (   )으로 변경해서는 안된다.

갑. 좌현-오른쪽   을. 좌현-왼쪽   병. 우현-오른쪽   정. 우현-왼쪽

> 🔔 해설 **유지선의 동작**
>
> 유지선은 부득이하다고 판단하는 경우 외에는 자기 선박의 좌현 쪽에 있는 선박을 향하여 침로를 왼쪽으로 변경하여서는 아니 된다.

608 해상교통안전법상 야간항해 중 상대선박의 양 현등이 보이고, 현등보다 높은 위치에 백색등 이 수직으로 2개 보인다. 이 상대선박과 본선의 조우상태로 옳은 것은? `갑`

갑. 상대선박은 길이 50m 이상의 선박으로 마주치는 상태

을. 상대선박은 길이 50m 미만의 선박으로 마주치는 상태

병. 상대선박은 길이 50m 이상의 선박으로 앞지르기 상태

정. 상대선박은 길이 50m 이상의 선박으로 앞지르기 상태

> **해설** `항행 중인 동력선`
>
> 항행 중인 동력선은 다음 각 호의 등화를 표시하여야 한다.
> • 앞쪽에 마스트등 1개와 그 마스트등보다 뒤쪽의 높은 위치에 마스트등 1개. 다만, 길이 50미터 미만의 동력선은 뒤쪽의 마스트등을 표시하지 아니할 수 있다.
> • 현등 1쌍(길이 20미터 미만의 선박은 이를 대신하여 양색등을 표시할 수 있다.)
> • 선미등 1개

609 해상교통안전법상 선박에서 등화를 표시하여야 하는 시간은? `을`

갑. 해지는 시각 30분 전부터 해뜨는 시각 30분 후까지

을. 해지는 시각부터 해뜨는 시각까지

병. 해지는 시각 30분 후부터 해뜨는 시각 30분 전까지

정. 하루 종일

> **해설**
>
> 선박은 주간에는 형상물을, 야간에는 등화를 통해 본선의 양태를 표시한다. 등화표시는 해지는 시각부터 해뜨는 시각까지로 규정하고 있다.

610 해상교통안전법상 항행 중인 공기부양정은 항행 중인 동력선이 표시해야 할 등화와 함께 추가로 표시하여야 하는 등화로 옳은 것은? `을`

갑. 황색 예선등   을. 황색 섬광등

병. 홍색 섬광등   정. 흰색 전주등

> **해설** `항행 중인 동력선`
>
> 수면에 떠 있는 상태로 항행 중인 공기부양정은 사방을 비출 수 있는 황색의 섬광등 1개를 표시해야 한다.

611 해상교통안전법상 항행 중인 범선이 표시해야 하는 등화로 옳은 것은? `갑`

갑. 현등 1쌍, 선미등 1개   을. 마스트등 1개, 현등 1쌍

병. 현등 1쌍, 황색 섬광등 1개   정. 마스트등 1개

> **해설**
>
> 항행 중인 범선은 현등 1쌍, 선미등 1개의 등화를 표시해야 한다.

612 해상교통안전법상 트롤 외 어로에 종사하고 있는 선박이 항행 여부와 관계없이 수직선에 표시하여야 하는 등화의 색깔로 옳은 것은? [정]

갑. 위 : 붉은색, 아래 : 녹색

을. 위 : 녹색, 아래 : 흰색

병. 위 : 녹색, 아래 : 붉은색

정. 위 : 붉은색, 아래 : 흰색

> **해설 [어선]**
> - 수직선 위에는 붉은색, 아래는 흰색전주등 1개 또는 수직선 위에 두 개의 원뿔을 그 꼭대기에서 위아래로 결합한 형상물 1개
> - 수평거리로 150미터가 넘는 어구를 선박 밖으로 내고 있는 경우 어구를 내고 있는 방향으로 흰색 전주등 1개 또는 꼭대기를 위로 한 원뿔꼴의 형상물 1개

613 해상교통안전법상 흘수제약선이 동력선의 등화에 덧붙여 표시하여야 할 등화로 옳은 것은? [병]

갑. 붉은색 전주등 1개   을. 붉은색 전주등 2개

병. 붉은색 전주등 3개   정. 붉은색 전주등 4개

> **해설 [흘수제약선]**
> 흘수제약선은 동력선의 등화에 덧붙여 가장 잘 보이는 곳에 붉은색 전주등 3개를 수직으로 표시하거나 원통형의 형상물 1개를 표시할 수 있다.

614 해상교통안전법상 도선업무에 종사하고 있는 선박이 표시하여야 할 등화의 색깔로 옳은 것은? [갑]

갑. 마스트의 꼭대기나 그 부근에 수직선 위쪽에는 흰색 전주등, 아래쪽에는 붉은색 전주등 각 1개

을. 마스트의 꼭대기나 그 부근에 수직선 위쪽에는 녹색 전주등, 아래쪽에는 흰색 전주등 각 1개

병. 마스트의 꼭대기나 그 부근에 수직선 위쪽에는 황색 전주등, 아래쪽에는 황색 전주등 각 1개

정. 마스트의 꼭대기나 그 부근에 수직선 위쪽에는 흰색 전주등, 아래쪽에는 흰색 전주등 각 1개

> **해설 [도선선]**
> 도선업무에 종사하고 있는 선박은 다음의 등화나 형상물을 표시하여야 한다.
> - 마스트의 꼭대기나 그 부근에 수직선 위쪽에는 흰색 전주등, 아래쪽에는 붉은색 전주등 각 1개
> - 항행 중에는 등화에 덧붙여 현등 1쌍과 선미등 1개
> - 정박 중에는 등화에 덧붙여 정박하고 있는 선박의 등화나 형상물
> ※ 도선선이 도선업무에 종사하지 아니할 때에는 그 선박과 같은 길이의 선박이 표시하여야 할 등화나 형상물을 표시하여야 한다.

615 해상교통안전법상 정박 중인 선박이 가장 잘 보이는 곳에 표시하여야 할 형상물로 옳은 것은? `갑`

갑. 둥근꼴의 형상물 1개   을. 둥근꼴의 형상물 2개

병. 원통형의 형상물 2개   정. 마름모꼴의 형상물 1개

> **해설 정박선과 얹혀있는 선박**
>
> 정박 중인 선박은 잘 보이는 곳에 다음의 등화나 형상물을 표시해야 한다.
> • 앞쪽에 흰색의 전주등 1개 또는 둥근꼴의 형상물 1개
> • 선미나 그 부근에 위호에 따른 등화보다 낮은 위치에 흰색 전주등 1개

616 해상교통안전법상 얹혀있는 선박이 가장 잘 보이는 곳에 표시하여야 할 형상물로 옳은 것은? `정`

갑. 수직으로 둥근꼴의 형상물 1개   을. 수직으로 둥근꼴의 형상물 2개

병. 수평으로 둥근꼴의 형상물 2개   정. 수직으로 둥근꼴의 형상물 3개

> **해설 정박선과 얹혀있는 선박**
>
> 얹혀있는 선박은 가장 잘 보이는 곳에 다음의 등화나 형상물을 표시해야 한다.
> • 수직으로 붉은색의 전주등 2개
> • 수직으로 둥근꼴의 형상물 3개

617 해상교통안전법상 항행장애물의 위험성 결정에 필요한 사항으로 옳지 않은 것은? `병`

갑. 항행장애물의 크기, 형태, 구조   을. 항행장애물의 상태 및 손상의 형태

병. 항행장애물의 가치   정. 해당 수역의 수심 및 해저의 지형

> **해설 항행장애물의 위험성 결정에 필요한 사항**
>
> • 항행장애물의 크기·형태 및 구조
> • 항행장애물의 상태 및 손상의 형태
> • 해당 수역의 수심 및 해저의 지형 등
> ※ 항행장애물의 가치는 위험성 결정에 필요 사항이 아니다.

618 해상교통안전법상 위험물의 정의로 해당하지 않는 것은? `갑`

갑. 고압가스 중 인화가스로서 총톤수 500톤 이상의 선박에 산적된 것

을. 인화성 액체류로서 총톤수 1천톤 이상의 선박에 산적된 것

병. 200톤 이상의 유기과산화물로서 총톤수 300톤 이상의 선박에 적재된 것

정. 해당 위험물을 내린 후 선박 내에 남아있는 인화성 가스로서 화재 또는 폭발의 위험이 있는 것

> **해설 위험물의 범위**
>
> 고압가스 중 인화성 가스로서 총톤수 1천톤 이상의 선박에 산적된 것

619 해상교통안전법상 해양수산부장관의 허가를 받지 아니하고도 보호수역에 입역할 수 있는 사항으로 옳지 않은 것은? 정

갑. 선박의 고장이나 그 밖의 사유로 선박 조종이 불가능한 경우

을. 해양사고를 피하기 위하여 부득이한 사유가 있는 경우

병. 인명을 구조하거나 급박한 위험이 있는 선박을 구조하는 경우

정. 관계 행정기관의 장이 해상에서 관광을 위한 업무를 하는 경우

> **해설**
>
> 누구든지 보호수역에 입역하기 위해서는 해수부장관의 허가를 받아야 하나, 허가를 받지 아니하고 보호수역에 입역할 수 있는 경우는 다음과 같다.
> • 선박의 고장이나 그 밖의 사유로 선박 조종이 불가능한 경우
> • 해양사고를 피하기 위하여 부득이한 사유가 있는 경우
> • 인명을 구조하거나 또는 급박한 위험이 있는 선박을 구조하는 경우
> • 관계 행정기관의 장이 해상에서 안전 확보를 위한 업무를 하는 경우
> • 해양시설을 운영하거나 관리하는 기관이 보호수역에 들어가려고 하는 경우

620 해상교통안전법상 해양경찰서장이 항로에서 수상레저행위를 하도록 허가를 한 경우 그 허가를 취소하거나 해상교통안전에 장애가 되지 아니하도록 시정을 명할 수 있는 사유로 옳지 않은 것은? 을

갑. 항로의 해상교통여건이 달라진 경우

을. 허가조건을 잊은 경우

병. 거짓으로 허가를 받은 경우

정. 정박지 해상교통 여건이 달라진 경우

> **해설 항로 등의 보전**
>
> 해양경찰서장이 해상교통안전에 장애가 되지 아니한다고 인정되어 승인해준 경우, 다음에 해당하면 그 허가를 취소하거나 시정을 명할 수 있다.
> • 항로나 정박지 등 해상교통여건이 달라진 경우
> • 허가조건을 위반한 경우
> • 거짓이나 그 밖의 부정한 방법으로 허가를 받은 경우

621 해상교통안전법상 해양사고의 발생사실과 조치 사실을 신고하여야 하는 대상은? 병

갑. 광역시장

을. 해양수산부장관

병. 해양경찰서장

정. 관세청장

> **해설 해양사고가 일어나는 경우의 조치**
>
> 선장이나 소유자는 해양사고가 일어나 선박이 위험하게 되거나 항행안전에 위험을 줄 우려가 있는 경우 지체없이 해양경찰서장이나 지방해양수산청장에게 신고해야 한다.

622 해상교통안전법상 항만의 수역 또는 어항의 수역에서는 해상교통의 안전에 장애가 되는 스킨다이빙, 스쿠버다이빙, 윈드서핑 등의 행위를 하여서는 아니 된다. 이러한 수상레저 행위를 할 수 있도록 허가할 수 있는 관청은? 정

갑. 대통령　　　　　　　　　　　　　을. 해양수산부장관
병. 해양수산청장　　　　　　　　　　정. 해양경찰서장

> 🚢 **해설** 항로 등의 보전
>
> 누구든지 「항만법」 제2조제1호에 따른 항만의 수역 또는 「어촌·어항법」 제2조제3호에 따른 어항의 수역 중 대통령령으로 정하는 수역에서는 해상교통의 안전에 장애가 되는 스킨다이빙, 스쿠버다이빙, 윈드서핑 등 대통령령으로 정하는 행위를 하여서는 아니 된다. 다만, 해상교통안전에 장애가 되지 아니한다고 인정되어 해양경찰서장의 허가를 받은 경우와 「체육시설의 설치·이용에 관한 법률」 제20조에 따라 신고한 체육시설업과 관련된 해상에서 행위를 하는 경우에는 그러하지 아니하다.

623 해상교통안전법상 선박에 해양사고가 발생한 경우 선장이 관할관청에 신고하도록 규정된 내용으로 옳지 않은 것은? 정

갑. 해양사고 발생일시 및 장소　　　　을. 조치사항
병. 사고개요　　　　　　　　　　　　정. 상대선박의 소유자

> 🚢 **해설** 해양사고가 발생한 경우 선장이 관할관청에 보고하는 내용
>
> • 해양사고 발생일시 및 장소
> • 선박의 명세
> • 사고개요 및 피해상황
> • 조치사항
> • 그 밖에 해양사고의 처리 및 항행안전을 위하여 해수부장관이 필요하다고 인정되는 사항
> ※ 상대선박의 소유자는 보고 사항이 아니다.

624 해상교통안전법상 항로 등을 보전하기 위하여 항로상에서 제한하는 행위로 옳지 않은 것은? 정

갑. 선박의 방치　　　　　　　　　　을. 어망의 설치
병. 폐어구 투기　　　　　　　　　　정. 항로 지정 고시

> 🚢 **해설** 항로 등의 보전
>
> 누구든지 항로에서 선박의 방치, 어망 등 어구의 설치나 투기 행위를 해서는 아니 된다.

625 해상교통안전법의 내용 중 (　) 안에 적합한 것은? 을

> 누구든지 수역 등 또는 수역 등의 밖으로부터 (　) 이내의 수역에서 선박 등을 이용하여 수역등이나 항로를 점거하거나 차단하는 행위를 함으로써 선박통항을 방해해서는 아니 된다.

갑. 5km　　　　　　　　　　　　　을. 10km
병. 15km　　　　　　　　　　　　정. 20km

626 해상교통안전법상 선박안전관리증서의 유효기간은 얼마인가?　　　　　　　　　　병

갑. 1년　　　　　　　　　　　　　　　　　을. 3년

병. 5년　　　　　　　　　　　　　　　　　정. 9년

> 🛟 해설　**선박안전관리증서 등의 발급**
>
> 선박안전관리증서와 안전관리적합증서의 유효기간은 5년으로 한다.

627 해상교통안전법상 술에 취한 상태에서의 조타기 조작 등 금지에 대한 설명으로 옳지 않은 것은?　　병

갑. 총톤수 5톤 미만의 선박도 대상이 된다.

을. 해양경찰청 소속 경찰공무원은 운항을 하기 위해 조타기를 조작하거나 조작할 것을 지시하는 사람이 술에 취하였는지 측정할 수 있으며, 해당 운항자 또는 도선사는 이 측정 요구에 따라야 한다.

병. 술에 취하였는지를 측정한 결과에 불복하는 사람에 대해서는 해당 운항자 또는 도선사의 동의없이 혈액채취 등의 방법으로 다시 측정할 수 있다.

정. 해양경찰서장은 운항자 또는 도선사가 정상적으로 조타기를 조작하거나 조작할 것을 지시할 수 있는 상태가 될 때까지 필요한 조치를 취할 수 있다.

> 🛟 해설　**술에 취한 상태에서의 조타기 조작 등 금지**
>
> 측정 결과에 불복하는 사람에 대해서는 해당 운항자 또는 도선사의 동의를 받아 혈액을 채취할 수 있다.

628 해상교통안전법상 항행안전을 위해 음주 중의 조타기 조작 등 금지에 대한 설명으로 옳지 않은 것은?　　병

갑. 누구든지 술에 취한 상태에서 운항을 위하여 조타기를 조작하거나 그 조작을 지시해서는 아니된다.

을. 해양경찰청 소속 경찰공무원은 해상교통의 안전과 위험방지를 위하여 선박 운항자가 술에 취하였는지 측정할 수 있다.

병. 술에 취한 상태의 기준은 혈중 알콜농도 0.08% 이상으로 한다.

정. 측정한 결과에 불복한 경우에 혈액채취 등의 방법으로 다시 측정할 수 있다.

> 🛟 해설　**술에 취한 상태에서의 조타기 조작 등 금지**
>
> 술에 취한 상태의 기준은 혈중 알콜농도 0.03% 이상으로 한다.

629 해상교통안전법상 충돌을 피하기 위한 동작으로 옳지 않은 것은? 갑

갑. 충돌을 피하거나 상황을 판단하기 위한 시간적 여유를 얻기 위해 필요하면 전속으로 항진하여 다른 선박을 빨리 비켜나야 한다.

을. 될 수 있으면 충분한 시간적 여유를 두고 적극적으로 조치해야 한다.

병. 적절한 시기에 큰 각도로 침로를 변경해야 한다.

정. 침로나 속력을 소폭으로 연속적으로 변경해서는 아니된다.

> **해설** **충돌을 피하기 위한 동작**
>
> 충돌을 피하기 위한 동작으로 속력을 감속하여 타 선박과의 조우관계를 파악해야 한다. 전속 항진하여 다른 선박을 빨리 비켜나는 행위는 사고요인이 된다.

630 해상교통안전법에서 정의하고 있는 시계상태에 대한 설명으로 옳지 않은 것은? 병

갑. 모든 시계 상태

을. 서로 시계 안에 있는 상태

병. 유효한 시계안에 있는 상태

정. 제한된 시계

> **해설** **선박의 항법 등에서 규정하는 시계 상태**
>
> 모든 시계 상태에서의 항법, 선박이 서로 시계 안에 있는 때의 항법, 제한된 시계에서의 선박의 항법
> ※ "유효한 시계 안에 있는 상태"의 항법은 규정에 없다.

631 해상교통안전법상 통항분리대 또는 분리선을 횡단하여서는 안되는 경우는? 정

갑. 통항로를 횡단하는 경우

을. 통항로에 출입하는 경우

병. 급박한 위험을 피하기 위한 경우

정. 길이 20미터 이상의 선박

> **해설** **통항분리대 또는 분리선을 횡단할 수 있는 경우**
>
> • 길이 20미터 미만의 선박
> • 범선
> • 어로에 종사하고 있는 선박
> • 인접한 항구로 입출항 하는 선박
> • 연안통항대 안에 있는 해양시설 또는 도선사의 승하선 장소에 출입하는 선박
> • 급박한 위험을 피하기 위한 선박

632 해상교통안전법상 시계가 제한된 수역이나 그 부근에 정지하여 대수속력이 없는 동력선이 울려야 하는 기적신호는? 갑

갑. 장음 사이의 간격을 2초 정도로 연속하여 장음을 2회 울리되, 2분을 넘지 아니하는 간격으로 울려야 한다.

을. 장음 사이의 간격을 3초 정도로 연속하여 장음을 3회 울리되, 2분을 넘지 아니하는 간격으로 울려야 한다.

병. 장음 사이의 간격을 2초 정도로 연속하여 장음을 3회 울리되, 3분을 넘지 아니하는 간격으로 울려야 한다.

정. 장음 사이의 간격을 3초 정도로 연속하여 장음을 2회 울리되, 2분을 넘지 아니하는 간격으로 울려야 한다.

> **해설** 제한된 시계 안에서의 음향신호
> • 항행 중인 동력선은 대수속력이 있는 경우 2분을 넘지 아니하는 간격으로 장음 1회
> • 항행 중인 동력선은 정지하여 대수속력이 없는 경우 장음 사이의 간격을 2초 정도로 연속하여 장음을 2회 울리되 2분을 넘지 아니하는 간격으로 울려야 한다.

633 해상교통안전법상 섬광등에 대한 설명으로 맞는 것은? 병

갑. 360도에 걸치는 수평의 호를 비추는 등화로서 일정한 간격으로 30초에 120회 이상 섬광을 발하는 등

을. 125도에 걸치는 수평의 호를 비추는 등화로서 일정한 간격으로 30초에 120회 이상 섬광을 발하는 등

병. 360도에 걸치는 수평의 호를 비추는 등화로서 일정한 간격으로 60초에 120회 이상 섬광을 발하는 등

정. 135도에 걸치는 수평의 호를 비추는 흰색등

> **해설** 섬광등
> 360도 수평의 호를 비추는 1분에 120회 섬광을 발하는 등

634 해상교통안전법상 기적이나 사이렌을 단음으로 5회 울리는 것은 무엇을 뜻하는 신호인가? 정

갑. 주의환기신호   을. 조종신호
병. 추월동의신호   정. 의문, 경고신호

> **해설**
> 다른 선박의 의도 또는 동작을 이해할 수 없거나 다른 선박이 충돌을 피하기 위하여 충분한 동작을 취하고 있는지 불분명할 때에는 단음 5회 이상으로 표시한다.

635 해상교통안전법상 선박의 왼쪽에 설치하는 현등의 색깔은 무엇인가? `갑`

갑. 적색 　　　　 을. 녹색 　　　　 병. 황색 　　　　 정. 흰색

> **해설**
>
> 현등의 좌현은 적색, 우현은 녹색이다.

636 해상교통안전법상 선박의 음향신호 중 단음은 어느 정도 계속되는 소리를 말하는가? `을`

갑. 0.5초 　　　　　　　　　 을. 1초
병. 2초 　　　　　　　　　 정. 4~6초

> **해설** `기적의 종류`
>
> 단음은 1초, 장음은 4~6초이다.

637 해상교통안전법상 선박의 음향신호 중 장음은 어느 정도 계속되는 소리를 말하는가? `정`

갑. 1~2초 　　　　　　　　　 을. 2~3초
병. 3~4초 　　　　　　　　　 정. 4~6초

> **해설** `기적의 종류`
>
> 단음은 1초, 장음은 4~6초이다.

638 해상교통안전법의 목적으로 옳지 않은 것은? `을`

갑. 선박의 안전운항을 위한 안전관리 체계를 확립
을. 항만 및 항만구역의 통항로 확보
병. 선박항행과 관련된 모든 위험과 장해를 제거함
정. 해사안전 증진과 선박의 원활한 교통에 이바지함

> **해설** `해상교통안전법의 목적`
>
> 수역 안전관리, 해상교통 안전관리, 선박·사업장의 안전관리 및 선박의 항법 등 선박의 안전운항을 위한 안전관리체계에 관한 사항을 규정함으로써 선박항행과 관련된 모든 위험과 장해를 제거하고 해사안전 증진과 선박의 원활한 교통에 이바지함을 목적으로 한다.

639 해상교통안전법상 선박길이 20미터 이상인 선박이 비치하여야 하는 최소한의 음향신호 설비는? `병`

갑. 기적 　　　　　　　　　 을. 호종
병. 기적과 호종 　　　　　　 정. 기적, 호종, 징

> **해설**
>
> • 길이 12미터 이상의 선박 : 기적 1개
> • 길이 20미터 이상의 선박 : 기적과 호종 각 1개

640 해상교통안전법상 음향신호장비로서 기적, 호종, 징을 비치하여야 하는 선박의 최소길이는? 병

갑. 12미터

을. 50미터

병. 100미터

정. 120미터

> **해설**
>
> 길이 100미터 이상의 선박은 기적, 호종, 그리고 혼동되지 아니하는 음조와 소리를 가진 징을 갖추어야 한다.

641 해상교통안전법상 항행 중인 동력선이 침로를 왼쪽으로 변경하고 있는 경우에 발하는 기적신호는? 갑

갑. 단음 2회

을. 단음 1회

병. 장음 2회

정. 단음 3회

> **해설**
>
> • 오른쪽으로 변경 시 : 단음 1회
> • 왼쪽으로 변경 시 : 단음 2회
> • 후진 시 : 단음 3회

642 해상교통안전법상 좁은 수로에서 피추월선의 추월선에 대한 추월동의신호는? 정

갑. 단음2, 장음2, 단음1, 장음2

을. 단음1, 장음1, 단음1, 장음1

병. 단음2, 장음1, 단음1, 장음2

정. 장음1, 단음1, 장음1, 단음1

> **해설** 조종신호와 경고신호(선박이 좁은 수로 등에서 서로 상대의 시계 내에 있는 경우)
>
> • 타선의 우현으로 앞지르기하려는 경우 : 장음2회, 단음1회(장-장-단)
> • 타선의 좌현으로 앞지르기하려는 경우 : 장음2회, 단음2회(장-장-단-단)
> • 타선의 앞지르기에 동의할 경우 : 장음1회, 단음1회(장-단-장-단)

643 해상교통안전법상 시운전 금지해역에서 금지되는 시운전의 대상으로 옳은 것은? 갑

갑. 길이 100미터 이상의 선박

을. 길이 200미터 이상의 선박

병. 길이 300미터 이상의 선박

정. 길이 500미터 이상의 선박

> **해설** 시운전금지해역의 설정
>
> 누구든지 충돌 등 해양사고를 방지하기 위하여 시운전을 금지한 해역에서 길이 100미터 이상의 선박에 대하여 해양수산부령으로 정하는 시운전을 하여서는 아니 된다.

644 해상교통안전법상 거대선, 위험화물운반선 등이 교통안전특정해역을 항행하려는 경우 항행 안전을 확보하기 위해 해양경찰서장이 명할 수 있는 것으로 가장 옳지 않은 것은? 정

갑. 통항 시각의 변경

을. 항로의 변경

병. 속력의 제한

정. 선박통항이 많은 경우 선박의 항행제한

> **해설**
>
> 해양경찰서장은 교통안전특정해역의 항행안전 확보를 위하여 다음을 명할 수 있다.
> - 통항 시각의 변경
> - 항로의 변경
> - 제한된 시계의 경우 선박의 항행 제한
> - 속력의 제한
> - 안내선의 사용

645 해상교통안전법에서 정하고 있는 항로에서의 금지행위로 옳지 않은 것은? 정

갑. 선박의 방치

을. 어망의 설치

병. 어구의 투기

정. 폐기물의 투기

> **해설**
>
> 누구든지 항로에서 선박의 방치, 어망 등 어구의 설치나 투기 행위를 해서는 아니 된다.

646 해상교통안전법상 통항분리수역에서의 항법으로 옳지 않은 것은? 을

갑. 통항로 안에서는 정하여진 진행방향으로 항행할 것

을. 통항분리수역에서 서로시계의 횡단관계가 형성되어도 분리대 진행방향으로 항행하는 선 박이 유지선이 됨

병. 분리선이나 분리대 내에서 될 수 있으면 떨어져서 항해할 것

정. 선박은 통항로를 부득이한 경우를 제외하고 횡단해서는 아니 된다.

> **해설** **통항분리제도**
>
> - 통항로 안에서는 정하여진 진행방향으로 항행할 것
> - 분리선이나 분리대에서 될 수 있으면 떨어져서 항행할 것
> - 통항로의 출입구를 통하여 출입하는 것을 원칙으로 하되, 통항로의 옆쪽으로 출입하는 경우에는 그 통항 로에 대하여 정하여진 선박의 진행방향에 대하여 될 수 있으면 작은 각도로 출입할 것
> - 선박은 통항로를 횡단하여서는 아니 된다. 다만, 부득이한 사유로 그 통항로를 횡단하여야 하는 경우에는 그 통항로와 선수방향(船首方向)이 직각에 가까운 각도로 횡단하여야 한다.

647 해상교통안전법상 좁은 수로 등에서의 항행에 대한 설명으로 옳지 않은 것은? 　갑

갑. 길이 30미터 미만의 선박이나 범선은 좁은 수로 등의 안쪽에서만 안전하게 항행 할 수 있는 다른 선박의 통항을 방해해서는 아니 된다.

을. 어로에 종사하고 있는 선박은 좁은 수로 등의 안쪽에서 항행하고 있는 다른 선박의 통항을 방해해서는 아니 된다.

병. 선박의 좁은 수로 등의 안쪽에서만 안전하게 항행할 수 있는 다른 선박의 통항을 방해하게 되는 경우에는 좁은 수로 등을 횡단해서는 아니 된다.

정. 추월선은 좁은 수로 등에서 추월당하는 선박이 추월선을 안전하게 통과시키기 위한 동작을 취하지 아니하면 추월할 수 없는 경우에는 기적신호를 하여 추월하겠다는 의사를 나타내야 한다.

> 🔑 해설 **좁은 수로 등**
>
> 길이 20미터 미만의 선박이나 범선은 좁은 수로 등의 안쪽에서 안전하게 항행할 수 있는 다른 선박의 통항을 방해해서는 아니 된다.

648 해상교통안전법상 연안통항대에 대한 설명으로 옳지 않은 것은? 　을

갑. 연안통항대란 통항분리수역의 육지쪽 경계선과 해안사이의 수역을 말한다.

을. 선박은 연안통항대에 인접한 통항분리수역의 통항로를 안전하게 통과할 수 있는 경우 연안통항대를 따라 항행할 수 있다.

병. 인접한 항구로 입출항하는 선박은 연안통항대를 따라 항행할 수 있다.

정. 연안통항대 인근에 있는 해양시설에 출입하는 선박은 연안통항대를 따라 항행할 수 있다.

> 🔑 해설 **통항분리제도**
>
> 선박은 연안통항대에 인접한 통항분리수역의 통항로를 안전하게 통과할 수 있는 경우에는 연안통항대를 따라 항행해서는 아니 된다.

649 해상교통안전법상 통항분리수역의 항행 시 준수사항으로 옳지 않은 것은? 　병

갑. 통항로 안에서는 정하여진 진행방향으로 항행할 것

을. 분리선이나 분리대에서 될 수 있으면 떨어져서 항행할 것

병. 통항로의 옆쪽으로 출입하는 경우에는 그 통항로에 대하여 정하여진 선박의 진행방향에 대하여 될 수 있으면 대각도로 출입할 것

정. 부득이한 사유로 통항로를 횡단하여야 하는 경우 통항로와 선수방향이 직각에 가까운 각도로 횡단할 것

> 🔑 해설 **통항분리제도**
>
> 통항로의 옆쪽으로 출입하는 경우에는 될 수 있으면 작은 각도로 출입할 것
> ※ 통항로의 출입구를 통하여 출입하는 것이 원칙이다.

650 해상교통안전법상 선박 A는 침로 000도, 선박 B는 침로가 185도로서 마주치는 상태이다. 이때 A 선박이 취해야 할 행동은? `정`

갑. 현 침로를 유지한다.

을. 좌현으로 변침한다.

병. 우현 대 우현으로 통과할 수 있도록 변침한다.

정. 우현으로 변침한다.

> **해설**
>
> 상호시계항법 중 마주치는 상태의 항법은 본선과 타선의 정선수 좌우현 각 6도상에서 마주치는 상태에서의 항법을 말하는 것으로서 선박 B가 174~186도상에 위치해 있을 때는 이 마주치는 항법이 적용되며, 우현 변침(좌현 대 좌현)으로 항행하는 것이 맞다.

651 해상교통안전법상 선박이 야간에 서로 마주치는 상태는 어떤 경우인가? `갑`

갑. 정선수방향에서 다른 선박의 홍등과 녹등이 동시에 보일 때

을. 좌현 선수에 홍등이 보일 때

병. 우현 선수에 홍등이 보일 때

정. 우현 선수에 녹등이 보일 때

> **해설**
>
> 마주치는 상태란 상대선의 좌우현이 모두 보이는 경우로서, 양현등(좌현 홍등, 우현 녹등)이 모두 보이는 경우를 말한다.

652 해상교통안전법상 추월선이란 다른 선박의 정횡으로부터 (   )도를 넘는 (   )의 위치로부터 (   )을 앞지르는 선박을 말한다. (   ) 안에 들어갈 말로 맞는 것은? `갑`

갑. 22.5, 후방, 다른 선박

을. 22.5, 후방, 자선

병. 25.5, 후방, 자선

정. 25.5, 전방, 다른 선박

> **해설**
>
> 앞지르기를 할 때는 다른 선박의 정횡으로부터 22.5도를 넘는 후방의 위치로부터 다른 선박을 앞지르는 것을 말하는데, 이는 선미등이 보이는 가시거리에 있다는 것을 의미한다.

653 해상교통안전법상 야간에 다음 등화 중 어떤 등화를 보면서 접근하는 선박이 추월선인가? `병`

갑. 마스트등

을. 현등

병. 선미등

정. 정박등

> **해설**
>
> 추월선이 피추월선을 앞지를 때는 다른 선박의 정횡으로부터 22.5도를 넘는 후방의 위치로부터 타선을 앞지르는 것을 말하는데, 이는 선미등이 보이는 가시거리에 있다는 것을 의미한다.

654 해상교통안전법상 서로 시계 내에서 진로 우선권이 가장 큰 선박은? `정`

갑. 어로에 종사하고 있는 항행 중인 선박   을. 범선

병. 동력선   정. 흘수제약선

> 🔅 해설 `선박 사이의 책무`
>
> 항행 중인 선박은 동력선 〈 범선 〈 어로에 종사하고 있는 선박 〈 조종불능선 = 조종제한선 순위에 따라 항행한다. 조종불능선이나 조종제한선이 아닌 선박은 부득이하다고 인정되는 경우 외에는 흘수제약선의 통항을 방해해서는 아니 된다.

655 해상교통안전법상 삼색등에서의 삼색으로 알맞게 짝지은 것은? `병`

갑. 붉은색, 녹색, 황색   을. 황색, 흰색, 녹색

병. 붉은색, 녹색, 흰색   정. 황색, 흰색, 붉은색

> 🔅 해설 `등화`
>
> 삼색등이란, 선수와 선미의 중심선상에 설치된 붉은색, 녹색, 흰색으로 구성된 등이다.

656 해상교통안전법상 항행 중인 동력선이 표시하여야 하는 등화로 옳지 않은 것은? `정`

갑. 앞쪽에 마스트등 1개와 그 마스트등보다 뒤쪽의 높은 위치에 마스트등 1개

을. 현등 1쌍

병. 선미등 1개

정. 섬광등 1개

> 🔅 해설 `항행 중인 동력선`
>
> 항행 중인 동력선은 다음 등화를 표시하여야 한다.
> - 앞쪽에 마스트등 1개와 그 마스트등보다 뒤쪽의 높은 위치에 마스트등 1개(단, 길이 50미터 미만의 동력선은 뒤쪽의 마스트등을 표시하지 아니할 수 있다.)
> - 현등 1쌍(길이 20미터 미만의 선박은 이를 대신하여 양색등을 표시할 수 있다.)
> - 선미등 1개

657 해상교통안전법상 상호시계에 있는 동력선과 범선이 마주치는 상태에 있을 때 두 선박의 피항의무는 어떻게 되는가? `갑`

갑. 동력선이 범선의 진로를 피한다.

을. 범선이 동력선의 진로를 피한다.

병. 동력선과 범선은 각각 우현으로 피한다.

정. 동력선과 범선은 각각 좌현으로 피한다.

> 🔅 해설 `선박 사이의 책무`
>
> 항행 중인 동력선은 조종불능선, 조종제한선, 어로종사선, 범선의 진로를 피한다.

658 해상교통안전법상 어로에 종사하는 선박이 범선을 오른편에 두어 횡단상태에 있을 때 두 선박의 피항의무로 옳은 것은? `병`

갑. 어로에 종사하는 선박이 우현 변침하여 범선의 진로를 피하여야 한다.

을. 두 선박 모두 피항의무를 가지며, 각각 우현 변침해야 한다.

병. 범선이 어로에 종사하는 선박의 진로를 피한다.

정. 범선과 어로에 종사하는 선박은 각각 좌현으로 피한다.

> **해설** 선박 사이의 책무
>
> 항행 중인 범선은 조종불능선, 조종제한선, 어로에 종사하고 있는 선박의 진로를 피해야 한다.

659 해상교통안전법상 수면비행선박은 항행 중인 동력선이 표시해야 할 등화와 함께 어떤 등화를 추가로 표시해야 하는가? `병`

갑. 황색 예선등   을. 황색 섬광등

병. 홍색 섬광등   정. 흰색 전주등

> **해설** 항행 중인 동력선
>
> 수면비행선박이 비행하는 경우에는 항행 중인 동력선의 등화에 덧붙여 사방을 비출 수 있는 고광도 홍색 섬광등 1개를 표시해야 한다.

660 해상교통안전법상 본선은 야간항해 중 상대선박과 서로 시계 내에서 근접하여 횡단관계로 조우하여 상대 선박의 현등 중 홍등을 관측하고 있다. 이 선박이 취해야 할 행동으로 옳지 않은 것은? `정`

갑. 우현 변침

을. 상대선박의 선미통과

병. 변침만으로 피하기 힘들 경우 속력을 감소한다.

정. 정선한다.

> **해설** 횡단하는 상태
>
> 2척의 동력선이 상대의 진로를 횡단하는 경우로서 충돌의 위험이 있을 때에는 다른 선박을 우현 쪽에 두고 있는 선박이 그 다른 선박의 진로를 피하여야 한다. 이 경우 다른 선박의 진로를 피하여야 하는 선박은 부득이한 경우 외에는 그 다른 선박의 선수 방향을 횡단하여서는 아니 된다.

661 해상교통안전법상 음향신호 설비에 대한 설명이다. 가장 옳지 않은 것은? `정`

갑. 기적이란 단음과 장음을 발할 수 있는 음향신호 장치이다.

을. 단음은 1초 정도 계속되는 고동 소리를 말한다.

병. 장음이란 4초부터 6초까지의 시간 동안 계속되는 고동 소리를 말한다.

정. 길이 12미터 이상의 선박은 기적 1개를, 길이 50미터 이상의 선박은 기적 1개 및 호종 1개를 갖추어 두어야 한다.

662 해상교통안전법상 호종과 혼동되지 아니하는 음조와 소리를 가진 징을 비치하여야 하는 선박으로 옳은 것은?　　정

갑. 길이 12미터 미만의 선박　　　　　　을. 길이 12미터 이상의 선박

병. 길이 20미터 이상의 선박　　　　　　정. 길이 100미터 이상의 선박

- 해설

  길이 100미터 이상의 선박은 기적 1개 및 호종 1개에 덧붙여 징을 갖추어야 한다.

663 해상교통안전법상 항행 중인 동력선이 상대 선박과 서로 시계 안에 있는 경우, 기관 후진 시 기적신호로 옳은 것은?　　병

갑. 단음 1회　　　　을. 단음 2회　　　　병. 단음 3회　　　　정. 장음 1회

- 해설
  - 단음 1회 : 우현 변침
  - 단음 3회 : 기관후진
  - 단음 2회 : 좌현변침
  - 장음 1회 : 만곡부 신호

664 해상교통안전법상 선박이 좁은 수로 등에서 서로 시계 안에 있는 경우, 추월당하는 선박이 다른 선박의 추월에 동의할 경우, 동의의사의 표시방법으로 옳은 것은?　　병

갑. 장음 2회, 단음 1회의 순서로 의사표시한다.

을. 장음 2회와 단음 2회의 순서로 의사표시한다.

병. 장음 1회, 단음 1회의 순서로 2회에 걸쳐 의사표시한다.

정. 단음 1회, 장음 1회, 단음 1회의 순서로 의사표시한다.

- 해설 **조종신호와 경고신호**

  선박이 좁은 수로 등에서 서로 상대의 시계 안에 있는 경우, 우현으로 추월 시 장-장-단, 좌현으로 추월 시 장-장-단-단, 피출월선의 동의표시 장-단-장-단(━ · ━ ·)

665 해상교통안전법상 좁은 수로 등의 굽은 부분이나 장애물 때문에 다른 선박을 볼 수 없는 수역에 접근하는 선박의 기적 신호로 옳은 것은?　　병

갑. 단음 1회　　　　을. 단음 2회　　　　병. 장음 1회　　　　정. 장음 2회

- 해설 **조종신호와 경고신호**

  좁은 수로 등의 굽은 부분이나 장애물 때문에 타선을 볼 수 없는 경우 만곡부 신호 장음 1회를 울려야 하고, 상대 선박은 이 기적신호를 들은 경우에는 응답신호로서 장음 1회를 울려야 한다.

666 〈보기〉의 (   )에 들어갈 순서로 옳은 것은?　　　　　　　　　　　　　　　　정

> **보기**
>
> 해상교통안전법상 항행 중인 동력선은 대수 속력이 있는 경우에는 (A)을 넘지 아니하는
> 간격으로 (B)를 울려야 한다.

갑. A : 2분, B : 단음 2회

을. A : 1분, B : 단음 2회

병. A : 1분, B : 장음 1회

정. A : 2분, B : 장음 1회

> **해설**　**제한된 시계 안에서의 음향신호**
>
> • 항행 중인 동력선은 대수 속력이 있는 경우 2분을 넘지 않는 간격으로 장음 1회
> • 항행 중인 동력선은 대수 속력이 없는 경우 2분을 넘지 않는 간격으로 장음 2회

667 해상교통안전법상 조종제한선에 표시하여야 하는 등화 또는 형상물로 옳은 것은?　　　병

갑. 가장 잘 보이는 곳에 수직으로 붉은색의 전주등 2개

을. 가장 잘 보이는 곳에 수직으로 둥근꼴이나 그와 비슷한 형상물 2개

병. 가장 잘 보이는 곳에 수직으로 위쪽과 아래쪽에는 둥근꼴, 가운데는 마름모꼴의 형상물
　각 1개

정. 가장 잘 보이는 곳에 수직으로 위쪽과 아래쪽에는 흰색 전주등, 가운데는 붉은색 전주등
　각 1개

> **해설**　**조종불능선과 조종제한선**
>
> 조종제한선은 기뢰제거작업에 종사하는 경우 외에는 가장 잘 보이는 곳에 수직으로 위쪽과 아래쪽에는 둥
> 근꼴, 가운데는 마름모꼴의 형상물 각 1개의 등화나 형상물을 표시해야 한다.

668 해상교통안전법상 해양경찰청장이 교통안전특정해역에서 6개월의 범위에서 공사나 작업의
전부 또는 일부의 정지를 명할 수 있는 경우로 옳은 것은?　　　　　　　　　　　　정

갑. 거짓이나 그 밖의 부정한 방법으로 허가를 받은 경우

을. 정지명령을 위반하여 정지기간 중에 공사를 계속한 경우

병. 정지명령을 위반하여 정지기간 중에 작업을 계속한 경우

정. 공사나 작업이 부진하여 이를 계속할 능력이 없다고 인정되는 경우

> **해설**　**공사 또는 작업**
>
> • 정지: 공사나 작업이 부진하여 이를 계속할 능력이 없다고 인정되는 경우, 허가를 할 때 붙인 허가조건 또
> 　는 허가사항을 위반한 경우
> • 취소: 거짓이나 그 밖의 부정한 방법으로 허가를 받은 경우, 정지명령을 위반하여 정지기간 중에 공사 또
> 　는 작업을 계속한 경우

669 해상교통안전법상 선박의 법정형상물에 포함되지 않는 것은? 정

갑. 둥근꼴
을. 원뿔꼴
병. 마름모꼴
정. 정사각형

670 해상교통안전법상 유조선통항금지해역에서 원유를 몇 리터 이상 싣고 운반하는 선박은 항해할 수 없는가? 병

갑. 500킬로리터
을. 1,000킬로리터
병. 1,500킬로리터
정. 2,000킬로리터

> **해설 유조선의 통항제한**
>
> 원유, 중유, 경유 또는 이에 준하는 「석유 및 석유대체연료 사업법」에 따른 탄화수소유, 가짜석유제품, 석유대체연료 중 원유·중유·경유에 준하는 것으로 해양수산부령으로 정하는 기름 1천500킬로리터 이상을 화물로 싣고 운반하는 선박은 항행할 수 없다.

671 해상교통안전법상 등화의 종류에 대한 설명으로 옳지 않은 것은? 갑

갑. 마스트등은 선수와 선미의 중심선상에서 설치되어 235도에 걸치는 수평의 호를 비추되, 그 불빛이 정선수 방향으로부터 양쪽 현의 정횡으로부터 뒤쪽 27.5도까지 비출 수 있는 흰색등을 말한다.
을. 현등은 정선수 방향에서 양쪽 현으로 각각 112.5도에 걸치는 수평의 호를 비추는 등화이다.
병. 선미등은 135도에 걸치는 수평의 호를 비추는 흰색등으로서 그 불빛이 정선미 방향으로부터 양쪽 현의 67.5도까지 비출 수 있도록 선미 부분 가까이에 설치된 등이다.
정. 예선등은 선미등과 같은 특성을 가진 황색등이다.

> **해설 등화의 종류**
>
> 마스트등은 선수미선상에 설치되어 225도에 걸치는 수평의 호를 비추되, 그 불빛이 정선수 방향으로부터 양쪽 현의 정횡으로부터 뒤쪽 22.5도까지 비출 수 있는 흰색등을 말한다.

672 해상교통안전법상 항행 중인 선박으로서 현등 1쌍을 대신하여 양색등을 표시할 수 있는 선박은? 갑

갑. 길이 10m인 동력선
을. 길이 20m인 동력선
병. 길이 30m인 동력선
정. 길이 40m인 동력선

> **해설 항행 중인 동력선**
>
> 항행 중인 동력선은 현등 1쌍(길이 20미터 미만의 선박은 이를 대신하여 양색등을 표시할 수 있다.)

673 해상교통안전법에서 정의하고 있는 조종제한선으로 보기 가장 어려운 것은? 〔갑〕

갑. 어구를 끌고 가며 작업 중인 어선　　　을. 준설 작업 중인 선박

병. 화물의 이송 작업 중인 선박　　　정. 측량 중인 선박

> **해설** 조종제한선
>
> - 항로표지, 해저전선, 해저파이프라인의 부설·보수·인양 작업
> - 준설·측량, 수중 작업
> - 항행 중 보급, 사람 또는 화물의 이송 작업
> - 항공기의 발착작업
> - 기뢰제거작업
> - 진로에서 벗어날 수 있는 능력에 제한을 많이 받는 예인작업
>
> ※ 어로에 종사하고 있는 선박 : 그물, 낚싯줄, 트롤망, 그 밖에 조종성능을 제한하는 어구를 사용하여 어로 작업을 하고있는 선박을 말한다(어구를 끌고 가며 작업 중인 어선은 어로 종사선이 아님).

674 해상교통안전법상 시정이 제한된 상태에서 피항동작이 변침만으로 이루어질 때 해서는 안 될 동작은? 〔정〕

갑. 정횡보다 전방의 선박에 대한 대각도 변침

을. 정횡보다 전방의 선박에 대한 우현 변침

병. 정횡보다 전방의 선박에 대한 우현 대각도 변침

정. 정횡보다 전방의 선박에 대한 좌현 변침

> **해설** 제한된 시계에서의 항법
>
> 본선의 정횡보다 전방의 선박에 대한 좌현 변침은 절대로 해서는 아니 된다.

675 해상교통안전법상 해양경찰서장의 허가를 받아야 하는 해양레저 행위의 종류로 옳지 않은 것은? 〔정〕

갑. 스킨다이빙　　　을. 윈드서핑

병. 요트활동　　　정. 낚시어선 운항

> **해설** 항로 등의 보전
>
> 누구든지 「항만법」에 따른 항만의 수역 또는 「어촌·어항법」에 따른 어항의 수역에서는 해상교통의 안전에 장애가 되는 스킨다이빙, 스쿠버다이빙, 윈드서핑 등 수상레저안전법의 수상레저활동을 하여서는 아니 된다.

해양환경관리법

676 해양환경관리법상 항만관리청으로 옳지 않은 것은? 〔병〕

갑. 「항만법」의 관리청　　　을. 「어촌·어항법」의 어항관리청

병. 「해운법」에 따른 해양진흥공사　　　정. 「항만공사법」에 따른 항만공사

> 🔎 **해설** 정의

"항만관리청"이란 「항만법」의 관리청, 「어촌·어항법」의 어항관리청 및 「항만공사법」에 따른 항만공사를 말한다.

677 해양환경관리법상 용어의 정의로 옳은 것은?

갑. "유해액체물질"이라 함은 해양환경에 해로운 결과를 미치거나 미칠 우려가 있는 액체물질(기름을 포함한다)과 그 물질이 함유된 혼합 액체물질로서 해양수산부령이 정하는 것을 말한다.

을. "포장유해물질"이라 함은 포장된 형태로 선박에 의하여 운송되는 유해물질 중 해양에 배출되는 경우 해양환경에 해로운 결과를 미치거나 미칠 우려가 있는 물질로서 해양수산부령이 정하는 것을 말한다.

병. "잔류성오염물질"이라 함은 해양에 유입되어 생물체에 농축되는 경우 단기간 지속적으로 급성의 독성 또는 발암성을 야기하는 화학물질로서 해양수산부령으로 정하는 것을 말한다.

정. "대기오염물질"이라 함은 해양에 유입 또는 해양으로 배출되어 해양환경에 해로운 결과를 미치거나 미칠 우려가 있는 폐기물·기름·유해액체물질을 말한다.

> 🔎 **해설** 정의
>
> • "유해액체물질"이란 해양환경에 해로운 결과를 미치거나 미칠 우려가 있는 액체물질(기름을 제외)과 그 물질이 함유된 혼합 액체물질을 말한다.
> • "잔류성오염물질"이란 해양에 유입되어 생물체에 농축되는 경우 장기간 지속적으로 급성·만성의 독성 또는 발암성을 야기하는 화학물질을 말한다.
> • "대기오염물질"이란 오존층파괴물질, 휘발성유기화합물과 「대기환경보전법」의 대기오염물질 및 온실가스 중 이산화탄소를 말한다.

678 선박에서의 오염방지에 관한 규칙상 선박으로부터 기름을 배출하는 경우 지켜야 하는 요건에 해당되지 않는 것은? 정

갑. 선박(시추선 및 플랫폼을 제외한다)의 항해 중에 배출할 것
을. 배출액 중의 기름 성분이 0.0015퍼센트(15ppm) 이하일 것
병. 기름오염방지설비의 작동 중에 배출할 것
정. 육지로부터 10해리 이상 떨어진 곳에서 배출할 것

> 🔎 **해설** 선박으로부터의 기름 배출
>
> • 선박(시추선 및 플랫폼을 제외한다)의 항해 중에 배출할 것
> • 배출액 중의 기름 성분이 0.0015퍼센트(15ppm) 이하일 것
> • 기름오염방지설비의 작동 중에 배출할 것

679 해양환경관리법상 분뇨마쇄소독장치를 설치한 선박에서 분뇨를 배출할 수 있는 해역은? <kbd>정</kbd>

갑. 항만법 제2조에 의한 항만구역

을. 해양환경관리법 제15조에 의한 환경보전해역

병. 해양환경관리법 제15조에 의한 특별관리해역

정. 영해기선으로부터 3해리 이상의 해역

> **해설 선박 안의 일상생활에서 생기는 분뇨의 배출해역별 처리기준 및 방법**
>
> 영해기선으로부터 3해리를 넘는 거리에서 분뇨마쇄소독장치를 사용하여 마쇄하고 소독한 분뇨를 선박이 4
> 노트 이상의 속력으로 항해하면서 서서히 배출하는 경우 배출할 수 있다(다만, 국내항해에 종사하는 총톤수
> 400톤 미만의 경우 영해기선으로부터 3해리 이내의 해역에 배출할 수 있다).

680 해양환경관리법상 10톤 미만 FRP 선박을 해체하고자 하는 자는 누구에게 선박해체 해양오염방지 작업계획 신고서를 제출해야 하는가? <kbd>을</kbd>

갑. 해당 지자체장   을. 해양경찰청장 또는 해양경찰서장

병. 경찰서장   정. 해양수산청장

> **해설 선박해체 해양오염방지작업계획의 신고 등**
>
> 선박해체 해양오염방지 작업계획서를 수립하여 작업 개시 7일전까지 해양경찰청장에게 신고하여야 한다.

681 해양환경관리법상 선박 또는 해양시설에서 고의로 기름을 배출 할 때의 벌칙은? <kbd>갑</kbd>

갑. 5년 이하의 징역 또는 5천만 원 이하의 벌금에 처한다.

을. 3년 이하의 징역 또는 3천만 원 이하의 벌금에 처한다.

병. 2년 이하의 징역 또는 2천만 원 이하의 벌금에 처한다.

정. 1년 이하의 징역 또는 1천만 원 이하의 벌금에 처한다.

> **해설 오염물질의 배출금지**
>
> 누구든지 선박으로부터 오염물질(기름·유해액체물질·포장유해물질)을 배출한 자는 5년 이하의 징역 또는
> 5천만 원 이하의 벌금에 처한다.

682 해양환경관리법상 선박으로부터 오염물질이 배출되는 경우 신고자의 신고사항으로 옳지 않은 것은? <kbd>병</kbd>

갑. 해양오염사고의 발생일시·장소 및 원인   을. 사고선박의 명칭, 종류 및 규모

병. 주변 통항 선박 선명   정. 해면상태 및 기상상태

> **해설 해양시설로부터의 오염물질 배출신고**
>
> • 해양오염사고의 발생일시·장소 및 원인
> • 배출된 오염물 질의 종류, 추정량 및 확산상황과 응급조치상황
> • 사고선박 또는 시설의 명칭, 종류 및 규모
> • 해면상태 및 기상상태

683 해양환경관리법상 해역관리청이 취할 수 있는 해양환경개선조치로 옳지 않은 것은? 〔병〕

갑. 오염물질 유입·확산방지시설의 설치

을. 폐기물을 제외한 오염물질의 수거

병. 폐기물을 포함한 오염물질의 처리

정. 연안습지정화, 연약지반 보강 등 해양환경복원사업의 실시

> **해설 해양환경개선조치**
>
> 오염물질(폐기물은 제외한다)의 수거 및 처리

684 해양환경관리법상 모터보트 안에서 발생하는 유성혼합물 및 폐유의 처리방법으로 옳지 않은 것은? 〔병〕

갑. 폐유처리시설에 위탁 처리한다.

을. 보트 내에 보관 후 처리한다.

병. 4노트 이상의 속력으로 항해하면서 천천히 배출한다.

정. 항만관리청에서 설치·운영하는 저장·처리시설에 위탁한다.

> **해설**
>
> 4노트 이상의 속력으로 항해하면서 천천히 배출하는 것은 분뇨처리에 관한 사항이다.

685 해양환경관리법상 대기오염물질로 옳지 않은 것은? 〔정〕

갑. 오존층파괴물질

을. 휘발성 유기화합물

병. 온실가스 중 이산화탄소

정. 기후·생태계 변화유발물질

> **해설 정의**
>
> 대기오염물질이란 오존층파괴물질, 휘발성유기화합물, 온실가스 중 이산화탄소를 말한다.

686 해양환경관리법에서 말하는 '기름'의 종류로 옳지 않은 것은? 〔병〕

갑. 원유

을. 석유제품

병. 액체상태의 유해물질

정. 폐유

> **해설**
>
> 기름이란 「석유 및 석유대체연료 사업법」에 따른 원유, 석유제품(석유가스를 제외한다)과 이들을 함유하고 있는 액체상태의 유성혼합물 및 폐유를 말한다.

687 해양환경관리법상 선박의 소유자가 해당 선박에서 발생하는 물질을 폐기물처리업자로 하여금 수거·처리하게 할 수 있는 경우에 해당하지 않는 것은? `을`

갑. 조선소에서 건조 완료 후 어선법에 따라 등록하기 전에 시운전하는 선박

을. 총톤수 30톤 미만의 소형선박

병. 조선소에서 건조 중인 선박

정. 해체 중인 선박

> **해설** 선박 및 해양시설에서의 오염물질의 수거·처리
>
> 총톤수 20톤 미만의 소형선박의 경우 폐기물처리업자로 하여금 수거·처리하게 할 수 있다.

688 선박에서의 오염방지에 관한 규칙상 폐유저장용기를 비치하여야 하는 선박의 크기로 옳은 것은? `정`

갑. 모든 선박   을. 총톤수 2톤 이상

병. 총톤수 3톤 이상   정. 총톤수 5톤 이상

> **해설** 폐유저장용기 비치기준
>
> • 총톤수 5톤 이상~10톤 미만의 선박은 폐유저장용기 20L
> • 총톤수 10톤 이상~30톤 미만의 선박은 폐유저장용기 60L
> • 총톤수 30톤 이상~50톤 미만의 선박은 폐유저장용기 100L
> • 총톤수 50톤 이상~100톤 미만으로써 유조선이 아닌 선박 폐유저장용기 200L

689 선박에서의 오염방지에 관한 규칙상 선박으로부터 기름을 배출하는 경우 배출액 중의 기름성분은 얼마 이하여야 하는가? `을`

갑. 10ppm   을. 15ppm   병. 20ppm   정. 5ppm

> **해설** 선박에서의 오염방지에 관한 규칙
>
> 기름성분이 0.0015퍼센트(15ppm) 이하여야 한다.

690 선박에서의 오염방지에 관한 규칙상 선박의 폐기물을 수용시설 또는 다른 선박에 배출할 때 폐기물기록부에 작성하여야 하는 사항으로 옳지 않은 것은? `정`

갑. 배출일시   을. 항구, 수용시설 또는 선박의 명칭

병. 폐기물 종류별 배출량   정. 선박소유자의 서명

> **해설** 선박오염물질기록부의 기재사항 등
>
> • 배출일시
> • 항구, 수용시설 또는 선박의 명칭
> • 배출된 폐기물의 종류
> • 폐기물 종류별 배출량(단위는 미터톤으로 한다)
> • 작업책임자의 서명

691 선박에서의 오염방지에 관한 규칙상 총톤수 10톤 이상 30톤 미만의 선박이 비치하여야 하는 폐유저장용기의 저장용량으로 옳은 것은? 을

갑. 20리터　　　　　을. 60리터　　　　　병. 100리터　　　　　정. 200리터

> **해설**
>
> 688번 해설 참고

692 해양환경관리법, 선박에서의 오염방지에 관한 규칙상 기름기록부를 비치하지 않아도 되는 선박은? 갑

갑. 선저폐수가 생기지 아니하는 선박

을. 총톤수 400톤 이상의 선박

병. 경하배수톤수 200톤 이상의 경찰용 선박

정. 선박검사증서상 최대승선인원이 15명 이상인 선박

> **해설** **기름기록부**
>
> 총톤수 400톤 이상, 최대승선인원이 15명 이상인 선박, 경하배수톤수 200톤 이상의 군함과 경찰용 선박
> ※ 유조선 외 총톤수 100톤 미만, 선저폐수가 생기지 아니하는 선박의 경우 제외

693 해양환경관리법상 선박오염물질기록부(기름기록부, 폐기물기록부)의 보존기간은 언제까지 인가? 병

갑. 최초기재를 한 날부터 1년　　　　　을. 최종기재를 한 날부터 2년
병. 최종기재를 한 날부터 3년　　　　　정. 최종기재를 한 날부터 5년

> **해설** **선박오염물질기록부의 관리**
>
> 선박오염물질기록부의 보존기간은 최종기재를 한 날부터 3년으로 하며, 그 기재사항·보관방법 등에 관하여 필요한 사항은 해양수산부령으로 정한다.

694 해양환경관리법상 해양시설로부터의 오염물질 배출을 신고하려는 자가 신고 시 신고하여야 할 사항으로 옳지 않은 것은? 정

갑. 해양오염사고의 발생일시, 장소 및 원인

을. 배출된 오염물질의 종류, 추정량 및 확산상황과 응급조치상황

병. 사고선박 또는 시설의 명칭, 종류 및 규모

정. 해당 해양시설의 관리자 이름, 주소 및 전화번호

> **해설** **해양시설로부터의 오염물질 배출신고**
>
> 해양시설의 관리자 이름 등은 신고의무 사항이 아니다.

695 해양환경관리법상 선박에서 해양오염방지 관리인이 될 수 있는 자는?　　`을`

갑. 선장

을. 기관장

병. 통신장

정. 통신사

> **해설** `선박 해양오염방지관리인의 자격·업무내용 등`
>
> 대리자로 지정될 수 있는 사람은 선박직원법에 따른 선박직원(선장, 통신장, 통신사는 제외)으로 한다.

696 해양환경관리법에서 말하는 '해양오염'에 대한 정의로 옳은 것은?　　`병`

갑. 오염물질 등이 유출·투기되거나 누출·용출되는 상태

을. 해양에 유입되어 생물체에 농축되는 경우 장기간 지속적으로 급성·만성의 독성 또는 발암성을 야기할 수 있는 상태

병. 해양에 유입되거나 해양에서 발생되는 물질 또는 에너지로 인하여 해양환경에 해로운 결과를 미치거나 미칠 우려가 있는 상태

정. 해양생물 등의 남획 및 그 서식지 파괴, 해양질서의 교란 등으로 해양생태계의 본래적 기능에 중대한 손상을 주는 상태

> **해설** `정의`
>
> 해양오염이란 해양에 유입되거나 해양에서 발생되는 물질 또는 에너지로 인하여 해양환경에 해로운 결과를 미치거나 미칠 우려가 있는 상태를 말한다.

697 해양환경관리법 적용범위로 옳지 않은 것은?　　`갑`

갑. 한강 수역에서 발생한 기름 유출 사고

을. 우리나라 영해 및 내수 안에서 해양시설로부터 발생한 기름 유출 사고

병. 대한민국 영토에 접속하는 해역 안에서 선박으로부터 발생한 기름 유출 사고

정. 해저광물자원 개발법에서 지정한 해역에서 해저광구의 개발과 관련하여 발생한 기름 유출 사고

> **해설**
>
> 한강 수역은 내수면으로, 해양환경관리법 적용범위가 아니다.

698 해양환경관리법상 선박 안에서 발생하는 폐기물 중 해양환경관리법에서 정하는 기준에 의해 항해 중 배출할 수 있는 물질로 옳지 않은 것은? 〔을〕

갑. 음식찌꺼기

을. 화장실 및 화물구역 오수(汚水)

병. 해양환경에 유해하지 않은 화물잔류물

정. 어업활동으로 인하여 선박으로 유입된 자연기원물질

> **해설 오염물질의 배출금지 등**
>
> 선박 내 거주구역에서 목욕, 세탁, 설거지 등으로 발생하는 중수(中水)는 배출 가능하나 화장실 및 화물구역 오수는 제외된다.

699 해양환경관리법상 해양환경 보전·관리·개선 및 해양오염방제사업, 해양환경·해양오염 관련 기술개발 및 교육훈련을 위한 사업 등을 위하여 설립된 기관은? 〔을〕

갑. 한국환경공단　　　　　　　　　　을. 해양환경공단

병. 해양수산연수원　　　　　　　　　정. 한국해운조합

> **해설 공단의 설립**
>
> 해양환경의 보전·관리·개선을 위한 사업, 해양오염방제사업, 해양환경·해양오염 관련 기술개발 및 교육훈련을 위한 사업 등을 행하게 하기 위하여 해양환경공단을 설립하였다.

700 전파법상 벌칙 및 과태료에 대한 내용이다. 가장 큰 순서대로 나열된 것은? 〔을〕

> A. 조난통신의 조치를 방해한 자
> B. 적합성평가를 받은 기자재를 복제·개조 또는 변조한 자
> C. 선박이나 항공기의 조난이 없음에도 불구하고 무선설비로 조난통신을 한 자
> D. 업무종사의 정지를 당한 후 그 기간에 무선설비를 운용하거나 그 공사를 한 자

갑. A 〉 B 〉 C 〉 D　　　　　　　　을. A 〉 C 〉 B 〉 D

병. C 〉 B 〉 A 〉 D　　　　　　　　정. C 〉 A 〉 B 〉 D

> **해설 벌칙 및 과태료**
>
> • A : 10년 이하의 징역 또는 1억 원 이하의 벌금
> • B : 3년 이하의 징역 또는 3천만 원 이하의 벌금
> • C : 5년 이하의 징역
> • D : 200만 원 이하의 과태료

Part
3

동력수상레저기구
조종면허
실기시험

Chapter ① 실기시험 기초 지식

01 ▶ 일반조종면허 실기시험에 사용하는 수상레저기구

선체	빗물·햇빛을 차단할 수 있도록 조종석에 지붕이 설치되어 있을 것		
길이	5~6미터	전폭	2~3미터
최대 출력	100마력 이상	최대 속도	30노트 이상
탑승 인원	4인승 이상	기관	제한 없음
부대 장비	나침반(지름 100밀리미터 이상) 1개, 속도계(MPH) 1개, RPM 게이지 1개, 예비노, 소화기 및 자동정지줄		

02 ▶ 실기시험 용어

- 이안(離岸) : 계류줄을 걷고 계류장에서 이탈하여 출발할 수 있도록 준비하는 행위
- 출발(出發) : 정지된 상태에서 속도전환 레버를 조작하여 전진 또는 후진하는 것
- 활주(滑走) : 모터보트의 속력과 양력(揚力)이 증가되어 선수 및 선미가 수면과 평행 상태가 되는 것
- 침로(針路) : 모터보트가 진행하는 방향의 나침방위
- 변침(變針) : 모터보트가 침로를 변경하는 것
- 사행(蛇行) : 50미터 간격으로 설치된 3개의 부이를 각기 좌우로 방향을 달리(첫 번째 부이는 왼쪽부터 회전)하면서 회전하는 것
- 사행준비 또는 사행침로 유지 : 사행코스에 설치된 3개의 부이와 일직선이 되도록 시험선의 침로를 유지하는 것
- 접안(接岸) : 시험선을 계류할 수 있도록 접안 위치에 정지시키는 동작

- 2대 이상의 선박을 동시에 계류할 수 있는 계류시설과 메어놓을 수 있는 비트 설치
- 사행을 위해 3개의 사행부위를 50m 간격으로 설치
- 첫 번째 사행부위 전방 30m 지점, 왼쪽 15m 지점에 사행 시작 지점을 나타내는 지름 30cm 이하의 부위 설치
- 첫 번째 사행부위와 두 번째 사행부위 오른쪽 15m 지점과 두 번째 사행부위 왼쪽 15m 지점에 지금 30cm 이하의 부위를 각각 설치

Chapter ② 실기시험 채점기준

01 출발 전 점검 및 확인

항목	세부 내용	감점	채점 요령
구명조끼 착용	구명조끼를 착용하지 않았거나 올바르게 착용하지 않은 경우	3	출발 전 점검 시 착용 상태를 기준으로 1회 채점
출발 전 점검	출발 전 점검사항(구명튜브, 소화기, 예비 노, 엔진, 연료, 배터리, 핸들, 속도전환 레버, 계기판, 자동정지줄)을 확인하지 않은 경우	3	• 점검사항 중 한 가지 이상 확인하지 않은 경우 1회 채점 • 확인사항을 행동 및 말로 표시하지 않은 경우에도 확인하지 않은 것으로 본다. 다만, 특별한 신체적 장애 또는 사정이 있으면 말로 표시하지 않을 수 있다.

02 출발

항목	세부 내용	감점	채점 요령
시동 요령	속도전환 레버를 중립에 두지 않고 시동을 건 경우 또는 엔진의 시동상태에서 시동키를 돌리거나 시동이 걸린 후에도 시동키를 2초 이상 돌린 경우	2	세부 내용에 대하여 1회 채점
이안	• 계류줄을 걷지 않고 출발한 경우 • 출발 시 보트 선체가 계류장 또는 다른 물체와 부딪치거나 접촉한 경우	2	각 세부 내용에 대하여 1회 채점
출발	출발 지시 후 30초 이내에 출발하지 못한 경우	3	• 세부 내용에 대하여 1회 채점 • 다른 항목의 세부 내용이 원인이 되어 출발하지 못한 경우에도 적용하며 병행 채점 • 출발하지 못한 사유가 시험선 고장 등 조종자의 책임이 아닌 경우는 제외
속도 전환 레버 조작	• 속도전환 레버를 급히 조작하거나 급히 출발한 경우 • 속도전환 레버 조작불량으로 클러치 마찰음이 발생하거나 엔진이 정지된 경우 • 지시받지 않고 엔진 트림(trim) 조절 스위치를 조작한 경우	2	• 각 세부 내용에 대하여 1회 채점 • 탑승자의 신체 일부가 젖혀지거나 엔진의 회전소리가 갑자기 높아지는 경우에도 급출발로 채점

항목	세부 내용	감점	채점 요령
안전 확인	• 자동정지 줄을 착용하지 않고 출발한 경우 • 전후좌우의 안전상태를 확인하지 않거나 탑승자가 앉기 전에 출발한 경우	3	• 각 세부내용에 대하여 1회 채점 • 고개를 돌려서 안전상태를 확인하고, 말로 이상 없음을 표시하지 않은 경우에도 확인하지 않은 것으로 본다.
출발 침로 유지	• 출발 후 15초 이내에 지시된 방향의 ±10° 이내의 침로를 유지하지 못한 경우 • 출발 후 일직선으로 운항하지 못하고 침로가 ±10° 이상 좌우로 불안정하게 변한 경우	3	각 세부 내용에 대하여 1회 채점

03 변침

항목	세부 내용	감점	채점 요령
변침	• 제한시간 내(45°·90° 내외의 변침은 15초, 180° 내외의 변침은 20초)에 지시된 침로의 ±10° 이내로 변침하지 못한 경우 • 변침 완료 후 침로가 ±10° 이내에서 유지되지 않은 경우	3	• 각 세부 내용에 대하여 2회까지 채점 • 변침은 좌현·우현을 달리하여 3회 실시, 변침 범위는 45°·90° 및 180° 내외로 각 1회 실시, 나침반으로 변침 방위를 평가한다. • 변침 후 10초 이상 침로를 유지하는지 확인해야 한다.
안전 확인	• 변침 전 변침방향의 안전상태를 미리 확인하고 말로 표시하지 않은 경우 • 변침 시 선체의 심한 동요 또는 급경사가 발생한 경우 • 변침 시 10노트 이상 15노트 이내의 속력을 유지하지 못한 경우	3	각 세부 내용에 대하여 2회까지 채점

04 운항

항목	세부 내용	감점	채점 요령
조종 자세	• 핸들을 정면으로 하여 조종하지 않거나 창틀에 팔꿈치를 올려놓고 조종한 경우 • 시험관의 조종자세 교정 지시에 따르지 않은 경우 • 한 손으로만 계속 핸들을 조작하거나 필요 없이 자리에서 일어나 조종한 경우 • 필요 없이 속도를 조절하는 등 불필요하게 속도전환 레버를 반복 조작한 경우	2	• 각 세부 내용에 대하여 1회 채점 • 특별한 신체적 장애 또는 사정으로 이 항목을 적용하기 어려운 경우에는 감점하지 않는다.
증속 및 활주	• 증속 및 활주 지시 후 15초 이내에 활주 상태가 되지 않은 경우 • 시험관의 지시가 있을 경우 까지 활주 상태를 유지하지 못한 경우 • 15노트 이하 또는 25노트 이상으로 운항한 경우	3	• 각 세부 내용에 대하여 2회까지 채점 • 시험관의 시정 지시 후에도 시정하지 않거나 다시 기준을 위반하는 경우 2회 채점

05 사행

항목	세부 내용	감점	채점 요령
사행 준비 및 사행	첫 번째 부이(buoy)로부터 시계 방향으로 진행하지 않고 반대방향으로 진행한 경우	3	• 세부 내용에 대하여 1회 채점 • 반대방향으로 진행하는 경우라도 다른 항목은 정상적인 사행으로 보고 적용
사행 통과간격	• 부이로부터 3미터 이내로 접근한 경우 • 첫 번째 부이 전방 25미터 지점과 세 번째 부이 후방 25미터 지점의 양쪽 옆 각 15미터 지점을 연결한 수역을 벗어난 경우 또는 부이를 사행하지 않은 경우	9	• 각 세부 내용에 대하여 2회까지 채점 • 부이를 사행하지 않은 경우란 부이를 중심으로 왼쪽 또는 오른쪽으로 반원(타원)형으로 회전하지 않은 경우를 말한다.
사행 침로	• 첫 번째 부이 약 30미터 전방에서 3개의 부이와 일직선으로 침로를 유지하지 못한 경우 • 세 번째 부이 사행 후 3개의 부이와 일직선으로 침로를 유지하지 못한 경우	3	각 세부 내용에 대하여 1회 채점
사행 선회	• 사행 중 핸들 조작 미숙으로 선체가 심하게 흔들리거나 선체 후미에 급격한 쏠림이 발생하는 경우 • 사행 중 갑작스런 핸들 조작으로 선회가 부자연스러운 경우	3	• 각 세부 내용에 대하여 1회 채점 • 선회가 부자연스러운 경우란 완만한 곡선으로 회전이 이루어지지 않은 경우를 말한다.

06 급정지 및 후진

항목	세부 내용	감점	채점 요령
급정지	• 급정지 지시 후 3초 이내에 속도전환 레버를 중립으로 조작하지 못한 경우 • 급정지 시 후진 레버를 사용한 경우	4	각 세부 내용에 대하여 1회 채점
후진	• 후진 레버 사용 전 후방의 안전상태를 확인하지 않거나 후진 중 지속적으로 후방의 안전상태를 확인하지 않은 경우 • 후진 시 진행침로가 ±10° 이상 벗어난 경우 • 후진 레버를 급히 조작하거나 급히 후진한 경우	2	• 각 세부 내용에 대하여 1회 채점 • 탑승자의 신체 일부가 후진으로 한쪽으로 쏠리거나 엔진 회전소리가 갑자기 높아지는 경우 "후진 레버 급조작·급후진"으로 채점 • 응시자는 시험관의 정지 지시가 있을 경우까지 후진해야 하며, 후진은 후진거리를 고려하여 15초에서 20초 이내로 한다.

07 ▶ 인명구조

항목	세부 내용	감점	채점 요령
익수자 접근	• 물에 빠진 사람이 있음을 고지 한 후 3초 이내에 5노트 이하로 속도를 줄이고 물에 빠진 사람의 위치를 확인하지 않은 경우 • 물에 빠진 사람이 있음을 고지한 후 5초 이내에 물에 빠진 사람이 발생한 방향으로 전환하지 않은 경우 • 물에 빠진 사람을 조종석 1미터 이내로 접근시키지 않은 경우	3	• 각 세부 내용에 대하여 1회 채점 • 물에 빠진 사람의 위치 확인 시 확인 유·무를 말로 표시하지 않은 경우도 미확인으로 채점
접근 속도	• 물에 빠진 사람 방향으로 방향 전환 후 물에 빠진 사람으로부터 15미터 이내에서 3노트 이상의 속도로 접근한 경우 • 물에 빠진 사람이 시험선의 선체에 근접하였을 경우 속도전환 레버를 중립으로 하지 않거나 후진 레버를 사용한 경우	2	각 세부 내용에 대하여 1회 채점
익수자 구조	• 물에 빠진 사람(부이)과 충돌한 경우 • 물에 빠진 사람이 있음을 고지한 후 2분 이내에 물에 빠진 사람을 구조하지 못한 경우	6	• 각 세부 내용에 대하여 1회 채점 • 시험선의 방풍막을 기준으로 선수부(船首部)에 물에 빠진 사람이 부딪히는 경우에는 충돌. 다만, 바람, 조류, 파도 등으로 시험선의 현측(舷側)에 가볍게 접촉하는 경우는 제외한다. • 물에 빠진 사람을 조종석 1미터 이내로 접근시키지 않거나 접근 속도의 세부 내용에 해당하는 경우에는 응시자로 하여금 다시 접근하도록 해야 한다.

08 ▶ 접안

항목	세부 내용	감점	채점 요령
접근 속도	계류장으로부터 30미터의 거리에서 속도를 5노트 이하로 낮추어 접근하지 않은 경우 또는 계류장 접안 위치에서 속도를 3노트 이하로 낮추지 않거나 속도전환 레버가 중립이 아닌 경우	3	세부 내용에 대하여 1회 채점
접안 불량	• 접안 위치에서 시험선과 계류장이 1미터 이내의 거리로 평행이 되지 않은 경우 • 계류장과 선수(船首) 또는 선미(船尾)가 부딪친 경우 • 접안 위치에 접안을 하지 못한 경우	3	• 각 세부 내용에 대하여 1회 채점 • 선수란 방풍막을 기준으로 앞쪽 굴곡부를 지칭한다.

- 3회 이상의 출발 지시에도 출발하지 못하거나 응시자가 시험포기의 의사를 밝힌 경우(3회 이상 출발 불가 및 응시자 시험포기)
- 속도전환 레버 및 핸들의 조작 미숙 등 조종능력이 현저히 부족하다고 인정되는 경우(조종능력 부족으로 시험진행 곤란)
- 부이 등과 충돌하는 등 사고를 일으키거나 사고를 일으킬 위험이 현저한 경우(현저한 사고위험)
- 법 제22조제1항에 따른 술에 취한 상태이거나 취한 상태는 아니더라도 음주로 원활한 시험이 어렵다고 인정되는 경우(음주상태)
- 사고 예방과 시험 진행을 위한 시험관의 지시 및 통제에 따르지 않거나 시험관의 지시 없이 2회 이상 임의로 시험을 진행하는 경우(지시·통제 불응 또는 임의 시험 진행)
- 이미 감점한 점수의 합계가 합격기준에 미달함이 명백한 경우(중간점수 합격기준 미달)

Chapter ③ 실기시험 진행 순서

01 구명조끼 착용

- 지시 명령 : 응시번호 ○○○번 ○○○님 앞으로 나오세요.
- 확인 사항 : 구명조끼의 착용은 다리 끈까지 완벽하게 착용한다.

02 출발 전 점검

- 지시 명령 : 출발전 점검하세요.
- 확인 사항 : 시험선의 뒷부분부터 점검 항목을 손으로 가리키며 이상 유무를 말로서 표현한다. 출발전 점검하겠습니다! → 엔진 확인 → 배터리 확인 → 연료 확인 → 예비노 확인 → 구명부환(구명튜브) 확인 → 소화기 확인 → 계기판 확인 → 핸들 확인 → 속도전환 레버 확인 → 자동정지줄 확인 → 출발전 점검 이상 없습니다!

03 시동

- 지시 명령 : ○○○님 조종석에 착석하시고 ○○○님은 대기석에 착석하세요. → 시동 하세요.
- 확인 사항
  - 자동정지줄을 손목 또는 조끼에 건다.
  - 핸들을 돌려 엔진이 올바른 위치에 있도록 돌려준다.
  - 속도전환레버가 중립에 있는지 확인한다.
  - 시동키를 1단계 돌린다. 약 2~3초 후 시동키를 더 돌려 시동이 걸림을 확인하고 키에서 손을 뗀다.

[엔진스위치]

04 ▶ 이안

- 지시 명령 : 이안 하세요.
- 확인 사항 : 계류줄 풀고 배 밀어 주세요.

05 ▶ 출발

- 지시 명령 : 나침의 방위 ○○○도로 출발하세요.
- 확인 사항 : 전·후·좌·우 이상무.
  - 전·후·좌·우를 고개를 돌려 확인을 하면서 말로 표현한다.
  - 기어 변환 레버를 전진타력으로 변환한다.
  - 기어 레버가 인 기어 상태가 되면 약간의 가속을 넣어 속도감(약 1,000~1,500RPM)을 주면 지시 방향을 잡는 데 도움이 된다.

- 지시 명령 : 10~15노트로 증속하세요.
- 확인 사항 : 속도 변환 레버를 가속하여 10~15노트 사이를 유지한다.
  - 기어의 변환 또는 속도를 맞추기 위해서 변환레버를 사용하는 경우 외에는 두손으로 핸들링한다.
  - 시험장별 속도와 rpm환산표를 반드시 확인한다.

환산표의 예		
10~15노트	⇨	2,300~2,700rpm

2,300rpm 이하 속도 저속, 2,700rpm 이상 속도 과속으로 감점사항임.
※ 시험장별 기준 속도가 상이하므로 사전확인 필요함

06 변침

- 지시 명령 : 나침의 방위 ○○○도로 변침하세요.
- 확인 사항 : 변침방향 이상무(확인).
  ※ 3회의 변침이 있으며, 매 회마다 변침 전 고개를 돌려 변침방향을 확인하고, 말로 표현하여야 함
  - 각기 다른 45°, 90°, 180°에 대하여 3회의 변침을 지시하며 요령 및 감점사항은 동일하다.
  - 변침방향을 고개를 돌려 확인하면서 말로 표현하고 핸들을 돌려 지시 방향으로 15초(180° 큰각 변침의 경우 20초) 이내에 변침한다.
  - 실제 변경된 선수의 방위각보다 나침의 자체 방위 눈금이 늦게 반응하므로 사전 지시 방위각의 물표를 이용하여 방향을 잡은 후 나침의를 확인하는 것을 권장한다.

- 지시 명령 : 현 침로 유지하세요.
- 확인 사항 : 각기 다른 45°, 90°, 180°에 대하여 3회의 변침을 하는 10초 동안 침로 유지를 같은 방법으로 시행한다.

침로 수정은 침로가 크게 벗어나기 전에 하라

07 증속 및 활주

- 지시 명령 : 증속하여 활주상태 유지하십시오.
- 확인 사항
  - 속도레버를 가속하여 활주상태를 유지한다.
  - 활주상태의 속도는 측정평가를 위하여 15~25노트로 제한한다.
  - 시험장별 속도와 rpm환산표를 반드시 확인한다.

환산표의 예		
활주(15~25노트)	⇨	3,200~3,800rpm

3,200rpm 이하 속도 저속, 3,800rpm 이상 속도 과속으로 감점사항임.
※ 시험장별 기준 속도가 상이하므로 사전확인 필요함

08 사행

- 지시 명령 : 사행 준비하세요.
- 확인 사항 : 3개의 사행 부위를 향하여 침로 유지한다.

- 지시 명령 : 사행.
- 확인 사항
  - 시계 방향으로 진입하여 사행부위로부터 3~15m 이내로 자연스럽게 사행한다.
  - 사행 후 침로를 유지하기 위하여 사행 부위 ①, ②, ③번과 직선상의 물표를 확인하여 침로를 유지한다.

09 급정지

- 지시 명령 : 급정지 하세요.
- 확인 사항 : 기어 레버를 중립에 위치시킨다.
  - 사행 후 침로 유지는 급정지 시 ①, ②, ③번 부위와 직선상에 정지되어야 한다.

10 후진

- 지시 명령 : 후진하십시오.
- 확인 사항 : 후진 방향 이상무(확인).
  - 후진 방향을 고개를 돌려 확인을 하며 말로서 표현한다.
  - 기어 전환 레버를 후진으로 변환하고 후진한다.
  - 후진을 하는 동안 지속적으로 후방을 바라보며 경계한다.

- 지시 명령 : 정지하세요.
- 확인 사항 : 기어를 중립 위치로 변환한다.

11 ▶ 인명구조

- 지시 명령 : ○○○방향으로 출발하세요. → 증속하여 활주상태 유지하세요. → 우(좌)현 익수
  자 발생.
- 확인 사항 : 전·후·좌·우 이상무 → 우(좌)현 익수자 발생!
  - 출발하기 전에 전·후·좌·우를 살피며 이상 유무를 말로서 표현하고 기어를 넣는다. 이어 증
    속 활주 명령에 응한다.
  - 익수자 발생 명령이 고지되면 고개를 익수자 방향으로 돌려 익수자를 확인하며 말로서 표현
    한다. 동시에 속도를 감속하며 익수자 방향으로 선수가 향하도록 한다.
  - 익수자에게 접근 시 속도와 방향성에 유념하고 타력을 이용하여 접근한다.
  - 익수자로부터 15m이내에서 3노트 속도를 유지하며 익수자를 조종석 1m이내의 거리에 접
    근시킨다(익수자 접근 시 기어 레버는 반드시 중립에 위치시킨다).

12 ▶ 접안

- 지시 명령 : ○번 계류장으로 접안하세요.
- 확인 사항 : 전·후·좌·우 이상무.
  - 지시한 계류장을 확인한다.
  - 전·후·좌·우를 확인하고 기어 레버를 전진으로 변환시킨다.
  - 적당한 속도로 가속하여 계류장으로 접근한다.
  - 접안 위치로부터 30미터 전방의 거리에서 속도를 서서히 낮추어 접근하며 접안 위치에 도
    착하기 이전 기어 레버를 중립에 위치시키고 타력으로 계류장과 1m 이내로 평행으로 접
    안한다.

20-30(도) 진입

	저속 및 타력 접근	

부록

동력수상레저기구
조종면허시험
한걸음 더!
그림으로 쉽게 이해하기

154 IALA 해상부표식 B지역

우현표지   좌현표지

157 방위표지

186 국제신호서 문자기

A : 본선에서 잠수부가 활동중이다. 천천히 통과하라.

B : 위험물의 운반·하역중이다.

H : 수로 안내인이 승선하고 있다.

I : 왼쪽으로 진로 변경 중이다.

J : 화재가 발생했으며, 위험물을 적재하고 있다.
본선을 회피하라.

K : 귀함과의 통신을 요구한다.

Q : 본함 승무원의 건강에 문제가 없으며, 검역 필증을
요구한다.

R : 신호 확인

189 교량표지

[좌측단표]

[중앙표]

[우측단표]

190 신 위험물 표지

MEMO